SELECTED PROBLEMS OF THE VIETNAMESE MATHEMATICAL OLYMPIAD (1962—2009)

越南数学奥林匹克题选

1962—2009

● （越）黎海启 （越）黎海洲 著

● 向禹 译

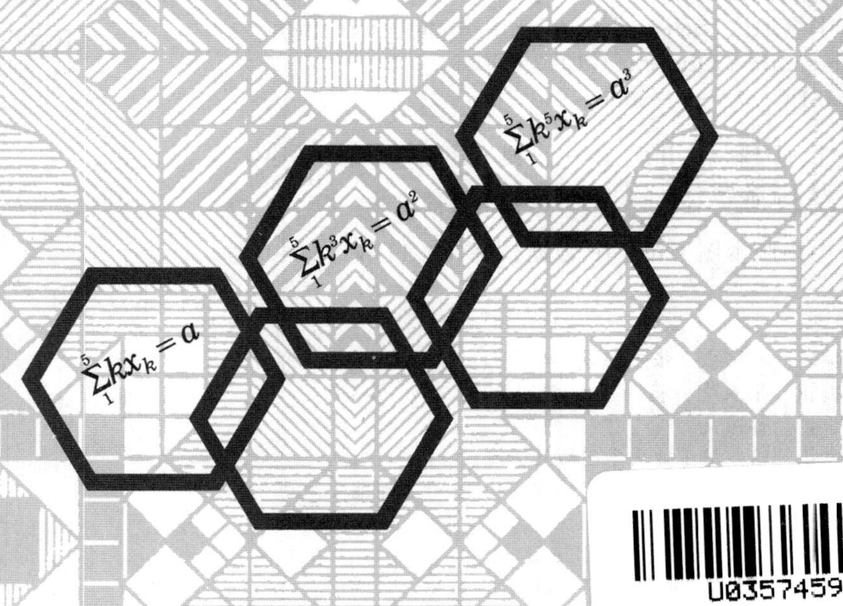

哈爾濱工業大學出版社
HARBIN INSTITUTE OF TECHNOLOGY PRESS

黑版贸审字 08－2020－179 号

内 容 简 介

从 1962 年开始，越南就一直积极举办国家数学竞赛，即越南数学奥林匹克竞赛（VMO）. 在全球的舞台上，越南从 1974 年才开始参加国际数学奥林匹克竞赛（IMO），并且长期出现在排行榜前十名. 为了激发和进一步挑战读者，我们在本书中收集了从 1962 年到 2009 年中不同难度的 VMO 问题. 读者可以更深入地感受越南数学奥林匹克竞赛的试题背景.

本书对于准备数学奥林匹克竞赛的高中学生、老师、教练以及大学讲师大有裨益，对只是想在数学竞赛中占据优势的非专业人士也很有帮助.

图书在版编目(CIP)数据

越南数学奥林匹克题选：1962－2009/（越）黎海启，（越）黎海洲著；向禹译. —哈尔滨：哈尔滨工业大学出版社，2021. 7

书名原文：Selected Problems of the Vietnamese Mathematical Olympiad（1962－2009）

ISBN 978－7－5603－9417－6

Ⅰ. ①越…　Ⅱ. ①黎…②黎…③向…　Ⅲ. ①小学教育课-竞赛题　Ⅳ. ①G624. 505

中国版本图书馆 CIP 数据核字（2021）第 075840 号

策划编辑　刘培杰　张永芹
责任编辑　张永芹　宋　淼
封面设计　孙茵艾
出版发行　哈尔滨工业大学出版社
社　　址　哈尔滨市南岗区复华四道街 10 号　邮编 150006
传　　真　0451－86414749
网　　址　http://hitpress. hit. edu. cn
印　　刷　哈尔滨市工大节能印刷厂
开　　本　787 mm×1 092 mm　1/16　印张 17.5　字数 330 千字
版　　次　2021 年 7 月第 1 版　2021 年 7 月第 1 次印刷
书　　号　ISBN 978－7－5603－9417－6
定　　价　48.00 元

序言

国际数学奥林匹克竞赛（IMO）是一项主要面向高中生的国际数学竞赛，已经有超过半个世纪的历史，也是最古老的国际科学奥林匹克竞赛. IMO 吸引了超过 100 个国家和地区学生的参与，这不仅是因为 IMO 能提升高中生对数学的兴趣，还归功于它能挖掘数学天才. 例如，从 1990 年起，每一届的菲尔兹奖得主至少有一位参加过早期的 IMO 或者得过奖牌.

越南于 1974 年开始参加 IMO，一直以来成绩卓著. 截至 2009 年，越南队已经在 IMO 中获得 44 枚金牌，82 枚银牌和 57 枚铜牌，累计奖牌数位居所有国家的前 10 位. 这大概和越南一直有着良好的数学竞赛传统相关——越南数学奥林匹克竞赛（VMO）始于 1962 年. VMO 和越南的 IMO 队伍也为越南发掘了很多杰出的数学天才，例如吴宝珠（Ngo Bao Chau），他在朗兰兹纲领（Langland's Program）中对基本引理的证明，当选为《时代杂志》2009 年的十大科学进展之一.

现在有这本书，就更容易获得 VMO 的试题了.

本书作者之一的黎海洲（Le Hai Chau）是越南一位德高望重的数学教育者，在发展数学天分方面有着广泛的经验. 他从 1955 年开始效力于越南教育部，并多次担任 VMO 和 IMO 的组织者，以及 IMO 中越南队的领队. 他已经出版了多部数学书籍，包括初高中生数学课本，在越南数学教育的发展中起着重要的作用. 由于他所作的贡献，在 2008 年，他被越南政府授予了国家最高荣誉"人民教师". 我亲眼目睹了每当"黎海洲"这个名字被提起时，越南的老师和数学家都表达了极大的敬意.

黎海洲对数学的热情毫无疑问是他的儿子黎海启（Le Hai Khoi）——本书的另一位作者爱上数学的主要原因之一. 黎海启曾经是一名越南 IMO 队员，并且选择以数学家作为职业. 黎海启从俄罗斯取得数学博士学位后，他就同时在越南和新加坡工作，新加坡是他目前所在地. 与他的父亲一样，黎海启在发现和培养数学天才方面也有着强烈的兴趣.

我在这里祝贺两位作者成功地完成此书. 我相信许多年轻人都会发现本书是一本有趣、刺激和丰富多彩的著作.

San Ling

2020 年 2 月

于新加坡

前言

1962 年，首届越南数学奥林匹克竞赛（VMO）于河内（Hanoi）举行，从那以后，越南教育部与越南数学协会（VMS）每年（除了 1973 年）都联合举办这项比赛. VMO 中成绩最好的学生参加选拔考试以后组成一个代表越南参加国际数学奥林匹克竞赛（IMO）的队伍，越南在 1974 年首次参加这项赛事，通过 30 次参赛（除了 1977 和 1981 年）之后，越南的学生已经获得了超过 200 枚奖牌，其中金牌数超过 40 枚.

这本书包含了不少于 45 次比赛中大约 230 道题. 这些题目根据 IMO 的分类，分成五个部分：代数，分析，数论，组合与几何.

需要指出的是，本书中呈现的题目是平均难度的水平. 在将来，我们希望准备另一本书来囊括 VMO 中更难的题，以及一些 IMO 越南队选拔考试的题目.

我们还要指出的是，从 1990 年开始，VMO 已经被分成两个梯队. 第一梯队是针对大城市和省份的学生，第二梯队是针对小城市与高原地区. 第二梯队的题目用字母 B 标注.

我们要感谢世界科技出版公司出版本书，尤其要感谢新加坡南洋理工大学前任理学院院长 Lee Soo Ying 教授，物理与数学科学学院主席 Ling San 教授，以及数学科学部带头人 Chee Yeow Meng 教授，他们在本书的创作中给予了我们振奋人心的鼓舞. 我们感激来自数学物理学院的老师 David Adams，Chan Song Heng，Chua Chek Beng，Anders Gustavsson，Andrew Kricker，Sinai Robins 和 Zhao Liangyi，以及学生 Lor Choon Yee 和 Ong Soon Sheng 对本书各个部分的阅读，他们的重要建议和意见改良了本书的发行. 我们还要感谢 Lu Xiao 绘制本书的插图，以及 Adelyn Le 对本书部分内容的编排.

我们要表达对"数学奥林匹克竞赛"系列的编辑——Lee Peng Yee 教授的感激，因为他对这项工作的关注. 我们要感谢世界科技出版公司的 Kwong Lai 女士，因为她对本书的出版付出了的辛勤的工作. 我们还要感谢淡马锡理工学院的 Wong Fook Sung，Albert 先生，因为他对本书进行了文字编辑工作.

最后，我们对本书中的排版和内容疏漏负责，并且希望得到读者的反馈.

黎海洲，黎海启

2009 年 12 月

于河内与新加坡

目录

第1章 有天分的学生

在 1946 年 9 月,越南民主共和国开学的第一天,胡志明(Ho chi Minh)主席给所有学生的信中说道:"越南是否会变得辉煌,越南民族能否与五大洲的其他富裕国家结成光荣的伙伴关系,这将主要取决于学生学习的努力程度." 后来胡志明提醒所有人民:"十年树木,百年树人."

胡志明的教导激励了数百万越南老师和学生倾尽所有努力去"教好和学好",即使是在激烈的战争年代亦是如此.

1.1 越南数学奥林匹克竞赛

1. 越南数学奥林匹克竞赛在 1961 ~ 1962 学年首次由教育部举办. 这项赛事是针对初中和高中最后一学年中有天分的学生举办的,在那段期间,越南数学奥林匹克竞赛的目标是:

(a) 发掘并训练有数学天分的学生;

(b) 鼓励在学校开展数学"教好学好"运动.

目前,越南的教育体系包括三个层次,共 12 年:

- 小学:从 1 年级到 5 年级.
- 初中:从 6 年级到 9 年级.
- 高中:从 10 年级到 12 年级.

12 年级结束时,学生必须参加最后的毕业考试,只有通过考试的人才可以参加大学入学考试.

这项比赛每年都会举办,通过以下几个阶段:

第一阶段 每学年开始时,所有学校都会进行学生分类,发现和培养数学天才.

第二阶段　各区从小学最后一年级，初中和高中的第一年级的学生中选出有数学天分的学生，按照地方（省级）教育部门提供的课程和材料，在特许时间（而不是在正式学习时间内）组建团队进行培训.

第三阶段　从省（自治区）选拔优秀学生参加数学竞赛（针对各年级的期末学生）. 这项比赛完全由当地省（自治区）组织（出题、评分和颁奖）.

第四阶段　针对初中和高中最后学年学生的国家数学奥林匹克竞赛由教育部组织，为此还建立了国家陪审团来管理组卷、阅卷以及评奖. 比赛在两天内举行，每天学生在三个小时内解决三道题. 有两类奖项：个人奖和团体奖，每一类都包含一、二、三等奖和荣誉奖.

2. 在最初的几年里，教育部指派第一作者，教育部的数学督察负责组织奥林匹克竞赛，从问题的设置到阅卷. 当越南数学协会（VMS）成立（1964 年 1 月）以后，教育部就邀请 VMS 加入. 越南数学研究所第一任所长 Le Van Thiem 教授被提名为评审团主席. 从那时起，VMO 就由教育部每年举办，即使是在激烈的战争年代.

为了让读者了解全国比赛的内容，这里提供了 1962 年第一届和最近一届 2009 年越南数学奥林匹克竞赛的全部问题.

1962 年第一届数学奥林匹克

问题 1　证明

$$\frac{1}{\frac{1}{a}+\frac{1}{b}}+\frac{1}{\frac{1}{c}+\frac{1}{d}} \leqslant \frac{1}{\frac{1}{a+c}+\frac{1}{b+d}}$$

对所有正实数 a, b, c, d 成立.

问题 2　求出函数

$$f(x)=(1+x)\sqrt{2+x^2}\sqrt[3]{3+x^3}$$

在 $x=-1$ 处的一阶导数.

问题 3　在四面体 $ABCD$ 中，A', B' 分别是 A, B 在其对面上的投影. 证明：AA' 与 BB' 相交当且仅当 $AB \perp CD$.

如果 $AC=AD=BC=BD$，那么 AA' 与 BB' 是否相交?

问题 4　给定四棱锥 $SABCD$，使得底面 $ABCD$ 是一个底面中心在点 O 的正方形，且 $SO \perp ABCD$. 高 $SO=h$，且面 SAB 与面 $ABCD$ 间的夹角为 α. 过边 AB 的一个平面与面 SCD 垂直，求所截得的上部分四棱锥的体积，分析所得到的公式.

问题 5　求解方程

$$\sin^6 x+\cos^6 x=\frac{1}{4}.$$

2009 年数学奥林匹克

问题 1 求解方程组

$$\begin{cases}\dfrac{1}{\sqrt{1+2x^2}}+\dfrac{1}{\sqrt{1+2y^2}}=\dfrac{1}{\sqrt{1+2xy}},\\ \sqrt{x(1-2x)}+\sqrt{y(1-2y)}=\dfrac{2}{9}.\end{cases}$$

问题 2 设数列 $\{x_n\}$ 定义为

$$x_1=\frac{1}{2},\ x_n=\frac{\sqrt{x_{n-1}^2+4x_{n-1}+1}+x_{n-1}}{2},\ n\geqslant 2.$$

令 $y_n=\sum\limits_{i=1}^{n}\dfrac{1}{x_i^2}$,证明数列 $\{y_n\}$ 收敛并求其极限.

问题 3 在平面上给定两个点 $A\neq B$ 和一个动点 C,满足 $\angle ACB=\alpha$($\alpha\in(0°,180°)$ 为一个常数). $\triangle ABC$ 的内接圆圆心为 I,与边 AB, BC 和 CA 分别相切于点 D, E 和 F. 直线 AI, BI 分别与 EF 交于点 M, N.

(1) 证明线段 MN 的长度为定值;

(2) 证明 $\triangle DMN$ 的外接圆总是过一个定点.

问题 4 三个实数 a, b, c 满足条件: 对每个正整数 n,和式 $a^n+b^n+c^n$ 是一个整数. 证明:存在三个整数 p, q, r,使得 a, b, c 是方程 $x^3+px^2+qx+r=0$ 的根.

问题 5 设 n 是正整数. 用 T 表示前 $2n$ 个正整数的集合. 存在多少个子集 S 使得 $S\subset T$,且不存在 $a, b\in S$ 使得 $|a-b|\in\{1,n\}$?(注:空集 $\varnothing$ 也是一个满足此性质的子集.)

3. 教育部定期提供指导资优学生教学和培训的文件,并组织关于发现和培训学生的研讨会和讲习班,以下是这些事件的一些经验.

如何明智地学习数学?

智力是人的各项能力的综合,例如观察力,记忆力,想象力,尤其是思维能力,它最基本的特征就是独立性与创造性的思维.

明智地学习数学的学生在以下方面表现得很聪明:

- 准确、系统地掌握基础知识,理解、记忆数学知识,并将其运用到实际生活中.
- 能够分析和综合,即自己发现和解决问题,并具有批判性思维能力.
- 有创造性的思维,例如不局限于老的方法.
- 人们不应夸大智力的重要性. “一个人如果有好的指导和好书,中等的能力就足以使他在中学里掌握数学.”(A.Kolmogorov,俄罗斯院士)

(一)在算术中.

以下谜题有助于提高智力:

(a) 一个水果篮中有 5 个橙子,将这个 5 个橙子分给 5 个孩子,使得每个孩子恰有 1 个橙子,但是仍然有 1 个橙子在篮子中.

答案是将 4 个橙子分给 4 个孩子,然后将水果篮和剩下的橙子给第 5 个孩子.

(b) 一群人共进晚餐,他们之间存在亲情关系:其中 2 个是父亲,2 个是儿子,2 个是侄子,2 个是叔叔,1 个是爷爷,1 个是哥哥,1 个是弟弟. 因此有 12 个人? 对还是错? 他们的关系是怎样的?

事实上,A 是 B 的父亲,C 是 D 的父亲,且是 A 的侄子,A 是 C 的叔叔.

(二)在代数中.

(a) 通过等式 $(x+y)^3=x^3+3x^2y+3xy^2+y^3$,学生可以轻易地解决如下问题:

证明:如果 $x+y+z=0$,那么 $x^3+y^3+z^3=3xyz$.

显然,由 $x+y+z=0$ 得 $z=-(x+y)$,将此式代入待证式的左边,我们得到

$$\begin{aligned}x^3+y^3+z^3&=x^3+y^3-(x+y)^3\\&=x^3+y^3-x^3-3x^2y-3xy^2-y^3\\&=-3xy(x+y)\\&=3xyz.\end{aligned}$$

因此,当要对 $(x-y)^3+(y-z)^3+(z-x)^3$ 因式分解时,我们很容易得到答案 $3(x-y)(y-z)(z-x)$.

类似地,对任意不同的整数 x,y,z,我们可以证明 $(x-y)^5+(y-z)^5+(z-x)^5$ 能被 $5(x-y)(y-z)(z-x)$ 整除.

另一个例子. 容易知道 $3^2+4^2=5^2, 5^2+12^2=13^2, 7^2+24^2=25^2, 9^2+40^2=41^2$,给出一个这些例子的一般公式并证明.

一个可行的公式是

$$(2n+1)^2+[2n(n+1)]^2=[2n(n+1)+1]^2, n\geqslant 1.$$

类似地,容易看出 $1^2=\frac{1\cdot 2\cdot 3}{6}, 1^2+3^2=\frac{3\cdot 4\cdot 5}{6}, 1^2+3^2+5^2=\frac{5\cdot 6\cdot 7}{6}$,由这些例子给出一个一般公式并证明.

我们可以找到一般规律:

$$1^2+2^2+\cdots+n^2=\frac{n(n+1)(2n+1)}{6}, n\geqslant 1.$$

由此,我们得到另一个公式:

$$\begin{aligned}2^2+4^2+\cdots+(2n)^2&=2^2(1^2+2^2+\cdots+n^2)\\&=\frac{2n(n+1)(2n+1)}{3}.\end{aligned}$$

(b) 我们现在考虑下面的问题（VMO，1996）.

求解方程组

$$\begin{cases}\sqrt{3x}\left(1+\dfrac{1}{x+y}\right)=2,\\ \sqrt{7y}\left(1-\dfrac{1}{x+y}\right)=4\sqrt{2}.\end{cases}$$

一个简短的解答如下.

由条件 $x, y>0$,我们得到等价方程组

$$\begin{cases}\dfrac{1}{x+y}=\dfrac{1}{\sqrt{3x}}-\dfrac{2\sqrt{2}}{\sqrt{7y}},\\ 1=\dfrac{1}{\sqrt{3x}}+\dfrac{2\sqrt{2}}{\sqrt{7y}}.\end{cases}$$

将这两个式子相乘,我们得到 $7y^2-38xy-24x^2=(y-6x)(7y+4x)=0$,由此得到 $y=6x$（因为 $7y+4x>0$）. 因此

$$x=\frac{11+4\sqrt{7}}{21}, y=\frac{22+8\sqrt{7}}{7}.$$

另一个解答如下.

令 $u=\sqrt{x}, v=\sqrt{y}$,则方程组变为

$$\begin{cases}u\left(1+\dfrac{1}{u^2+v^2}\right)=\dfrac{2}{\sqrt{3}},\\ v\left(1-\dfrac{1}{u^2+v^2}\right)=\dfrac{4\sqrt{2}}{\sqrt{7}}.\end{cases}$$

但 u^2+v^2 是复数 $z=u+\mathrm{i}v$ 模的平方,因此

$$u+\mathrm{i}v+\frac{u-\mathrm{i}v}{u^2+v^2}=\frac{2}{\sqrt{3}}+\mathrm{i}\frac{4\sqrt{2}}{\sqrt{7}}. \tag{1}$$

注意到

$$\frac{u-\mathrm{i}v}{u^2+v^2}=\frac{\bar{z}}{|z|^2}=\frac{\bar{z}}{z\bar{z}}=\frac{1}{z},$$

因此等式 (1) 变为

$$z+\frac{1}{z}=\frac{2}{\sqrt{3}}+\mathrm{i}\frac{4\sqrt{2}}{\sqrt{7}},$$

或者

$$z^2-\left(\frac{2}{\sqrt{3}}+\mathrm{i}\frac{4\sqrt{2}}{\sqrt{7}}\right)z+1=0.$$

此方程的解为

$$z=\left(\frac{1}{\sqrt{3}}\pm\frac{2}{\sqrt{21}}\right)+\mathrm{i}\left(\frac{2\sqrt{2}}{\sqrt{7}}\pm\sqrt{2}\right),$$

这就说明了此线性方程组的解为

$$x=\left(\frac{1}{\sqrt{3}}\pm\frac{2}{\sqrt{21}}\right)^2,y=\left(\frac{2\sqrt{2}}{\sqrt{7}}\pm\sqrt{2}\right)^2.$$

对学生来说新的数学学习方式是:战胜困难,独立思考,边学边练,还要有学习计划.

(三)在几何中

当学生学完关于四边形的一章后,他们可以自己提问并回答以下问题.

- 如果我们把四边形、平行四边形、矩形、菱形、正方形和等腰梯形的相邻边的中点联结起来,那么我们将得到什么样的图形?

- 什么四边形的内角之和等于外角之和?

- 最后,在记忆和智力之间,有必要巧妙地记忆. 特别地,

(a) 为了记得更好,一个人必须明白这一点. 例如,要得到 $(x+y)^4$,我们必须要知道这是从 $(x+y)^3(x+y)$ 中导出的.

(b) 深刻理解同类概念之间的关系. 例如,根据等式 $\sin^2\alpha+\cos^2\alpha=1$,我们能够证明,得 $\sin^2\frac{\alpha}{2}+\cos^2\frac{\alpha}{2}=\frac{1}{2}$ 是错误的!

(c) 利用图像记忆. 例如,如果我们掌握了三角圆的概念,我们就可以很容易地记住找到基本三角方程根的所有公式.

4. 国际经验表明,一个科学家不必老了才能成为一个聪明的数学家. 因此,我们需要注意发掘青年天才学生,开发他们的才能.

以下就是两个在数学上独具天分的越南学生的例子:

案例 1.

20 年前,教育部从一个省的教育部门获悉,一个村庄的一个二年级学生已经通过了高中最后一年级的数学水平测试. 教育部指派这本书的第一位作者,教育部的数学督察,访问距河内 20 km 的东街村,评估这个学生的数学能力. 村里有许多好奇的人聚集在学生家里. 以下是那次采访的节选,用的是院子而不是黑板.

- 督察:x^2-6x+8 是一个二次多项式吗? 你能够将之因式分解吗?

- 学生:这是一个二次多项式,我可以从中加上 1 再减去 1.

- 督察:你为什么用这种方式呢?

- 学生:对于这个给定的表达式,如果我加上 1,我就得到 $x^2-6x+9=(x-3)^2$,再减去 1,这个式子保持不变. 那么我就得到 $(x-3)^2-1$,然后利用“两个数平方的差等于这两个数的和与差的乘积”,得到

$$(x-3)^2-1=(x-3+1)(x-3-1)=(x-2)(x-4).$$

（这个学生解释得很清楚，这说明他很清楚可以做什么）.

- 督察：你觉得是否有更好的方法解决这个问题呢？

- 学生：我可以通过 $ax^2 + bx + c = 0$ 的求根公式解出方程 $x^2 - 6x + 8 = 0$. 这里 $b = 6 = 2b'$，利用判别式 $\Delta' = b'^2 - 4ac$ 和公式 $x_{1,2} = \dfrac{-b' \pm \sqrt{\Delta'}}{a}$ 得到答案.

（他准确地求出两个根 2 和 4）.

- 督察：在根的计算过程中，你可能会算错. 有没有方法验证答案？

- 学生：我可以利用韦达定理，两根之和为 $-\dfrac{b}{2a}$，两根之积为 $\dfrac{c}{a}$.

之后采访焦点就转向几何.

- 督察：你能否解决下面的几何问题：考虑 $\triangle ABC$，边 BC 固定，顶点 A 是变动的. 求出 $\triangle ABC$ 的重心 G 的轨迹.

那个学生在院子里面画了一个图，思考了一会儿后对话如下：

- 学生：您是否故意出了一个错题？

- 督察：是的，你是怎么知道的？

- 学生：在这个问题中，顶点 A 是变动的，但我们必须知道它是怎么变动的才能得到答案.

- 督察：你觉得 A 是怎么变动的？

- 学生：如果 A 在一条平行于边 BC 的直线上，那么轨迹显然是另一条平行于 BC 的直线，它到边 BC 的距离是点 A 到 BC 距离的三分之一，因为 ……

- 督察：棒！但是如果 A 在以 BC 的中点 I 为半径的圆上，那么 G 的轨迹又是什么？

- 学生：噢，这时 G 的轨迹是一个与给定圆同心的圆，并且它的半径是给定圆半径的三分之一.

这个二年级的学生就是 Pham Ngoc Anh. 教育部对他进行了独立培训，允许他"跳过"一些年级，并把他送到海外的一所大学. 他是进入大学年纪最小的学生，也是匈牙利科学院最年轻的越南数学博士.

案例 2.

几年前在河内有传言说一个五岁的男孩会解高中数学题. 一天，越南电视台的代表派了一名记者给这本书的第一位作者，并邀请他成为陪审团的一员，在电视广播工作室对那个男孩进行直接采访.

以下是那次采访的摘录. 这本书的第一位署名作者，教育部督察，给了他十个简短的数学问题. 注意到那个时候，这个男孩还不知道怎么读题.

- 督察：一天 24 小时有多少秒？

- 学生：（心算）86 400 秒.

（事实上他做了一个计算 $3\,600 \times 24$）.

- 督察：在一场锦标赛中，有 20 个足球队，每个队伍要和其他 19 个队打 19 场比赛. 一共有多少场比赛？

- 学生：（思考并心算）190.

（事实上他做了下面的计算 $19+18+\cdots+2+1=(19+1)+(18+2)+\cdots+(11+9)+10=190$）.

然而，对于接下来的问题："一只蜗牛在 10 米深的水井底部，白天蜗牛向上爬 3 米，晚上会下滑 2 米. 需要几天蜗牛才能爬出水井?"这个孩子的答案是 10 天，因为这个蜗牛每天上爬的距离为 $3-2=1$ 米.

事实上这个男孩是不正确的，因为只需要 8 天. 总之，他有很强的能力和很好的记忆力. 然而，由于他不识字，他的数学推理基本上是有限的.

1.2　具有数学天分的高中生

1. 教育部非常重视数学天才学生的发现和发展活动. 因此，除了每年组织一次全国学生选拔人才的奥林匹克外，教育部决定从河内开始，在两所大学（目前，越南国立大学与越南教育大学）为有数学天分的学生单独开设班级，自那以后扩展到其他城市.

这些专为有数学天分的学生开设的课程使我们能够在全国范围内迅速发现并集中培养数学方面的优秀学生. 在各省，这些班级由当地教育部门组建，通常分配给当地一些顶尖学校管理，而来自大学的班级则由大学自行招生和发展.

2. 对于数学天才来说，这些课程有一些经验.

(a) 选择的学生数量取决于现有资优学生的资格，它强调数学教师的素质，他们满足两个条件：具有优秀的数学能力；具有丰富的教学经验.

(b) 总是关心学生的道德，因为天才学生往往过于骄傲；应该鼓励学生永远谦虚. 越南有句俗语："谦虚才能走得更远!"

(c) 严格按照"全面教育培养数学人才"的方针，避免数学特长生只学数学，忽视其他学科的情况. 永远记住"知、德、健、美"的全方位教育.

(d) 把这种精神传递给学生："敢而慎，自信而谦虚，进取而真实. "

(e) 为了不遗漏人才，每年都要在培训期间通过组织补习赛选拔出新的优秀学生，同时将不合格的学生调回普通班. 对学习成绩好、道德修养好的学生给予奖励，也是鼓励学生的好办法.

(f) 教数学必须点燃学生的心灵之火，我们必须知道如何明智地教学，帮助学生聪明地学习.

例如，在教授无理方程中，当我们要处理方程

$$\frac{1-ax}{1+ax}\sqrt{\frac{1+bx}{1-bx}}=1$$

时,就可以得到

$$\frac{(1-ax)^2}{(1+ax)^2}=\frac{1-bx}{1+bx},$$

我们应该注意的是,如果我们做一个交叉乘法并扩展得到的表达式,那么我们可能会有非常复杂的计算. 相反,最好使用比率的性质

$$\frac{a}{b}=\frac{c}{d}\Rightarrow\frac{a+b}{a-b}=\frac{c+d}{c-d}$$

来得到一个更简单的方程

$$\frac{-4ax}{2(1+a^2-x^2)}=\frac{-2bx}{2}.$$

最后这个方程是很容易解决的.

另一个例子,是一个三角问题,在一个三角形中证明下面的关系

$$\sin^2 A+\sin^2 B+\sin^2 C=2(\cos A\cos B\cos C+1). \tag{2}$$

我们可以向学生提问是否有类似的关系,例如

$$\cos^2 A+\cos^2 B+\cos^2 C=2(\sin A\sin B\sin C+1). \tag{3}$$

这里我们就可以向学生说明,由于 (2) + (3) $=2(\cos A+\cos B+\cos C+\sin A\sin B\sin C)=-1$,这对锐角 $\triangle ABC$ 是不可能成立的.

然后我们可以询问学生在钝角三角形的情况下是否存在这种关系.

如果我们能给学生一些所谓的“泛化”练习题,鼓励学生深入思考,那就太好了. 例如,在教学四面体时,我们可以提出以下问题.

给定四面体 $ABCD$,它在顶点 A 处的三面角是直角,H 是 $\triangle BCD$ 内一点.

1. 证明:若 $AH\perp(BCD)$,则 H 是 $\triangle BCD$ 的垂心.
2. 证明:若 H 是 $\triangle BCD$ 的垂心,则 $AH\perp(BCD)$.
3. 证明:若 $AH\perp(BCD)$,则 $\dfrac{1}{AH^2}=\dfrac{1}{AB^2}+\dfrac{1}{AC^2}+\dfrac{1}{AD^2}$.
4. 设 α,β,γ 分别是 AH 与 AB, AC, AD 的夹角. 证明:$\cos^2\alpha+\cos^2\beta+\cos^2\gamma=1$. 当 H 是 $\triangle BCD$ 内的任意一点时,此关系如何变化?
5. 设 x,y,z 分别表示边 CD, DB, DC 处的二面角. 证明:$\cos^2 x+\cos^2 y+\cos^2 z=1$.
6. 证明:$S^2_{\triangle BCD}=S^2_{\triangle ABC}+S^2_{\triangle ACD}+S^2_{\triangle ADB}$.
7. 证明:在 $\triangle BCD$ 中,有 $a^2\tan B=b^2\tan C=c^2\tan D$,其中 $AD=a, AB=b, AC=c$.
8. 证明:$\triangle BCD$ 是一个锐角三角形.

9. 在 AB, AC, AD 上分别取点 B', C', D',使得 $AB \cdot AB' = AC \cdot AC' = AD \cdot AD'$. 设 G, H 和 G', H' 分别是 $\triangle BCD$ 和 $\triangle B'C'D'$ 的重心和垂心. 证明: A, G, H' 和 A, G', H 分别三点共线.
10. 求出以下表达式的最大值:

$$\cos^2\alpha + \cos^2\beta + \cos^2\gamma - 2\cos^2\alpha\cos^2\beta\cos^2\gamma.$$

另一个例子是: 对怎样的 p,使得二次方程 $x^2 - px + 1 = 0$ 和 $x^2 - x + p = 0$ 具有相同的实根? 乍一看,$p = 1$ 是一个解. 但是对 $p = 1$,方程 $x^2 - x + 1 = 0$ 没有实根.

1.3　参加 IMO

1. 1974 年初,越南战争仍在南部进行,而德意志民主共和国邀请越南参加第 16 届国际数学奥林匹克竞赛（IMO）. 这是越南首次派遣由本书的第一作者,教育部数学检查员领导的 IMO 数学优秀学生小组.

出发前两天,在 1974 年 6 月 20 日的晚上,团队在总统府与总理范文东（Pham Van Dong）举行了会议. 会议给人留下了深刻的印象. 总理鼓励学生保持自信和冷静. 学生答应在第一轮具有挑战性的试验中竭尽全力. 越南第一支队伍是从比赛中选出的五名学生,他们是来自越南北部各省和两个大学附属班的具有天分的学生.

1974 年 7 月 15 日下午,越南队在亚历山大广场的柏林大房子里,获得了第一个“光荣的壮举”: 一枚金牌,一枚银牌和两枚铜牌,且最后一名同学距获得铜牌只差了一分.

1974 年 8 月 28 日发布的《德国周刊》写道:

“请用最热烈的掌声欢迎一支由五名学生组成的首次参加比赛的越南队,他们已经获得了四枚奖牌: 一枚金牌,一枚银牌和两枚铜牌. 您如何解释这种现象,即一个经历了一场毁灭性战争的国家的高中生能拥有如此出色的数学知识吗?”

柏林的许多德国和外国记者问了我们三个问题:

(a) 据说美国曾经把越南炸回了石器时代? 这是真的吗?

- 是的,但是我们不怕这个.

(b) 为什么你们的学生能在这样的不利情况下学习?

- 在轰炸期间,我们的学生进入了隧道,轰炸之后,他们爬上去继续上课. 用地面当纸,用竹棍当笔,所以可以随便写.

(c) 为什么越南学生学得这么好?

-数学不需要实验室,只需要一个聪明的头脑. 越南学生很聪明,这就是他们能学好的原因.

很难想象，在一个遭受美国 B-52 飞行平流堡垒飞机破坏的国家中，从疏散的学校，经历过轰炸和激烈的战斗，在夜间油灯闪烁的灯光且万物缺乏的地方，第一个 IMO 学生团队是如何成为世界第一，第二和第三的.

隧道通常是挖在教室的竹桌下. 警报响起时，学生们将撤离到隧道中，留在后院下方的地牢中. 他们听到飞机的轰鸣声，看到炸弹从天而降. 战争期间，许多喜欢数学的孩子躺在地上的莎草垫上解决数学问题. 缺少纸张，就在地面上绘图. 由于不需要实验室，学生们可以在任何时间，任何地方学习，但由于缺乏钢笔，他们只能用竹签在地上写字.

在战争年代，越南的教育不断地促进发现和培养具有数学方面的天赋的学生，尽管这些学生之间没有接触，也没有世界数学成就的知识. 但越南每年定期组织初高中数学竞赛，在激进的战斗中也举行了比赛和评分会议.

越南学生在学习数学方面是很好的榜样，他们有一个共同的特点：不满足于快速解决的方案，却热衷于寻找替代解决方案，或者从给定的解决方案中提出新的问题.

即便是物质上的困难也无法扼杀越南年轻学生的梦想.

2. 自 1974 年首次参加 IMO 以来，越南还参加了 33 场其他国际数学奥林匹克竞赛，越南学生除获得金、银和铜牌外，还获得了其他三项大奖：在 1979 年英国举行的 IMO 中获得了唯一特别奖，1978 年罗马尼亚举行的 IMO 中获得了最年轻学生奖和唯一的团队奖.

值得一提的是，在 2007 年由越南组织了第 48 届 IMO，越南队获得了 3 枚金牌和 3 枚银牌. 在那届 IMO 上，越南"动员"了 30 多个在国外工作的 IMO 和 VMO 的前获奖者，以及来自数学研究所和越南其他大学的 30 多个数学家，作为陪审团共同来评阅竞赛试卷. 越南地方组织委员会的这项努力得到了其他国家的高度赞赏.

最后，我们回想一下胡主席在 1968 年 10 月 15 日给所有教育者的信中所说的话："尽管有困难，我们仍然必须尽最大努力教好和学习好. 在利用教育改善文化和职业生活的基础上，旨在解决我国的实际问题，并在将来记录科学技术的重大成就."

第2章 基本记号与事实

本章介绍了代数、分析、数论、组合学、平面几何和立体几何（高中数学课程）中最基本的概念和事实.

2.1 代数

2.1.1 重要不等式

平均数

四种类型的平均数经常被用到：

- n 个数 $a_1, a_2, \cdots, a_n$ 的算术平均数,

$$A(a) = \frac{a_1 + a_2 + \cdots + a_n}{n}.$$

- n 个非负实数的几何平均数,

$$G(a) = \sqrt[n]{a_1 a_2 \cdots a_n}.$$

- n 个正数的调和平均数,

$$H(a) = \frac{1}{\frac{1}{a_1} + \frac{1}{a_2} + \cdots + \frac{1}{a_n}}.$$

- 我们有下面的关系：
  对实数 $a_1, a_2, \cdots, a_n$，有 $S(a) \geqslant A(a)$. 对正实数 $a_1, a_2, \cdots, a_n$，有 $G(a) \geqslant H(a)$. 这两种情形中，等号成立当且仅当 $a_1 = a_2 = \cdots = a_n$.

算术–几何平均值不等式

对非负实数 $a_1, a_2, \cdots, a_n$,有

$$A(a) \geqslant G(a).$$

等号成立当且仅当所有的 a_i 全部相等.

由此立刻得出:

(1) 几个正实数的和一定,其乘积取最大值当且仅当它们全部相等;

(2) 几个正实数的乘积一定,其和取最大值当且仅当它们全部相等.

柯西–施瓦兹(Cauchy-Schwarz)不等式

对任意实数 $a_1, a_2, \cdots, a_n, b_1, b_2, \cdots, b_n$,总是成立

$$(a_1b_1 + a_2b_2 + \cdots + a_nb_n)^2 \leqslant (a_1^2 + a_2^2 + \cdots + a_n^2)(b_1^2 + b_2^2 + \cdots + b_n^2).$$

其中等号成立当且仅当 $a_1 = kb_1, a_2 = kb_2, \cdots, a_n = kb_n$ 或者 $b_1 = ka_1, b_2 = ka_2, \cdots, b_n = ka_n$ 对某个实数 k 成立.

伯努利(Bernoulli)不等式

对任意 $a > -1$ 和正整数 n,我们有

$$(1+a)^n \geqslant 1 + na.$$

等号成立当且仅当 $a = 0$ 或 $n = 1$.

赫尔德(Hölder)不等式

对任意实数 $a_1, a_2, \cdots, a_n, b_1, b_2, \cdots, b_n$ 和任意满足 $\frac{1}{p} + \frac{1}{q} = 1$ 的正实数 p, q,成立

$$|a_1b_1 + a_2b_2 + \cdots + a_nb_n| \leqslant \\ (|a_1|^p + |a_2|^p + \cdots + |a_n|^p)^{\frac{1}{p}} \cdot (|b_1|^q + |b_2|^q + \cdots + |b_n|^q)^{\frac{1}{q}}.$$

等号成立当且仅当 $a_1 = kb_1, a_2 = kb_2, \cdots, a_n = kb_n$ 或者 $b_1 = ka_1, b_2 = ka_2, \cdots, b_n = ka_n$ 对某个实数 k 成立.

柯西–施瓦兹不等式是此不等式当 $p = q = 2$ 时的特例.

2.1.2　多项式

定义

一个次数为 n 的多项式是一个形如

$$P(x)=a_nx^n+a_{n-1}x^{n-1}+\cdots+a_1x+a_0$$

的函数,这里 n 是一个非负整数且 $a_n\neq 0$.

数 $a_0,a_1,\cdots,a_n$ 称为多项式的系数. a_0 是常数系数或者常数项. a_n,这个最高次项的系数,称为首项系数,而 a_nx^n 称为首项.

性质

- 几个多项式的和是多项式.
- 几个多项式的乘积是多项式.
- 多项式的导数是多项式.
- 多项式的任意原函数是多项式.

数 c 称为 $P(x)$ 的k 重根 是指存在一个多项式 $Q(x)$,使得 $Q(c)\neq 0$ 且 $P(x)=(x-c)^kQ(x)$. 如果 $k=1$,那么 c 称为 $P(x)$ 的单根.

整系数多项式

假定 $P(x)=a_nx^n+a_{n-1}x^{n-1}+\cdots+a_1x+a_0$（$a_n\neq 0$）是一个整系数多项式,且 $x=\dfrac{p}{q}$ 是 $P(x)$ 的一个有理根,那么 p 整除 a_0 且 q 整除 a_n.

由此可知,如果 $a_n=1$,那么 $P(x)$ 的任意有理根都是整数（且整除 a_0）.

2.2　分析

2.2.1　凸函数与凹函数

定义

定义在 (a,b) 上的实函数 f 称为是凸函数是指

$$f\left(\frac{x+y}{2}\right)\leqslant\frac{f(x)+f(y)}{2},\forall x,y\in(a,b).$$

如果上述不等号反向,那么 f 称为凹函数.

性质

如果 $f(x)$ 和 $g(x)$ 是 (a,b) 上的凸函数,那么 $h(x)=f(x)+g(x)$ 和 $M(x)=\max\{f(x),g(x)\}$ 都是凸函数.

如果 $f(x)$ 和 $g(x)$ 是 (a,b) 上的凸函数,且假定 $g(x)$ 在 (a,b) 上是非递减的,那么 $h(x)=g\big(f(x)\big)$ 在 (a,b) 上是凸函数.

琴生(Jensen)不等式

如果函数 $f(x)$ 在 (a,b) 内是凸的,且 $\lambda_1,\lambda_2,\cdots,\lambda_n$ 是满足 $\lambda_1+\lambda_2+\cdots+\lambda_n=1$ 的非负实数,那么

$$f(\lambda_1x_1+\lambda_2x_2+\cdots+\lambda_nx_n)\leqslant\lambda_1f(x_1)+\lambda_2f(x_2)++\cdots+\lambda_nf(x_n)$$

对所有的 $x_i\in(a,b)$ 成立.

如果 $f(x)$ 是凹的,那么不等号反向.

2.2.2 魏尔斯特拉斯(Weierstrass)定理

单调数列

称数列是单调的,是指它是非递增或者非递减的.

称数列 $\{x_n\}$ 是有界的,是指存在实数 m,M,使得 $m\leqslant x_n\leqslant M$ 对所有 n 成立.

收敛的必要条件

如果一个数列收敛,那么它是有界的.

魏尔斯特拉斯定理

单调有界数列必收敛.

2.2.3 函数方程

给定函数 $f(x),g(x)$,使得 f 的定义域包含 g 的值域,那么 f 与 g 的复合定义为

$$(f\circ g)(x)=f\big(g(x)\big).$$

如果 $f=g$,那么我们将 $f\circ f$ 写成 f^2.

函数的复合满足结合律,且

$$f^n(x) = (\underbrace{f \circ f \circ \cdots \circ f}_{n次})(x) = \underbrace{f(f(\cdots f}_{n次}(x))), n \geqslant 1.$$

求解函数方程就是求出方程中的未知函数.

2.3　数论

2.3.1　素数

一些整除规律

- 一个数被 2 整除,当且仅当它的最后一位数是偶数.
- 一个数被 3 整除,当且仅当它的各位数的和被 3 整除.
- 一个数被 4 整除,当且仅当它的最后两位数组成的数被 4 整除.
- 一个数被 5 整除,当且仅当它的个位数字是 0 或 5.
- 一个数被 6 整除,当且仅当它同时被 2 和 3 整除.
- 一个数被 7 整除,当且仅当截去它的个位数,再从剩下的数中减去个位数的两倍以后所得数字被 7 整除(包括 0).
- 一个数被 8 整除,当且仅当它的最后三位数组成的数被 8 整除.
- 一个数被 9 整除,当且仅当它的各位数的和被 9 整除.
- 一个数被 10 整除,当且仅当它的个位数字是 0.
- 一个数被 11 整除,当且仅当它的奇数位上的数字之和与偶数位上的数字之和的差被 11 整除(包括 0).
- 一个数被 12 整除,当且仅当它同时被 3 和 4 整除.
- 一个数被 13 整除,当且仅当截去它的个位数,再从剩下的数中减去个位数的 9 倍以后所得数字被 13 整除.
- 如果 $p > 1$ 不能被任何平方小于 p 的素数整除,那么 p 是一个素数.
- 素数有无穷多个.
- 每一个大于 1 的数都有唯一的素数分解,这种分解的标准形式如下:

$$n = p_1^{\alpha_1} \cdot p_2^{\alpha_2} \cdot \cdots \cdot p_k^{\alpha_k},$$

  这里 $p_1 < p_2 < \cdots < p_k$ 是素数,且 $\alpha_1, \alpha_2, \cdots, \alpha_k$ 是正整数(不需要互异).

最大公因子(g.c.d.)与最小公倍数(l.c.m.)

- 两个整数 a 与 b 的最大公因子记为 $\gcd(a, b)$,或者 (a, b). 数 d 是 a 与 b 的一个公因子当且仅当 d 是 (a, b) 的一个因子.

- 两个数 a 与 b 称为是互素的是指 $(a,b)=1$.
- 两个整数 a 与 b 的最小公倍数记为 $[a,b]$. 数 d 是 a 与 b 的一个公倍数当且仅当 d 是 $[a,b]$ 的一个倍数.
- 对任意正整数 a 与 b 均有 $(a,b)\cdot[a,b]=ab$.
- 如果 n 同时被 a 与 b 整除,且 $(a,b)=1$,那么 n 被 ab 整除.

欧几里得(Euclid)算法

不用将两个数分解成素因子的乘积，就可以求出它们的最大公因子，这就是欧几里得算法. 它的关键性质就是下面的结论:“如果 r 是 a 被 b 除后的余数，即 $a=bq+r$,那么 $(a,b)=(b,r)$”. 这个算法可以如下描述:

$$a=bq_1+r_1 \Rightarrow b=r_1q_2+r_2 \Rightarrow \cdots.$$

因此我们得到了一个单调递减的正数序列

$$a>b>r_1>r_2>\cdots$$

由于小于 a 的正整数只有有限个,那么最后一个非零的 r_k 就是 (a,b).

2.3.2 模算子

定义

给定正整数 m, 如果整数 a 与 b 被 m 除之后的余数相同（即 $a-b$ 被 m 整除),那么我们称 a 与 b 同余于 m,记作 $a\equiv b(\mathrm{mod}\, m)$.

性质

1.
   - $a\equiv a(\mathrm{mod}\, m)$
   - $a\equiv b(\mathrm{mod}\, m)\Rightarrow b\equiv a(\mathrm{mod}\, m)$
   - $a\equiv b(\mathrm{mod}\, m), b\equiv c(\mathrm{mod}\, m)\Rightarrow a\equiv c(\mathrm{mod}\, m)$.
2.
   - $a\equiv b(\mathrm{mod}\, m), c\equiv d(\mathrm{mod}\, m)\Rightarrow a\pm c\equiv b\pm d(\mathrm{mod}\, m)$
   - $a\equiv b(\mathrm{mod}\, m), c\equiv d(\mathrm{mod}\, m)\Rightarrow ac\equiv bd(\mathrm{mod}\, m)$.
3.
   - $a\equiv b(\mathrm{mod}\, m)\Rightarrow a\pm c\equiv b\pm c(\mathrm{mod}\, m)$
   - $a+c\equiv b(\mathrm{mod}\, m)\Rightarrow a\equiv b-c(\mathrm{mod}\, m)$
   - $a\equiv b(\mathrm{mod}\, m)\Rightarrow ac\equiv bc(\mathrm{mod}\, m)$
   - $a\equiv b(\mathrm{mod}\, m)\Rightarrow a^n\equiv b^n(\mathrm{mod}\, m)$.

中国剩余定理

设 $m_1,\cdots,m_k$ 是两两互素的整数，$a_1,\cdots,a_k$ 是整数，满足 $(a_1,m_1)=\cdots=(a_k,m_k)=1$. 对任意整数 $c_1,\cdots,c_k$，方程组

$$\begin{cases} a_1x\equiv c_1(\bmod m_1)\\ \vdots\\ a_kx\equiv c_k(\bmod m_k)\end{cases}$$

在模 $m_1\cdots m_k$ 意义下有唯一解.

2.3.3　费马(Fermat)与欧拉(Euler)定理

费马(小)定理

设 p 是一个素数，那么 $n^p\equiv n(\bmod p)$，对任意整数 $n\geqslant 1$，即 n^p-n 被 p 整除. 特别地，如果 $(p,n)=1$，那么 $n^{p-1}-1$ 被 p 整除.

欧拉定理

用 $\varphi(m)$ 表示不超过 m 且与 m 互素的正整数的个数. 如果 $n=p_1^{\alpha_1}p_2^{\alpha_2}\cdots p_k^{\alpha_k}$ 是 n 的素因子分解，那么

$$\varphi(m)=m\left(1-\frac{1}{p_1}\right)\left(1-\frac{1}{p_2}\right)\cdots\left(1-\frac{1}{p_k}\right).$$

对所有满足 $(m,n)=1$ 的 n，均有 $n^{\varphi(m)}\equiv 1(\bmod m)$.

当 m 是素数时，费马定理是欧拉定理的一种特殊情形.

2.3.4　记数系统

定义

这是一种以一致的方式表示给定集合的数的系统. 例如，10 就是 2 的二进制表示，是 10 的十进制表示，或者其他数在不同进制下的表示.

十进制系统

用数字 $0,1,\cdots,9$ 来表示数，例如 $123=1\cdot 10^2+2\cdot 10+3$.

其他记数系统

对给定的整数 $g>1$,任意正整数 n 在以 g 为基底下可以唯一表示为

$$n=\overline{a_k a_{k-1}\cdots a_1 a_0}_g=a_k\cdot g^k+a_{k-1}\cdot g^{k-1}+\cdots+a_1\cdot g+a_0,$$

这里 $0<a_k<g, 0\leqslant a_{k-1},\cdots,a_0<g$ 都是整数.

2.4 组合学

2.4.1 计数

置换

n 个元素的一个置换是这些元素用其他顺序的一个线性排列. n 个元素所有不同置换的个数为

$$\mathrm{P}_n=n!=1\cdot 2\cdot\cdots\cdot n.$$

规定 $0!=1$.

排列

从 n 个元素中选出 k 个元素的一个排列是指按照一定的顺序将这 k 个元素排成一列. 从 n 个元素中选出 k 个元素的排列数为

$$\mathrm{A}_n^k=\frac{n!}{(n-k)!}=n(n-1)\cdots(n-k+1), 0\leqslant k\leqslant n.$$

组合

从 n 个元素中选出 k 个元素的一个组合是指从 n 个元素中选出 k 个元素为一组. 从 n 个元素中选出 k 个元素的组合数为

$$\mathrm{C}_n^k=\binom{n}{k}=\frac{n!}{k!(n-k)!}.$$

组合数具有以下性质:

- $\binom{n}{k}=\binom{n}{n-k}$.
- $\binom{n}{k}+\binom{n}{k+1}=\binom{n+1}{k+1}$.

2.4.2　牛顿(Newton)二项式定理

对 $a, b \in \mathbb{R}$ 和 $n \in \mathbb{N}$,我们有

$$(a+b)^n = \binom{n}{0}a^n + \binom{n}{1}a^{n-1}b + \cdots + \binom{n}{k}a^{n-k}b^k + \cdots + \binom{n}{n-1}ab^{n-1} + \binom{n}{n}b^n.$$

2.4.3　狄利克雷(Dirichlet)原理①

原理

不可能在 3 个洞里放 7 只鸽子,使得每个洞里至多只有 2 只鸽子.

一些应用

• 对任意 $n+1$ 个正整数,我们可以选出两个使得它们的差被 n 整除.

• 如果一个三角形的顶点都在一个矩形内（包括在边界的情形）,那么三角形的面积至多是矩形面积的一半.

2.4.4　图论

定义

一个图是有限个点（称为顶点）与联结其中某些点对的链接（称为边）的集合.

一个图的顶点一般用 $A_1, \cdots, A_n$ 表示,而它的边用 $u_1, \cdots, u_m$ 表示;联结 A_i 和 A_j 的边 u 表示为 $u = A_iA_j$.

边 $u = A_iA_j$ 称为一个环是指 $A_i = A_j$. 两条或多条边联结同一对顶点就称为多边. 一个简单图是指既没有环也没有多边的图.

顶点 A 的度是联结顶点 A 的边的数目,记为 $d(A)$.

一个简单图的一列顶点 $A_1, \cdots, A_n$ 称为是一个路径是指:

1. $A_iA_{i+1}(1 \leqslant i \leqslant n-1)$ 都是图的边,且

2. 如果 $i \neq j$,那么 $A_i \neq A_j$.

路径的长度是指这条路径所经过的边的数目: $A_1, A_2, \cdots, A_n$ 的边数为 $n-1$. 特别地,如果 A_nA_1 是图的边,那么我们得到一个圈.

一个图称为是连通的是指在任意两个顶点之间都存在一条路径.

每个非连通的图都可以分成几个连通子图,称为连通分支,使得任何一个顶点都不与其他子图的顶点相连.

① 也叫鸽巢原理或者抽屉原理.

几个问题

(1) 在一次聚会中有 $n(n \geqslant 2)$ 个人，证明：认识奇数个参加者的人的个数为偶数.

如果我们将每个参加者看成是图的一个顶点，并且在两个认识的人之间连一条边，我们就可以将待证明的问题表述为："对每个顶点数不小于 2 的图，其中度为奇数的顶点数为偶数个."

(2) 有 $2n$ 个学生参加一次旅游. 每个学生至少有其他 n 个学生的通信方式，并且我们假定如果 A 有 B 的通信方式，那么 B 有 A 的通信方式. 证明：所有的学生都可以互相通信.

这个问题可以等价为：一个简单图有 $2n$ 个顶点，每个顶点的度不小于 n，那么它是一个连通图.

2.5 几何

2.5.1 三角形和圆中的三角关系

直角三角形

设 $\triangle ABC$ 是一个直角三角形，$\angle A = 90°$，h 是顶点 A 的高的长度，设 b', c' 是 AB, AC 到斜边 BC 上投影的长度.

1. 勾股定理：$a^2 = b^2 + c^2$.
2. $b^2 = ab', c^2 = ac', bc = ah$.
3. $h^2 = b'c'$.
4. $\dfrac{1}{h^2} = \dfrac{1}{b^2} + \dfrac{1}{c^2}$.

正弦，余弦，正切和余切定理

1. 正弦定理为：
$$\frac{a}{\sin A} = \frac{b}{\sin B} = \frac{c}{\sin C} (= 2R),$$
这里 R 是 $\triangle ABC$ 的外接圆半径.
2. 余弦定理为：
$$\begin{cases} a^2 = b^2 + c^2 - 2bc\cos A \\ b^2 = c^2 + a^2 - 2ca\cos B \\ c^2 = a^2 + b^2 - 2ab\cos C \end{cases}.$$
3. 正切定理为：
$$\frac{a-b}{a+b} = \frac{\tan\frac{A-B}{2}}{\tan\frac{A+B}{2}}.$$

4. 余切定理为：

$$\cot A=\frac{b^2+c^2-a^2}{4S},$$

这里 S 是三角形的面积.

三角形的面积公式

设 $\triangle ABC$ 的面积为 S,R 和 r 分别为其外接圆和内切圆的半径, p 为半周长.

1. $S=\frac{1}{2}ah_a=\frac{1}{2}bh_b=\frac{1}{2}ch_c$, 这里 h_a,h_b,h_c 分别是位于顶点 A,B,C 处的高.
2. $S=\frac{1}{2}bc\sin A=\frac{1}{2}ca\sin B=\frac{1}{2}ab\sin C$.
3. $S=\frac{abc}{4R}$.
4. $S=\frac{abc}{4R}$.
5. $S=pr$.
6. 海伦（Heron）公式: $S=\sqrt{p(p-a)(p-b)(p-c)}$.

幂

点 M 关于圆心在点 O, 半径为 R 的圆的幂 定义为

$$\mathcal{P}_M=OM^2-R^2.$$

当 M 在圆外时为正, 在圆内时为负, 在圆上时为 0.

对任意经过 M 且与圆交于 A,B 两点的直线（包括 $A=B$, 此时直线与圆相切）, 有

$$\mathcal{P}_M=\overrightarrow{MA}\cdot\overrightarrow{MB}.$$

2.5.2　三角公式

和

$$\sin(a\pm b)=\sin a\cos b\pm\cos a\sin b$$
$$\cos(a\pm b)=\cos a\cos b\mp\sin a\sin b$$
$$\tan(a\pm b)=\frac{\tan a\pm\tan b}{1\mp\tan a\tan b}.$$

二倍角与三倍角

$$\begin{aligned}
&\sin 2a = 2\sin a\cos a,\ \sin 3a = 3\sin a - 4\sin^3 a\\
&\cos 2a = \cos^2 a - \sin^2 a = 2\cos^2 a - 1 = 1 - 2\sin^2 a,\\
&\cos 3a = 4\cos^3 a - 3\cos a\\
&\tan 2a = \frac{2\tan a}{1-\tan^2 a},\ \tan 3a = \frac{3\tan a - \tan^3 a}{1 - 3\tan^2 a}.
\end{aligned}$$

和差化积与积化和差公式

(1)

$$\begin{aligned}
\sin a\cos b &= \frac{1}{2}[\sin(a+b)+\sin(a-b)]\\
\cos a\cos b &= \frac{1}{2}[\cos(a+b)+\cos(a-b)]\\
\sin a\sin b &= \frac{1}{2}[\cos(a-b)-\cos(a+b)].
\end{aligned}$$

(2)

$$\begin{aligned}
\sin a + \sin b &= 2\sin\frac{a+b}{2}\cos\frac{a-b}{2}\\
\sin a - \sin b &= 2\cos\frac{a+b}{2}\sin\frac{a-b}{2}\\
\cos a + \cos b &= 2\cos\frac{a+b}{2}\cos\frac{a-b}{2}\\
\cos a - \cos b &= -2\sin\frac{a+b}{2}\sin\frac{a-b}{2}.
\end{aligned}$$

有理化①

如果 $t = \tan\frac{a}{2}$,那么

$$\sin a = \frac{2t}{1+t^2},\ \cos a = \frac{1-t^2}{1+t^2},\ \tan a = \frac{2t}{1-t^2}\ (t \neq \pm 1).$$

① 也叫万能公式.

2.5.3　一些重要的定理

泰勒斯(Thales)定理

如果两条直线 AA' 与 BB' 交于点 O（$O \neq A', B'$），那么

$$AB \parallel A'B' \text{ 当且仅当 } \frac{\overrightarrow{OA}}{\overrightarrow{OA'}} = \frac{\overrightarrow{OB}}{\overrightarrow{OB'}},$$

这里 $\frac{\boldsymbol{a}}{\boldsymbol{b}}$ 表示两个非零的共线向量的比.

梅涅劳斯(Menelaus)定理

设 $\triangle ABC$ 中，M, N, P 分别是 BC, CA, AB 上异于 A, B, C 的点，那么点 M, N, P 共线当且仅当

$$\frac{\overrightarrow{MB}}{\overrightarrow{MC}} \cdot \frac{\overrightarrow{NC}}{\overrightarrow{NA}} \cdot \frac{\overrightarrow{PA}}{\overrightarrow{PB}} = 1.$$

塞瓦(Ceva)定理

设 $\triangle ABC$ 中，M, N, P 分别是 BC, CA, AB 上异于 A, B, C 的点，那么直线 AM, BN, CP 共点当且仅当

$$\frac{\overrightarrow{MB}}{\overrightarrow{MC}} \cdot \frac{\overrightarrow{NC}}{\overrightarrow{NA}} \cdot \frac{\overrightarrow{PA}}{\overrightarrow{PB}} = -1.$$

欧拉公式

设 (O, R) 和 (I, r) 分别表示 $\triangle ABC$ 的外接圆和内切圆，那么

$$d^2 = R^2 - 2Rr, \text{ 这里 } d = OI.$$

因此，总有 $R \geqslant 2r$.

2.5.4　二面角与三面角

两个半平面 (A) 与 (B) 经过同一条直线 PQ 就形成了一个二面角. 这条直线称为二面角的棱，两个半平面称为它的面. 第三个平面 (C) 垂直于棱，它与平面 (A) 和 (B) 的交线构成了二面角的平面角$\theta \in (0°, 180°)$. 这个平面角是二面角的一种度量.

两个（不同的且不平行的）平面的夹角是由这两个平面组成的四个平面角中最小的一个平面角 φ，因此 $0° < \varphi \leqslant 90°$.

如果我们过点 O 作一系列平面 $(AOB),(BOC),(COD)$ 等，它们两两分别交于直线 OB,OC,OD 等（最后一个平面 (ZOA) 与第一个平面 (AOB) 交于直线 OA），那么我们得到一个图形，称为多面角. 点 O 称为多面角的顶点. 组成多面角的平面 $(AOB),(BOC),(COD),\cdots,(ZOA)$ 称为它的面，交线 $OA,OB,OC,\cdots,OZ$ 称为它的棱. 角 $\angle AOB,\angle BOC,\angle COD,\cdots,\angle ZOA$ 称为它的面角.

多面角的最小面数为 3，此时被称为三面角.

三面角中任意两个面角的和大于第三个面角.

2.5.5 四面体

若多面体的所有面都是全等的正多边形，并且每个顶点上有相同数量的面联结，那么称多面体为正那么多面体. 众所周知，只有五种凸的正多面体和四种非凸的正多面体. 其中凸的正多面体为：正四面体，正六面体，正八面体，正十二面体，正二十面体.

任何一个正多面体都存在一个内切球和一个外接球.

2.5.6 棱柱，平行六面体，棱锥

一个棱柱可以是三棱柱，四棱柱，五棱柱，六棱柱等，取决于它底部多边形的形状. 若棱柱的侧棱垂直于里面，那么此棱柱称为直棱柱；否那么就称为斜棱柱. 若一个直棱柱的底面是正多边形，那么此棱柱也叫作正棱柱.

一个平行六面体若四个侧面都是矩形，那么称它是直平行六面体. 一个直平行六面体若所有六个面都是矩形，那么称它是直角平行六面体.

一个棱锥可以是三棱锥，四棱锥，五棱锥，六棱锥等等，取决于它底部多边形的形状. 一个三棱锥是一个四面体，一个四棱锥是一个五面体，等等. 一个棱锥若它的底面是正多边形，且顶点在底面的投影恰好是底面的中心，那么称它是正棱锥. 正棱锥的所有侧棱都是相等的. 一个侧面的高称为正棱锥的斜高.

如果画两个平行于金字塔底部的平面，那么在这两个平面之间截出的棱锥部分称为棱台. 若这个棱锥是正棱锥，那么从中截出的棱台称为正棱台. 正棱台的所有侧面都是等腰梯形，侧面的高称为正棱台的斜高.

2.5.7 圆锥

锥面是由经过一个固定点的直线沿着一条给定的曲线运动而形成的，定点称为锥面的顶点，给定的曲线称为锥面的准线，与直线运动时的不同位置相对应的直线称为锥面的母线.

锥体是一个物体，由圆锥曲面的一部分（有一条闭合的准线）和一个与它相交且不经过顶点的平面所限制的物体. 平面在此锥面内的部分，称为锥体的底面，从顶点处所作的垂直于底面的垂线称为锥体的高. 若锥体的底面是圆，那么它称为环锥. 联结锥体顶点与底面中心的直线称为锥体的轴. 若一个环锥的高和它的轴重合，那么它称为圆锥.

圆锥曲线　平行于圆锥底面的平面所截的曲线是圆. 只和圆锥的一部分相交，但不平行于母线的平面所截的曲线是椭圆. 只和圆锥的一部分相交，且平行于母线的平面所截的曲线是抛物线. 在一般情形，与圆锥的两部分相交的平面所截的曲线是双曲线，包括两个分支. 特别地，如果平面经过圆锥的轴，我们得到的是两条相交的直线.

第3章 题目

3.1 代数

3.1.1（1962）

证明

$$\frac{1}{\frac{1}{a}+\frac{1}{b}}+\frac{1}{\frac{1}{c}+\frac{1}{d}} \leqslant \frac{1}{\frac{1}{a+c}+\frac{1}{b+d}}$$

对所有正实数 a,b,c,d 成立.

3.1.2（1964）

给定任意角 α，计算

$$\cos\alpha+\cos\left(\alpha+\frac{2\pi}{3}\right)+\cos\left(\alpha+\frac{4\pi}{3}\right)$$

与

$$\sin\alpha+\sin\left(\alpha+\frac{2\pi}{3}\right)+\sin\left(\alpha+\frac{4\pi}{3}\right).$$

给出一般结果并证明你的结论.

3.1.3（1966）

设非负实数 x,y,z 满足以下条件：

(1) $x+cy \leqslant 36$；

(2) $2x+3z \leqslant 72$，

这里 c 是一个给定的正数.

证明：如果 $c \geqslant 3$，那么 $x+y+z$ 的最大值为 36，如果 $c<3$，那么此最大值为 $24+\dfrac{36}{c}$.

3.1.4（1968）

设 a,b 满足 $a \geqslant b>0, a+b=1$.

(1) 证明：如果正整数 m,n 满足 $m<n$，那么 $a^m-a^n \geqslant b^m-b^n>0$.

(2) 对每个正整数 n,考虑二次函数

$$f_n(x) = x^2 - b^n x - a^n.$$

证明:$f(x)$ 在 -1 和 1 之间有两个根.

3.1.5(1969)

考虑 $x_1 > 0, y_1 > 0, x_2 < 0, y_2 > 0, x_3 < 0, y_3 < 0, x_4 > 0, y_4 < 0$. 假定对每个 $i = 1, \cdots, 4$,我们有 $(x_i - a)^2 + (y_i - b)^2 \leqslant c^2$. 证明:$a^2 + b^2 < c^2$.

以平面几何中的几何结果的形式重申这一事实.

3.1.6(1970)

证明:对任意 $\triangle ABC$ 有

$$\sin\frac{A}{2}\sin\frac{B}{2}\sin\frac{C}{2} < \frac{1}{4}.$$

3.1.7(1972)

设 α 是任意角,记 $x = \cos\alpha, y = \cos n\alpha\ (n \in \mathbb{Z})$.

(1) 证明:对每个 $x \in [-1, 1]$,都存在唯一的 y 与之对应. 于是我们可以将 y 记为 x 的函数,$y = T_n(x)$. 计算 $T_1(x), T_2(x)$ 并证明

$$T_{n+1}(x) = 2xT_n(x) - T_{n-1}(x).$$

由此得到 $T_n(x)$ 是一个 n 次多项式.

(2) 证明多项式 $T_n(x)$ 在 $[-1, 1]$ 内有 n 个不同的根.

3.1.8(1975)

不解三次方程 $x^3 - x + 1 = 0$,计算此方程所有根的 8 次幂的和.

3.1.9(1975)

求出所有实数 x,使得

$$\frac{x^3 + m^3}{(x+m)^3} + \frac{x^3 + n^3}{(x+n)^3} + \frac{x^3 + p^3}{(x+p)^3} + \frac{3}{2}\frac{(x-m)(x-n)(x-p)}{(x+m)(x+n)(x+p)} = \frac{3}{2}.$$

3.1.10(1976)

求出方程组

$$\begin{cases} x^{x+y} = y^{12} \\ y^{y+x} = x^3 \end{cases}$$

的所有整数解.

3.1.11(1976)

设 k 和 n 是正整数,正实数 $x_1, \cdots, x_k$ 满足 $x_1 + \cdots + x_k = 1$. 证明

$$x_1^{-n} + \cdots + x_k^{-n} \geqslant k^{n+1}.$$

3.1.12（1977）

求解不等式

$$\sqrt{x-\frac{1}{x}}-\sqrt{1-\frac{1}{x}}>\frac{x-1}{x}.$$

3.1.13（1977）

设实数 $a_0,a_1,\cdots,a_{n+1}$ 满足

$$a_0=a_{n+1}=0,\ |a_{k-1}-2a_k+a_{k+1}|\leqslant 1,k=1,2,\cdots,n.$$

证明

$$|a_k|\leqslant\frac{k(n-k+1)}{2},\forall k=0,1,\cdots,n+1.$$

3.1.14（1978）

求出所有 m 的值,使得下面的方程组有唯一解:

$$\begin{cases}x^2=2^{|x|}+|x|-y-m\\x^2=1-y^2\end{cases}.$$

3.1.15（1978）

求出三个不可约分数 $\frac{a}{d},\frac{b}{d}$ 和 $\frac{c}{d}$,构成一个等差数列,且满足

$$\frac{b}{a}=\frac{1+a}{1+d},\frac{c}{b}=\frac{1+b}{1+d}.$$

3.1.16（1979）

方程 $x^3+ax^2+bx+c=0$ 有三个实根 t,u,v（不一定互异）. 对怎样的 a,b,c,使得 t^3,u^3,v^3 是方程 $x^3+a^3x^2+b^3x+c^3=0$ 的根.

3.1.17（1979）

求出所有的 α,使得方程

$$x^2-2x[x]+x-\alpha=0$$

有两个不同的非负实根（这里 $[x]$ 表示不超过 x 的最大整数）.

3.1.18（1980）

用 $\overline{m}$ 表示正数 $m_1,\cdots,m_k$ 的平均数,证明

$$\left(m_1+\frac{1}{m_1}\right)^2+\cdots+\left(m_k+\frac{1}{m_k}\right)^2\geqslant k\left(\overline{m}+\frac{1}{\overline{m}}\right)^2.$$

3.1.19（1980）

方程

$$z^3-2z^2-2z+m=0$$

是否可能有三个不同的有理根? 证明你的答案.

3.1.20 (1980)

设整数 $n > 1$, 实数 $p > 0$. 求

$$\sum_{i=1}^{n-1} x_i x_{i+1}$$

的最大值, 其中 x_i 遍历所有满足 $\sum_{i=1}^{n} x_i = p$ 的非负数.

3.1.21 (1981)

求解方程组

$$\begin{cases} x^2 + y^2 + z^2 + t^2 = 50 \\ x^2 - y^2 + z^2 - t^2 = -24 \\ xz = yt \\ x - y + z + t = 0 \end{cases}.$$

3.1.22 (1981)

设实数 $t_1, \cdots, t_n$ 满足 $0 < p \leqslant t_k \leqslant q \ (k = 1, \cdots, n)$. 令 $\bar{t} = \frac{1}{n}(t_1 + \cdots + t_n)$ 以及 $T = \frac{1}{n}(t_1^2 + \cdots + t_n^2)$, 证明

$$\frac{\bar{t}^2}{T} \geqslant \frac{4pq}{(p+q)^2}.$$

等号何时成立?

3.1.23 (1981)

不用计算器, 计算

$$\frac{1}{\cos^2 10^\circ} + \frac{1}{\sin^2 20^\circ} + \frac{1}{\sin^2 40^\circ} - \frac{1}{\cos^2 45^\circ}.$$

3.1.24 (1981)

设正整数 $n \geqslant 2$. 解方程组

$$\begin{cases} 2t_1 - t_2 = a_1 \\ -t_1 + 2t_2 - t_3 = a_2 \\ -t_2 + 2t_3 - t_4 = a_3 \\ \vdots \\ -t_{n-2} + 2t_{n-1} - t_n = a_{n-1} \\ -t_{n-1} + 2t_n = a_n \end{cases}.$$

3.1.25（1982）

求出一个整系数的二次方程，使得它的根是 $\cos 72^\circ$ 和 $\cos 144^\circ$.

3.1.26（1982）

设 p 是正整数，q 和 s 是实数. 假定 $q^{p+1} \leqslant s \leqslant 1, 0 < q < 1$. 证明

$$\prod_{k=1}^{p}\left|\frac{s-q^k}{s+q^k}\right| \leqslant \prod_{k=1}^{p}\left|\frac{1-q^k}{1+q^k}\right|.$$

3.1.27（1983）

求

$$S_n = \sum_{k=1}^{n} \frac{k}{(2n-2k+1)(2n-k+1)}$$

与

$$T_n = \sum_{k=1}^{n} \frac{1}{k}$$

的关系.

3.1.28（1984）

求出次数最低的整系数多项式，使得 $\sqrt{2}+\sqrt[3]{3}$ 是它的一个根.

3.1.29（1984）

解方程

$$\sqrt{1+\sqrt{1-x^2}}\left(\sqrt{(1+x)^3}-\sqrt{(1-x)^3}\right) = 2+\sqrt{1-x^2}.$$

3.1.30（1984）

求出所有的正数 t，使得

$$0.9t = \frac{[t]}{t-[t]},$$

其中 $[t]$ 表示不超过 t 的最大整数.

3.1.31（1985）

求出所有的 m 使得方程

$$16x^4 - mx^3 + (2m+17)x^2 - mx + 16 = 0$$

有四个不同的根构成一个等比数列.

3.1.32（1986）

考虑 n 个不等式

$$4x^2 - 4a_i x + (a_i - 1)^2 \leqslant 0,$$

其中 $a_i \in \left[\frac{1}{2}, 5\right]$ $(i=1,\cdots,n)$. 设 x_i 是任意相应于 a_i 的一个解,证明

$$\sqrt{\frac{1}{n}\sum_{i=1}^{n} x_i^2} \leqslant \frac{1}{n}\sum_{i=1}^{n} x_i + 1.$$

3.1.33(1986)

求出所有的整数 $n>1$,使得不等式

$$\sum_{i=1}^{n} x_i^2 \geqslant x_n \sum_{i=1}^{n-1} x_i$$

对所有的 x_i $(i=1,\cdots,n)$ 成立.

3.1.34(1987)

设 $a_i>0$ $(i=1,\cdots,n)$ 且 $n \geqslant 2$. 令 $S=\sum_{i=1}^{n} a_i$,证明

$$\sum_{i=1}^{n} \frac{(a_i)^{2^k}}{(S-a_i)^{2^t-1}} \geqslant \frac{S^{1+2^k-2^t}}{(n-1)^{2^t-1} n^{2^k-2^t}}$$

对所有非负整数 $k \geqslant t$ 成立. 等号何时成立?

3.1.35(1988)

设 $P(x)=a_0x^n+a_1x^{n-1}+\cdots+a_{n-1}x+a_n$,且 $n \geqslant 3$. 假定 $P(x)$ 有 n 个实根,且 $a_0=1, a_1=-n, a_2=\frac{n^2-n}{2}$. 对 $i=3,\cdots,n$,求系数 a_i.

3.1.36(1989)

设 N, n 是两个正整数,证明:对所有非负数 $\alpha \leqslant N$ 和实数 x,有

$$\left|\sum_{k=0}^{n} \frac{\sin(\alpha+k)x}{N+k}\right| \leqslant \min\left\{(n+1)|x|, \frac{1}{N\left|\sin\frac{x}{2}\right|}\right\}.$$

3.1.37(1990 B)

证明:

$$\sqrt[3]{\frac{2}{1}}+\sqrt[3]{\frac{3}{2}}+\cdots+\sqrt[3]{\frac{996}{995}}-\frac{1\,989}{2}<\frac{1}{3}+\frac{1}{6}+\cdots+\frac{1}{8\,961}.$$

3.1.38（1991 B）

设多项式 $P(x)=x^{10}-10x^9+39x^8+a_7x^7+\cdots+a_1x+a_0$ 对某个 $a_7,\cdots,a_0$ 有 10 个实根. 证明：$P(x)$ 的所有实根都在 -2.5 和 4.5 之间.

3.1.39（1992 B）

给定 $n(n>2)$ 个实数 $x_1,\cdots,x_n\in[-1,1]$，使得 $x_1+\cdots+x_n=n-3$，证明：

$$x_1^2+\cdots+x_n^2\leqslant n-1.$$

3.1.40（1992 B）

证明：对任意正整数 $n>1$ 有

$$\sqrt[n]{1+\frac{\sqrt[n]{n}}{n}}+\sqrt[n]{1-\frac{\sqrt[n]{n}}{n}}<2.$$

3.1.41（1992）

考虑多项式

$$P(x)=1+x^2+x^9+x^{n_1}+\cdots+x^{n_s}+x^{1\,992}$$

其中 $n_1,\cdots,n_s$ 是正整数，且满足 $9<n_1<\cdots<n_s<1\,992$. 证明：$P(x)$ 有一个根不超过 $\dfrac{1-\sqrt{5}}{2}$.

3.1.42（1994 B）

实数 x,y,u,v 满足

$$\begin{cases}2x^2+3y^2=10\\3u^2+8v^2=6\\4xv+3yu\geqslant 2\sqrt{15}\end{cases},$$

求 $S=x+y+z$ 的最大和最小值.

3.1.43（1994）

是否存在多项式 $P(x),Q(x),T(x)$ 满足下面的条件？

(1) 所有多项式的系数都是正整数.

(2) $T(x)=(x^2-3x+3)P(x)=\left(\dfrac{x^2}{20}-\dfrac{x}{15}+\dfrac{1}{12}\right)Q(x)$.

3.1.44（1995）

解方程

$$x^3-3x^2-8x+40-8\sqrt[4]{4x+4}=0.$$

3.1.45（1996）

解方程组

$$\begin{cases}\sqrt{3x}\left(1+\dfrac{1}{x+y}\right)=2\\\sqrt{7y}\left(1-\dfrac{1}{x+y}\right)=4\sqrt{2}\end{cases}.$$

3.1.46（1996）

设四个非负数 a,b,c,d 满足

$$2(ab+ac+ad+bc+bd+cd)+abc+abd+acd+bcd=16.$$

证明

$$a+b+c+d\geqslant\frac{2}{3}(ab+ac+ad+bc+bd+cd).$$

3.1.47（1997）

(1) 求出所有次数最低的有理系数多项式 $P(x)$ 使得 $P(\sqrt[3]{3}+\sqrt[3]{9})=3+\sqrt[3]{3}$.

(2) 是否存在整系数多项式 $P(x)$ 使得 $P(\sqrt[3]{3}+\sqrt[3]{9})=3+\sqrt[3]{3}$.

3.1.48（1998 B）

正数 $x_1,\cdots,x_n$ $(n\geqslant 2)$ 满足

$$\frac{1}{x_1+1\,998}+\frac{1}{x_2+1\,998}+\cdots+\frac{1}{x_n+1\,998}=\frac{1}{1\,998}.$$

证明:

$$\frac{\sqrt[n]{x_x\cdots x_n}}{n-1}\geqslant 1\,998.$$

3.1.49（1998）

求出所有的正整数 n，使得存在实系数多项式 $P(x)$ 满足

$$P(x^{1\,998}-x^{-1\,998})=x^n-x^{-n},\forall x\neq 0.$$

3.1.50（1999）

解方程组

$$\begin{cases}(1+4^{2x-y})\cdot 5^{1-2x+y}=1+2^{2x-y+1}\\ y^3+4x+1+\ln(y^2+2x)=0\end{cases}.$$

3.1.51（1999）

求

$$P=\frac{2}{a^2+1}-\frac{2}{b^2+1}+\frac{3}{c^2+1}$$

的最大值，其中 $a,b,c>0$，且 $abc+a+c=b$.

3.1.52（2001 B）

正数 x,y,z 满足

$$\begin{cases}\dfrac{2}{5}\leqslant z\leqslant\min\{x,y\}\\ xz\geqslant\dfrac{4}{15}\\ yz\geqslant\dfrac{1}{5}\end{cases},$$

求

$$P = \frac{1}{x} + \frac{2}{x} + \frac{3}{z}$$

的最大值.

3.1.53（2002）

设实数 a, b, c 使得多项式 $P(x) = x^3 + ax^2 + bx + c$ 有三个实根（不一定互异）. 证明:

$$12ab + 27c \leqslant 6a^3 + 10(a^2 - 2b)^{\frac{3}{2}}.$$

等号何时成立?

3.1.54（2003）

给定多项式

$$P(x) = 4x^3 - 2x^2 - 15x + 9, Q(x) = 12x^3 + 6x^2 - 7x + 1.$$

证明:

(1) 这两个多项式都有三个不同的实根.

(2) 如果 a, b 分别为 P, Q 的最大实根,那么 $a^2 + 3b^2 = 4$.

3.1.55（2004 B）

解方程组

$$\begin{cases} x^3 + 3xy^2 = -49 \\ x^2 - 8xy + y^2 = 8y - 17x \end{cases}.$$

3.1.56（2004）

解方程组

$$\begin{cases} x^3 + x(y - z)^2 = 2 \\ y^3 + y(z - x)^2 = 30 \\ z^3 + z(x - y)^2 = 16 \end{cases}.$$

3.1.57（2004）

求

$$P = \frac{a^4 + b^4 + c^4}{(a + b + c)^4}$$

的最大和最小值,其中 $a, b, c > 0$,且 $(a + b + c)^3 = 32abc$.

3.1.58（2005）

求

$$P = x + y$$

的最大和最小值,其中 $x - 3\sqrt{x + 1} = 3\sqrt{y + 2} - y$.

3.1.59（2006 B）

解方程组

$$\begin{cases}x^3+3x^2+2x-5=y\\ y^3+3y^2+2y-5=z\\ z^3+3z^2+2z-5=x\end{cases}.$$

3.1.60（2006 B）

求出最大的实数 k，使得对任意满足 $abc=1$ 的正数 a,b,c，有

$$\frac{1}{a^2}+\frac{1}{b^2}+\frac{1}{c^2}\geqslant(k+1)(a+b+c).$$

3.1.61（2006）

求出所有的实系数多项式 $P(x)$，使得

$$P(x^2)+x[3P(x)+P(-x)]=[P(x)]^2+2x^2,\forall x.$$

3.1.62（2007）

解方程组

$$\begin{cases}\left(1-\dfrac{12}{y+3x}\right)\sqrt{x}=2\\ \left(1+\dfrac{12}{y+3x}\right)\sqrt{y}=6\end{cases}.$$

3.1.63（2008）

设 x,y,z 是互不相同的非负实数. 证明

$$(xy+yz+zx)\left[\frac{1}{(x-y)^2}+\frac{1}{(y-z)^2}+\frac{1}{(z-x)^2}\right]\geqslant 4.$$

等号何时成立?

3.2 分析

3.2.1（1965）

(1) 两个非负实数的和固定为 a. 求 x^m+y^m 的最小值，这里 m 是一个给定的正整数.

(2) 设 m,n 是正整数，k 是一个正实数，非负实数 $x_1,x_2,\cdots,x_n$ 的和等于 k. 证明：和式 $x_1^m+\cdots+x_n^m$ 的最小值在 $x_1=x_2=\cdots=x_n$ 时取到.

3.2.2（1975）

证明：函数

$$y=\frac{\cot^3 x}{\cot 3x},\ 0<x<\frac{\pi}{3}$$

的所有极大值与极小值的和是一个有理数.

3.2.3 (1980)

设 $\alpha_1, \cdots, \alpha_n$ 是区间 $[0, \pi]$ 内的实数, 使得 $\sum_{i=1}^{n}(1+\cos\alpha_i)$ 是一个奇数. 证明: $\sum_{i=1}^{n}\sin\alpha_i \geqslant 1$.

3.2.4 (1983)

(1) 证明: $\sqrt{2}(\sin x+\cos x) \geqslant 2\sqrt[4]{\sin 2x},\ 0 \leqslant x \leqslant \frac{\pi}{2}$.

(2) 求出所有的 $y \in (0, \pi)$, 使得

$$1+2\frac{\cot 2y}{\cot y} \geqslant \frac{\tan 2y}{\tan y}.$$

3.2.5 (1984)

给定数列 $\{u_n\}: u_1=1, u_2=2, u_{n+1}=3u_n-u_{n-1}\ (n \geqslant 2)$. 数列 $\{v_n\}$ 定义为 $v_n=\sum_{i=1}^{n}\operatorname{arccot} u_i,\ n=1,2,\cdots$. 求 $\lim_{n\to\infty} v_n$.

3.2.6 (1984)

设实数 a, b 满足 $a \neq 0$. 求多项式 $P(x)$ 使得

$$xP(x-a)=(x-b)P(b), \forall x.$$

3.2.7 (1985)

用 M 表示定义在整数集上满足如下两个条件的实值函数:

(1) $f(x)f(y)=f(x+y)+f(x-y)$ 对任意整数 x, y 成立.

(2) $f(0) \neq 0$.

求出 $f \in M$ 使得 $f(1)=\frac{5}{2}$.

3.2.8 (1986)

设 $M(y)$ 是一个次数为 n 的多项式, 满足

$$M(y)=2^y, \forall y=1,2,\cdots,n+1.$$

求 $M(n+2)$.

3.2.9 (1986)

一列正整数定义如下: 首项为 1, 然后取接下来的两个偶数 2, 4, 然后再取接下来的三个奇数 5, 7, 9, 然后再取接下来的四个偶数 10, 12, 14, 16, 等等. 求出这个数列的第 n 项.

3.2.10 (1987)

给定包含 1 987 项的等差数列, 其首项为 $u_1=\frac{\pi}{1\,987}$, 公差为 $d=\frac{\pi}{3\,974}$. 计算所有 $\cos(\pm u_1 \pm u_2 \pm \cdots \pm u_{1\,987})$ 的和 (共有 $2^{1\,987}$ 项).

3.2.11（1987）

可微函数 $f(x)$ 的定义域为 $[0,+\infty)$，且满足

(1) $|f(x)| \leqslant 5$.

(2) $f(x)f'(x) \geqslant \sin x$.

极限 $\lim\limits_{x\to+\infty} f(x)$ 是否存在?

3.2.12（1988）

给定有界数列 $\{x_n\}$ 满足 $x_n + x_{n+1} \geqslant 2x_{n+2}, \forall n \geqslant 1$. 此数列是否一定收敛?

3.2.13（1989）

一列多项式定义为

$$P_0(x) = 0, P_{n+1}(x) = P_n(x) + \frac{x - P_n^2(x)}{2}, n = 0, 1, \cdots.$$

证明:对任意 $x \in [0,1]$ 和 $n \geqslant 0$ 有

$$0 \leqslant \sqrt{x} - P_n(x) \leqslant \frac{2}{n+1}.$$

3.2.14（1999 B）

考虑数列

$$u_1 = a \cdot 1^{1\,990}, u_2 = a \cdot 2^{1\,990}, \cdots, u_{2\,000} = a \cdot 2\,000^{1\,990},$$

其中 a 是一个实数. 由此数列得到第二个数列

$$v_1 = u_2 - u_1, v_2 = u_3 - u_2, \cdots, u_{1\,999} = 2_{2\,000} - u_{1\,999}.$$

从第二个数列用同样的方式得到第三个数列, 等等. 证明: 第 1 991 个数列的所有项都等于 $a \cdot 1\,990!$.

3.2.15（1990）

序列 $\{x_n\}$ 定义为:

$$|x_1| < 1, x_{n+1} = \frac{-x_n + \sqrt{3(1-x)n^2}}{2}.$$

(1) 求出关于 x_1 的充分必要条件使得整个数列的所有项都是正的.

(2) 这个数列是否是周期的? 证明你的答案.

3.2.16（1990）

设实系数多项式 $f(x) = a_0x^n + a_1x^{n-1} + \cdots + a_{n-1}x + a_n$ 中, $a_0 \neq 0$, 且

$$f(x) \cdot f(2x^2) = f(2x^3 + x), \forall x.$$

证明: $f(x)$ 没有实根.

3.2.17（1991）

求出所有的实函数 $f(x)$，满足

$$\frac{1}{2}f(xy)+\frac{1}{2}f(xz)-f(x)f(yz)\geqslant\frac{1}{4}$$

对任意实数 x,y,z 成立.

3.2.18（1991）

证明以下不等式：

$$\frac{x^2y}{z}+\frac{y^2z}{x}+\frac{z^2x}{y}\geqslant x^2+y^2+z^2, \forall x\geqslant y\geqslant z>0.$$

3.2.19（1992 B）

设实数集上的实值函数 $f(x)$ 满足

$$f(x+2xy)=f(x)+2f(xy)$$

对任意实数 x,y 成立，且 $f(1\,991)=a$，其中 a 是一个实数. 求 $f(1\,992)$.

3.2.20（1992）

设 a,b,c 是正数. 三个数列 $\{a_n\},\{b_n\},\{c_n\}$ 定义为

(1) $a_0=a, b_0=b, c_0=c$.

(2) $a_{n+1}=a_n+\dfrac{2}{b_n+c_n}$, $b_{n+1}=b_n+\dfrac{2}{c_n+a_n}$, $c_{n+1}=c_n+\dfrac{2}{a_n+b_n}$, $\forall n\geqslant 0$.

证明 $\{a_n\}$ 趋于无穷大.

3.2.21（1993 B）

求出所有 a 的值使得下面的表达式对所有 $x\geqslant 0$ 成立：

$$\ln(1+x)\geqslant x-ax^2.$$

3.2.22（1993）

求出函数

$$f(x)=x\left(1\,993+\sqrt{1\,995-x^2}\right)$$

在其定义域上的最大和最小值.

3.2.23（1993）

两个数列 $\{a_n\},\{b_n\}$ 定义为

$$a_0=2,\ b_0=1,\ a_{n+1}=\frac{2a_nb_n}{a_n+b_n},\ b_{n+1}=\sqrt{a_{n+1}b_n}, \forall n\geqslant 0.$$

证明两个数列收敛于同一个极限，并求出极限的值.

3.2.24（1994 B）

解方程组

$$\begin{cases}x^2+3x+\ln(2x+1)=y\\y^2+3y+\ln(2y+1)=x\end{cases}.$$

3.2.25（1994 B）

数列 $\{x_n\}$ 定义为

$$x_0=a,\ x_n=\sqrt[3]{6(x_{n-1}-\sin x_{n-1})},\ \forall n\geqslant 1,$$

其中 a 是一个实数. 证明此数列收敛并求其极限.

3.2.26（1994）

解方程组

$$\begin{cases}x^3+3x-3+\ln(x^2-x+1)=y\\y^3+3y-3+\ln(y^2-y+1)=z\\z^3+3z-3+\ln(z^2-z+1)=x\end{cases}.$$

3.2.27（1994）

数列 $\{x_n\}$ 定义为

$$x_0=a\in(0,1),\ x_n=\frac{4}{\pi^2}\left(\arccos x_{n-1}+\frac{\pi}{2}\right)\arcsin x_{n-1},\ \forall n\geqslant 1.$$

证明此数列收敛并求其极限.

3.2.28（1995 B）

数列 $\{x_n\}$ 定义为

$$a_0=2,\ a_{n+1}=5a_n+\sqrt{24a_n^2-96},\ \forall n\geqslant 0.$$

求出 a_n 的通项，并证明 $a_n\geqslant 2\cdot 5^n$ 对所有 n 成立.

3.2.29（1995 B）

对整数 $n\in[2\,000,2\,095]$，令

$$a=\frac{1}{1\,995}+\frac{1}{1\,996}+\cdots+\frac{1}{n},\ b=\frac{n+1}{1\,995}.$$

求出 $b^{\frac{1}{a}}$ 的整数部分.

3.2.30（1995）

求出所有的多项式 $P(x)$ 使得其满足条件：对每个 $a>1\,995$，方程 $P(x)=a$ 的实根的重数等于 $P(x)$ 的次数（重根按重数算），且所有的根都大于 1 995.

3.2.31（1996 B）

判断方程组

$$\begin{cases}x^3y-y^4=a^2\\x^y+2xy^2+y^3=b^2\end{cases}$$

的实根个数,其中 a, b 是实参数.

3.2.32(1996)

求出所有定义在正整数上的函数 $f(n)$,使得其满足等式

$$f(n) + f(n+1) = f(n+2) \cdot f(n+3) - 1996, \forall n \geqslant 1.$$

3.2.33(1997 B)

设正整数 n, k 满足 $n \geqslant 7$ 且 $2 \leqslant k < n$,证明 $k^n > 2n^k$.

3.2.34(1997)

设正整数 $n > 1$ 不被 1 997 整除,定义两个数列 $\{a_i\}, \{b_j\}$ 为

$$a_i = i + \frac{ni}{1\,997}, i = 1, 2, \cdots, 1\,996, b_j = j + \frac{1\,997j}{n}, j = 1, 2, \cdots, n-1.$$

将这两个数列的所有项按递增的顺序重排,我们得到一个数列

$$c_1 \leqslant c_2 \leqslant \cdots \leqslant c_{1\,995+n}.$$

证明:$c_{k+1} - c_k < 2$ 对所有 $k = 1, 2, \cdots, 1\,994 + n$ 成立.

3.2.35(1998 B)

数列 $\{x_n\}$ 定义为

$$x_1 = a,\ x_{n+1} = \frac{x_n(x_n^2+3)}{3x_n^2+1}, \forall n \geqslant 1,$$

这里 a 是一个实数. 证明此数列收敛并求其极限.

3.2.36(1998 B)

设 a, b 是整数. 数列 $\{a_n\}$ 定义为

$$a_0 = a,\ a_1 = b,\ a_2 = 2b - a + 2,$$
$$a_{n+3} = 3a_{n+2} - 3a_{n+1} + a_n, \forall n \geqslant 0.$$

求出 a_n 的一个通项公式,并求出所有的 a, b,使得对任意 $n \geqslant 1\,998$, a_n 是一个完全平方数.

3.2.37(1998)

数列 $\{x_n\}$ 定义为

$$x_1 = a,\ x_{n+1} = 1 + \ln\left(\frac{x_n^2}{1 + \ln x_n}\right), \forall n \geqslant 1,$$

这里实数 $a \geqslant 1$. 证明此数列收敛并求其极限.

3.2.38(1998)

证明:不存在无穷实数列 $\{x_n\}$ 满足下列条件:

(1) $|x_n| \leqslant 0.666, \forall n \geqslant 1.$

(2) $|x_n - x_m| \geqslant \dfrac{1}{n(n+1)} + \dfrac{1}{m(m+1)}, \forall m \neq n.$

3.2.39（1998 B）

数列 $\{u_n\}$ 定义为

$$u_1 = 1, u_2 = 2, u_{n+2} = 3u_{n+1} - u_n, \forall n \geqslant 1.$$

证明：

$$u_{n+2} + u_n \geqslant 2 + \frac{u_{n+1}^2}{u_n}, \forall n \geqslant 1.$$

3.2.40（1999 B）

设实数 a, b 使得方程 $ax^3 - x^2 + bx - 1 = 0$ 有三个正实根（不一定互异）. 对这样的 a, b，求出

$$P = \frac{5a^2 - 3ab + 2}{a^2(b-a)}$$

的最小值.

3.2.41（1999 B）

定义在 $[0,1]$ 上的函数 $f(x)$ 满足条件：

$$f(0) = f(1) = 0,$$
$$2f(x) + f(y) = 3f\left(\frac{2x+y}{3}\right)$$

对任意 $x, y \in [0,1]$ 成立. 证明：对任意 $x \in [0,1]$ 有 $f(x) = 0$.

3.2.42（2000 B）

求所有实数集上的实值函数 $f(x)$，使得对任意实数 x 有

$$x^2 f(x) + f(1-x) = 2x - x^4.$$

3.2.43（2000）

数列 $\{x_n\}$ 定义为

$$x_{n+1} = \sqrt{c - \sqrt{c + x_n}}, \forall n \geqslant 0,$$

这里 c 是一个给定的正数. 求出所有 c 的值，使得对任意初始值 $x_0 \in (0, c)$，数列 $\{x_n\}$ 都是有定义的且收敛.

3.2.44（2000）

给定 $\alpha \in (0, \pi)$.

(1) 证明:存在唯一的二次多项式 $f(x)=x^2+ax+b$,其中 a,b 为实数,使得对任意 $n>2$,多项式

$$P_n(x)=x^n\sin\alpha - x\sin(n\alpha)+\sin(n-1)\alpha$$

被 $f(x)$ 整除.

(2) 证明:不存在线性函数 $g(x)=x+c$,其中 c 是实数,使得对任意 $n>2$,上述多项式 $P_n(x)$ 被 $g(x)$ 整除.

3.2.45(2001 B)

数列 $\{x_n\}$ 定义为

$$x_1=\frac{2}{3},\ x_{n+1}=\frac{x_n}{2(2n+1)x_n+1},\forall n\geqslant 1.$$

求 $x_1+x_2+\cdots+x_{2\,001}$.

3.2.46(2001)

给定实数 a,b,数列 $\{x_n\}$ 定义为

$$x_0=a,\ x_{n+1}=x_n+b\sin x_n,\forall n\geqslant 0.$$

(1) 证明:如果 $b=1$,那么对任意数 a,此数列都收敛到一个有限的极限,并求此极限.

(2) 证明:对任意给定的 $b>2$,都存在一个 a 使得上面的数列是发散的.

3.2.47(2001)

令 $g(x)=\dfrac{2x}{1+x^2}$. 求出所有定义在 $(-1,1)$ 上的连续函数 $f(x)$,使得其满足方程

$$(1-x^2)f\big(g(x)\big)=(1+x^2)^2f(x),\forall x\in(-1,1).$$

3.2.48(2002 B)

求出实数集上的所有函数 $f(x)$,使得

$$f\big(y-f(x)\big)=f(x^{2\,002}-y)-2\,001yf(x)$$

对任意实数 x,y 成立.

3.2.49(2002 B)

对每个正整数 n,考虑方程

$$\frac{1}{2x}+\frac{1}{x-1^2}+\frac{1}{x-2^2}+\cdots+\frac{1}{x-n^2}=0.$$

证明:

(1) 此方程组存在唯一的解 $x_n\in(0,1)$.

(2) 数列 $\{x_n\}$ 收敛.

3.2.50（2002）

考虑方程

$$\frac{1}{x-1}+\frac{1}{2^2x-1}+\cdots+\frac{1}{n^2x-1}=\frac{1}{2},\ n\in\mathbb{N}.$$

证明:

(1) 对每个正整数 n,此方程存在唯一的解 $x_n>1$.

(2) 数列 $\{x_n\}$ 收敛于 4.

3.2.51（2003 B）

求出所有的实系数多项式 $P(x)$,使得其满足

$$(x^3+3x^2+3x+2)P(x-1)=(x^3-3x^2+3x-2)P(x)$$

对任意实数 x 成立.

3.2.52（2003 B）

对实数 $\alpha\neq 0$,定义数列 $\{x_n\}$ 为

$$x_1=0,\ x_{n+1}(x_n+\alpha)=\alpha+1,\ \forall n\geqslant 1.$$

(1) 求出 $\{x_n\}$ 的一个通项公式.

(2) 证明 $\{x_n\}$ 收敛并求其极限.

3.2.53（2003 B）

定义在实数集上的实值函数 $f(x)$ 满足

$$f(\cot x)=\sin 2x+\cos 2x,\ \forall x\in(0,\pi).$$

对所有实数 x,求出 $g(x)=f(\sin^2 x)f(\cos^2 x)$ 的最大值和最小值.

3.2.54（2003）

用 $\mathcal{F}$ 表示所有定义在正实数集上的正值函数的集合,且满足对任意 $f\in\mathcal{F}$ 有

$$f(3x)\geqslant f\big(f(2x)\big)+x,\ \forall x>0.$$

求出最大的 a,使得对任意 $f\in\mathcal{F}$,我们总有 $f(x)\geqslant ax,\ \forall x>0$.

3.2.55（2004）

实数列 $\{x_n\}_{n=1}^{\infty}$ 定义为

$$x_1=1,\ x_{n+1}=\frac{(2+2\cos 2\alpha)x_n+\cos^2\alpha}{(2-2\cos 2\alpha)x_n+2-2\cos 2\alpha},\ n\geqslant 1,$$

其中参数 $\alpha\in\mathbb{R}$. 求出 α 所有可能的值,使得数列 $\{y_n\}_{n=1}^{\infty}$:

$$y_n=\sum_{k=1}^{n}\frac{1}{2x_k+1},\ n\geqslant 1$$

存在有限的极限. 在这种情形下,求出 $\{y_n\}$ 的极限.

3.2.56（2005）

求出所有的连续函数 $f(x)$ 满足

$$f\big(f(x-y)\big)=f(x)f(y)-f(x)+f(y)-xy$$

对任意实数 x,y 成立.

3.2.57（2006 B）

求出所有的连续函数 $f(x)$ 满足

$$f(x-y)f(y-z)f(z-x)+8=0$$

对任意实数 x,y,z 成立.

3.2.58（2006）

解方程组

$$\begin{cases}\sqrt{x^2-2x+6}\cdot\log_3(6-y)=x\\ \sqrt{y^2-2y+6}\cdot\log_3(6-z)=y\\ \sqrt{z^2-2z+6}\cdot\log_3(6-x)=z\end{cases}.$$

3.2.59（2007）

给定正数 b,求出实数集上的所有实值函数 $f(x)$ 使得

$$f(x+y)=f(x)\cdot 3^{b^y+f(y)-1}+b^x\left(3^{b^y+f(y)-1}-b^y\right)$$

对任意实数 x,y 成立.

3.2.60（2007）

对 $a>2$,考虑 $f_n(x)=a^{10}x^{n+10}+x^n+\cdots+x+1\ (n=1,2,\cdots)$. 证明:对每个正整数 n,方程 $f_n(x)=a$ 存在唯一的解 $x_n\in(0,+\infty)$,且数列 $\{x_n\}$ 收敛.

3.2.61（2008）

给定实数 $a\geqslant 17$,判定方程组

$$\begin{cases}x^2+y^3=a\\ \log_3 x\cdot\log_2 y=1\end{cases}$$

解的组数.

3.2.62（2008）

数列 $\{x_n\}$ 定义为

$$x_1=0,\ x_2=2,\ x_{n+2}=2^{-x_n}+\frac{1}{2},\ \forall n\geqslant 1.$$

证明数列 $\{x_n\}$ 收敛并求此极限.

3.3　数论

3.3.1（1963）

三个学生 A, B, C 在街上目睹了一辆违反交通规那么的汽车. 没有人记得车牌号,但是每个人都记得它的某个特点. A 记得前面两个数字相等,B 注意到最后两个数字也是相等的,C 说这是一个四位数,且是一个完全平方数. 那么这辆汽车的车牌号是多少?

3.3.2（1970）

求出所有整除 $1\,890 \cdot 1\,930 \cdot 1\,970$ 但不被 45 整除的正整数.

3.3.3（1971）

设正整数 $m < n, p < q$, 使得 $(m, n) = 1, (p, q) = 1$, 且满足如果 $\dfrac{m}{n} = \tan\alpha$ 以及 $\dfrac{p}{q} = \tan\beta$, 那么 $\alpha + \beta = 45^\circ$.

(1) 给定 m, n, 求 p, q.

(2) 给定 n, q, 求 m, p.

(3) 给定 m, q, 求 n, p.

3.3.4（1972）

对任意正整数 N, 令 $f(N) = \sum(-1)^{\frac{d-1}{2}}$, 这里的求和是对所有整除 N 的奇数 d 进行. 证明

(1) $f(2) = 1, f(2^r) = 1$（r 是一个整数）.

(2) 如果 $p > 2$ 是一个素数,那么

$$f(p) = \begin{cases} 2, & \text{如果 } p = 4k+1 \\ 0, & \text{如果 } p = 4k-1 \end{cases}, \quad f(p^r) = \begin{cases} 1+r, & \text{如果 } p = 4k+1, \\ 1, & \text{如果 } p = 4k-1, r \text{ 是偶数}. \\ 0, & \text{如果 } p = 4k-1, r \text{ 是奇数} \end{cases}$$

(3) 如果 M, N 互素,那么 $f(M \cdot N) = f(M) \cdot f(N)$. 由此计算 $f(5^4 \cdot 11^{28} \cdot 17^{19})$. 导出一个计算 $f(N)$ 的一般公式.

3.3.5（1974）

(1) 求出所有的正整数 n 使得

$$\underbrace{11\cdots1}_{2n\text{个}} - \underbrace{77\cdots7}_{n\text{个}}$$

是一个完全平方数.

(2) 在上面的问题中将 7 换成一个整数 $b \in [1, 9]$, 然后再解决这个问题.

3.3.6（1974）

(1) 存在多少个整数 n 使得 n 被 9 整除, 而 $n + 1$ 被 25 整除?

(2) 存在多少个整数 n 使得 n 被 21 整除, 而 $n + 1$ 被 165 整除?

(3) 存在多少个整数 n 使得 n 被 9 整除，而 $n+1$ 被 25 整除，且 $n+2$ 被 4 整除?

3.3.7（1975）

在等差数列 $-1, 18, 37, \cdots$ 中求出所有含有数字 5 的项.

3.3.8（1976）

求出所有的三位整数 $n = \overline{abc}$ 使得 $2n = 3a!b!c!$.

3.3.9（1977）

设 $P(x)$ 是一个三次实系数多项式. 求出关于它的系数的充分必要条件，使得 $P(n)$ 对每个整数 n 都是一个整数.

3.3.10（1978）

求出所有的三位数 $\overline{abc}$ 使得 $2\overline{abc} = \overline{bca} + \overline{cab}$.

3.3.11（1981）

求出所有整数 m 的值使得 $g(x) = x^3 + 2x + m$ 整除 $f(x) = x^{12} - x^{11} + 3x^{10} + 11x^3 - x^2 + 23x + 30$.

3.3.12（1982）

求方程 $2^x + 2^y + 2^z = 2\,336$（$x < y < z$）的所有正整数解.

3.3.13（1983）

对怎样的整数 a 和 $b > 2$，使得 $2^b - 1$ 整除 $2^a + 1$?

3.3.14（1983）

1 是否能表示成下面的形式：

(1) $\dfrac{1}{a_1} + \dfrac{1}{a_2} + \cdots + \dfrac{1}{a_6}$,

(2) $\dfrac{1}{a_1} + \dfrac{1}{a_2} + \cdots + \dfrac{1}{a_9}$,

其中 a_i 是不同的正奇数. 将此问题一般化.

3.3.15（1984）

求 $A = |5x^2 + 11xy - 5y^2|$ 的最小值，其中 x, y 均为非零整数.

3.3.16（1985）

求下列方程的所有整数解：

$$x^3 - y^3 = 2xy + 8.$$

3.3.17（1985）

求出所有的正数 a, b 和 m，证明：存在一个正整数 n 使得 m 整除 $(a^n - 1)b$ 当且仅当 $(ab, m) = (b, m)$.

3.3.18（1987）

两个数列 $\{x_n\}, \{y_n\}$ 定义为

$$x_0 = 365,\ x_{n+1} = x_n(x_n^{1\,996} + 1) + 1\,622, \forall n \geqslant 0$$

且

$$y_0 = 16,\ y_{n+1} = y_n(y_n^3 + 1) - 1\,952, \forall n \geqslant 0.$$

证明:$|x_n - y_k| > 0, \forall n, k \geqslant 1$.

3.3.19(1989)

考虑斐波那契数列

$$a_1 = a_2 = 1,\ a_{n+2} = a_{n+1} + a_n, \forall n \geqslant 1.$$

令 $f(n) = 1\,985n^2 + 1\,956n + 1\,960$.

(1) 证明:在此数列中存在无穷多项 F,使得 $f(F)$ 被 1989 整除.

(2) 此数列中是否存在一项 G 使得 $f(G) + 2$ 被 1989 整除?

3.3.20(1989)

是否存在均不被 5 整除的整数 x, y 使得 $x^2 + 19y^2 = 198 \cdot 10^{1\,989}$?

3.3.21(1990)

设 $A = \{1, 2, 3, \cdots, 2n-1\}$. 通过下面的规那么从 A 中至少移除 $n-1$ 项:

(1) 如果 $a \in A$ 被移除了,且 $2a \in A$,那么 $2a$ 必须被移除.

(2) 如果 $a, b \in A$ 被移除了,且 $a + b \in A$,那么 $a + b$ 必须被移除.

什么数必须要被移除,使得剩下数的和最大?

3.3.22(1991)

设奇数 $k > 1$,对每个正整数 n,用 $f(n)$ 表示使得 $k^n - 1$ 被 $2^{f(n)}$ 整除的最大正整数,用 k 和 n 表示 $f(n)$.

3.3.23(1992)

设 n 是一个正整数,用 $f(n)$ 表示 n 的因子中末位数为 1 或 9 的个数,用 $g(n)$ 表示 n 的因子中末位数为 3 或 7 的个数. 证明 $f(n) \geqslant g(n)$.

3.3.24(1995)

数列 $\{a_n\}$ 定义为

$$a_0 = 1,\ a_1 = 3,\ a_{n+2} = \begin{cases} a_{n+1} + 9a_n, \text{如果 } n \text{ 是偶数} \\ 9a_{n+1} + 5a_n, \text{如果 } n \text{ 是奇数} \end{cases}.$$

证明:

(1) $\displaystyle\sum_{k=1\,995}^{2\,000} a_k^2$ 被 20 整除.

(2) 对任意正整数 n,a_{2n+1} 不是一个完全平方数.

3.3.25(1996 B)

求出所有定义在整数集上的整数值函数 $f(n)$ 使得 $f(1\,995) = 1\,996$,且对每个整数 n,如果 $f(n) = m$,那么 $f(m) = n$ 且 $f(m+3) = n - 3$.

3.3.26（1997 B）

数列 $\{a_n\}$ 定义为

$$a_0 = 1,\ a_1 = 45,\ a_{n+2} = 45a_{n+1} - 7a_n, \forall n \geqslant 0.$$

(1) 用 n 表示出 $a_{n+1}^2 - a_n a_{n+2}$ 的正因子的个数.

(2) 证明:对每个 n,$1\,997a_n^2 + 4 \cdot 7^{n+1}$ 是一个完全平方数.

3.3.27（1997）

证明:对每个正整数 n,总存在一个正整数 k 使得 $19^k - 97$ 被 2^n 整除.

3.3.28（1998 B）

两个数列 $\{x_n\},\{y_n\}$ 定义为

$$x_1 = 1,\ y_1 = 2,\ x_{n+1} = 22y_n - 15x_n,\ y_{n+2} = 17y_n - 12x_n, \forall n \geqslant 1.$$

(1) 证明两个数列 $\{x_n\},\{y_n\}$ 都只有非零项，其中有无穷多个正项，也有无穷多个负项.

(2) 这两个数列的第 $1\,999^{1\,945}$ 项是都均被 7 整除? 证明你的答案.

3.3.29（1999）

求所有定义在非负整数 n 的函数 f,它的取值来自集合 $T = \{0, 1, \cdots, 1\,999\}$,使得

(1) $f(n) = n, \forall n \in T$,

(2) $f(m+n) = f\big(f(m) + f(n)\big), \forall m, n \geqslant 0$.

3.3.30（2001）

设 n 是一个正整数，$a > 1, b > 1$ 是两个互素的整数. 假定 $p > q, q > 1$ 是 $a^{6^n} + b^{6^n}$ 的两个奇数因子,求 $p^{6^n} + q^{6^n}$ 被 $6 \cdot 12^n$ 除的余数.

3.3.31（2002 B）

设 $\mathcal{S}$ 表示区间 $[1, 2\,002]$ 内所有整数的集合，且 $\mathcal{T}$ 表示 $\mathcal{S}$ 的所有非空子集的集合. 对每个 $X \in \mathcal{T}$,用 $m(X)$ 表示 X 中所有数的算术平均数. 计算

$$\frac{1}{|\mathcal{T}|} \sum m(X),$$

其中的求和是对 $\mathcal{T}$ 中的所有 X 进行,且 $|\mathcal{T}|$ 表示 $\mathcal{T}$ 中所有元素的个数.

3.3.32（2002 B）

求出所有的正整数 n 满足

$$\binom{2n}{n} = (2n)^k,$$

其中 k 是 $\binom{2n}{n}$ 的素因子的个数.

3.3.33（2002）

求出所有的正整数 n 使得方程

$$x + y + u + v = n\sqrt{xyuv}$$

有正整数解.

3.3.34（2003）

求出最大的正整数 n 使得方程

$$(x+1)^2 + y_1^2 = (x+2)^2 + y_2^2 = \cdots = (x+n)^2 + y_n^2$$

有一组整数解 $(x, y_1, \cdots, y_n)$.

3.3.35（2004 B）

解下列关于正整数 x, y, z 的方程

$$(x+y)(1+xy) = 2^z.$$

3.3.36（2004）

求最小的正整数 k，使得对 $\{1, 2, \cdots, 16\}$ 的任意 k 元子集，都存在两个不同的 a, b，使得 $a^2 + b^2$ 为素数.

3.3.37（2004）

用 $S(n)$ 表示正整数 n 中所有数字的和. 设 m 表示 2 003 的任意一个倍数，求 $S(m)$ 的最小值.

3.3.38（2005 B）

求所有的正整数 x, y, n 使得

$$\frac{x! + y!}{n!} = 3.$$

3.3.39（2005）

求所有的非负整数 (x, y, n) 使得

$$\frac{x! + y!}{n!} = 3^n.$$

3.3.40（2006）

设 S 表示一个包含 2 006 个整数的集合. S 的一个子集 T 具有性质：对 T 中的任意两个整数（可以相等），其和不在 T 中.

(1) 证明：如果 S 由前 2 006 个正整数组成，那么 T 至多只有 1 003 个元素.

(2) 证明：如果 S 由任意 2 006 个正整数组成，那么存在一个集合 T 有 669 个元素.

3.3.41（2007）

设整数 $x \neq -1, y \neq -1$ 使得 $\dfrac{x^4-1}{y+1}+\dfrac{y^4-1}{x+1}$ 是一个整数,证明:$x^4y^{44}-1$ 被 $x+1$ 整除.

3.3.42（2008）

设 $m = 2\,007^{2\,008}$. 求出正整数 n 的个数,满足 $n < m$ 且使得 $n(2n+1)(5n+2)$ 被 m 整除.

3.4 组合学

3.4.1（1969）

图 G 有 $n+k$ 个顶点. 设 A 是它的一个具有 n 个顶点的子图, B 是一个具有另外 k 个顶点的子图, A 的每个顶点至少与 B 的 $k-p$ 个顶点相连. 证明: 如果 $np < k$,那么存在 B 中的一个顶点与 A 中所有的顶点相连.

3.4.2（1977）

如果 n 个圆两两相交于两个点,但任意三个圆不交于一点,问这 n 个圆把平面分成多少个区域?

3.4.3（1987）

给定从一个顶点出发的 5 条射线, 证明: 我们总能找到两条射线, 使得其夹角不超过 90°.

3.4.4（1990）

几个小孩围成一个圈, 每个小孩都有偶数个糖果（大于等于 0）. 一个小孩将自己一半的糖果给他右边的小孩, 然后右边的小孩也把自己一半的糖果再给他右边的小孩,一直持续下去. 如果一个小孩要给出糖果时,他只有奇数个,那么老师会给他一个额外的糖果. 证明:经过一些步骤之后,存在一个时刻,如果此时这个小孩不把自己一半的糖果给右边的小孩,而是给老师,那么所有的小孩都会有同样数目的糖果.

3.4.5（1991）

1 991 个学生围成一个圈,连续报数 1,2,3 然后重复. 从某个学生 A 开始报数 1,然后剩下的学生顺时针报数,报数为 2 和 3 的必须离开这个圈,直到只剩下一个学生留下为止. 那么最后的学生是谁?

3.4.6（1992）

给定一个由 $1\,991 \times 1\,992$ 个正方形构成的矩形, 记为 (m,n), 其中 $1 \leqslant m \leqslant 1\,991, 1 \leqslant n \leqslant 1\,992$. 按照以下规那么给所有正方形染色: 首先对某个 $1 \leqslant r \leqslant 1\,989, 1 \leqslant s \leqslant 1991$,染三个正方形 $(r,s),(r+1,s+1),(r+2,s+1)$. 然后在同一行或者同一列染三个连续的未染色的正方形. 是否可能将整个矩形中所有的正方

形都染色?

3.4.7（1993）

将点 $A_1, A_2, \cdots, A_{1\,993}$ 放在一个圆上,每个点标号 $+1$ 或者 -1（所有点不是同一个符号）. 按以下规那么每次同时给所有点重新标号:

(1) 如果 A_i 和 A_{i+1} 的标号相同,那么 A_i 处的符号就变为 $(+)$.

(2) 如果 A_i 和 A_{i+1} 的标号不同,那么 A_i 处的符号就变为 $(-)$.

（规定 $A_{1\,994} = A_1$）.

证明:存在整数 $k \geqslant 2$ 使得经过 k 次连续标号之后,每个 A_i（$i = 1, 2, \cdots, 1\,993$）处的符号恰好与它第一次标号之后的符号相同.

3.4.8（1996）

设 n 是一个正整数,求出来自 $(1, 2, \cdots, n)$ 的有序 k 元组 $(a_1, a_2, \cdots, a_k)$（$k \leqslant n$）的组数,使得至少以下一个条件成立:

(1) 存在 $s, t \in \{1, 2, \cdots, k\}$ 使得 $s < t$ 且 $a_s > a_t$.

(2) 存在 $s \in \{1, 2, \cdots, k\}$ 使得 $a_s - s$ 是一个奇数.

3.4.9（1997）

假定在一个单位正方体内有 75 个点,且任意三点不共线. 证明:可以从这些点中取三个点,使得其构成的三角形的面积不超过 $\dfrac{7}{12}$.

3.4.10（2001）

给定正整数 n,设 $(a_1, a_2, \cdots, a_{2n})$ 是 $(1, 2, \cdots, 2n)$ 的一个置换,使得 $|a_{i+1} - a_i|$（$i = 1, 2, \cdots, 2n-1$）是两两互异的. 证明:$a_1 - a_{2n} = n$ 当且仅当 $1 \leqslant a_{2k} \leqslant n$ 对所有的 $k = 1, 2, \cdots, n$ 成立.

3.4.11（2004 B）

设整数 $n \geqslant 2$. 证明:对每个满足 $2n - 3 \leqslant k \leqslant \dfrac{n(n-1)}{2}$ 的整数 k,存在 n 个不同的实数 $a_1, \cdots, a_n$ 使得在所有形如 $a_i + a_j$（$1 \leqslant i < j \leqslant n$）的数中,恰有 k 个不同的数.

3.4.12（2005）

设 $A_1A_2 \cdots A_8$ 是一个八边形,满足任意三条对角线不共点,用 S 表示此八边形内所有对角线交点的集合. 设 $T \subset S$, 且指标 i, j 满足 $1 \leqslant i < j \leqslant 8$. 用 $S(i, j)$ 表示这样的四边形的数目: 四边形的顶点来自 $\{A_1, A_2, \cdots, A_8\}$, 且 A_i, A_j 为其顶点, 四边形的对角线的交点为所给八边形对角线的交点. 假定 $S(i, j)$ 对所有的 $1 \leqslant i < j \leqslant 8$ 都是相同的. 对 S 的所有这样的子集 T,求 $|T|$ 的最小可能值.

3.4.13（2006）

假定我们有一个 $m \times n$ 的单位正方形构成的表格,其中 $m, n \geqslant 3$. 每次允许按照下面的形式放 4 个球进 4 个正方形（见图 3.1）:在下面两种情形中,是否可能让所有的正方形中有相同数目的球:

(1) $m = 2\,004, n = 2\,006$?

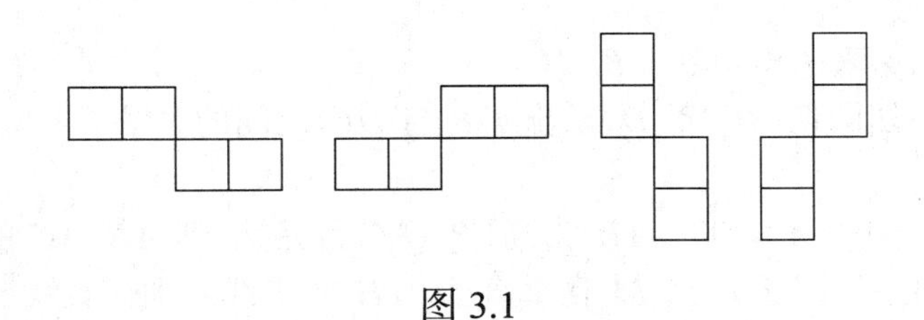

图 3.1

(2) $m = 2\,005, n = 2\,006$?

3.4.14 (2007)

给定一个正 2 007 边形,求最小的正整数 k,使得任取 k 个此多边形的顶点,总存在 4 个顶点构成的凸四边形中有三条边来自所给定的多边形.

3.4.15 (2008)

求出满足下列条件的正整数的个数:

(1) 被 9 整除.

(2) 不超过 2 008 位数.

(3) 至少有两个数字是 0.

3.5 几何

平面几何

3.5.1 (1963)

设 $\triangle ABC$ 的半周长为 p. 用 $\angle A, \angle B$ 和 p 表示出其边长 a 和面积 S. 特别地,如果 $p = 23.6, \angle A = 52°42', \angle 46°16'$ 时,求出 S.

3.5.2 (1965)

在时刻 $t = 0$, 一艘军舰在点 O, 而一艘敌舰在点 A 以速度 v 巡逻, 方向垂直于 $OA = a$, 敌舰的速度和方向不变. 此军舰的策略是沿着与直线 OA 成角度 $\varphi \in \left(0, \dfrac{\pi}{2}\right)$ 以速度 u 行进.

(1) 设 φ 取定了,那么这两艘舰艇的最小距离为多少? 在什么条件下最小距离为零?

(2) 如果最小距离不为零,那么如何选取 φ 使得此距离最小? 当两艘船的距离最小时,它们的方向是什么?

3.5.3 (1968)

设 (I, r) 表示圆心在原点,半径为 r 的圆,x 与 y 是平面上的两条平行线,且距离为 h. 一个可变的 $\triangle ABC$,其顶点 A 在 x 上,B 和 C 在 y 上,且以 (I, r) 为其内切圆.

(1) 给定 $(I, r), \alpha$ 和 x, y,构造一个 $\triangle ABC$ 使得 $\angle A = \alpha$.

(2) 用 h, r, α 表示出角度 $\angle B, \angle C$.

(3) 如果内切圆切 BC 于 D,求出 DB 与 DC 之间的关系.

3.5.4(1974)

设 $\triangle ABC$ 中,$\angle A = 90^\circ$,AH 为高,P, Q 分别是 H 到 AB, AC 的垂足. 设 M 是直线 PQ 上的一个动点,过 M 且垂直于 MH 的直线分别交直线 AB, AC 于点 R, S.

(1) 证明:$\triangle ARS$ 的外接圆总是过定点 H.

(2) 设 M_1 是 M 的另外一个位置,相应的交点为 R_1, S_1,证明:比值 $\dfrac{RR_1}{SS_1}$ 为常数.

(3) 点 K 是 H 关于 M 的对称点. 过点 K 且垂直于 PQ 的直线交直线 RS 于 D. 证明:$\angle BHR = \angle DHR, \angle DHS = \angle CHS$.

3.5.5(1977)

证明:存在 1 977 个不相似的三角形,使得其内角 A, B, C 满足以下条件:

(1) $\dfrac{\sin A + \sin B + \sin C}{\cos A + \cos B + \cos C} = \dfrac{12}{7}$.

(2) $\sin A \sin B \sin C = \dfrac{12}{25}$.

3.5.6(1979)

设 $\triangle ABC$ 的边不相等,在 BC 上求一点使得

$$\frac{S_{\triangle ABX}}{S_{\triangle ACX}} = \frac{\ell_{\triangle ABX}}{\ell_{\triangle ABX}} ①.$$

3.5.7(1982)

设 ABC 为三角形. 考虑两个等边三角形 $A'BC, A''BC$,其中 A' 与 A 在 BC 边的两侧,而 A'' 与 A 在 BC 边的同一侧. 类似地,我们可以定义点 B', B'', C', C''. 分别用 Δ 表示由等边三角形 $A'BC, B'CA, C'AB$ 的中心构成的三角形,用 Δ' 表示由等边三角形 $A''BC, B''CA, C''AB$ 的中心构成的三角形. 证明:$S_{\triangle ABC} = S_{\Delta} - S_{\Delta'}$.

3.5.8(1983)

设 M 是 $\triangle ABC$ 内的一个动点,而 D, E, F 分别是从 M 到三角线各边的垂足. 求出使得 $\triangle DEF$ 的面积为常数的点 M 的轨迹.

3.5.9(1989)

设 $ABCD$ 是一个边长为 2 的正方形. 连续地移动线段 AB,直到它刚好与线段 CD 重合($A \equiv C, B \equiv D$). 用 S 表示 AB 扫过区域的面积,证明:我们可以使得 $S < \dfrac{5}{6}\pi$(注意到如果某个区域被扫过两次,那么它只会计算一次).

① 这里 S 表示面积,ℓ 表示周长

3.5.10（1990）

设 ABC 是平面上的一个三角形，M 是一个动点. 用 A', B', C' 分别表示 M 到直线 BC, CA 和 AB 的垂足. 求 M 的轨迹使得

$$MA \cdot MA' = MB \cdot MB' = MC \cdot MC'.$$

3.5.11（1991）

设 $\triangle ABC$ 的重心为 G，外心为 R. 直线 AG, BG, CG 分别交外接圆于 D, E, F. 证明

$$\frac{3}{R} \leqslant \frac{1}{GD} + \frac{1}{GE} + \frac{1}{GF} \leqslant \sqrt{3}\left(\frac{1}{AB} + \frac{1}{BC} + \frac{1}{CA}\right).$$

3.5.12（1992）

设 $\mathcal{H}$ 是一个矩形，其对角线的夹角不超过 45°. 矩形 $\mathcal{H}$ 绕其中心旋转一个角度 $\theta \in [0^\circ, 360^\circ]$，得到一个矩形 $\mathcal{H}_\theta$. 求 θ 的值，使得在 $\mathcal{H}$ 和 $\mathcal{H}_\theta$ 之间的公共面积取到最大值.

3.5.13（1994）

设 ABC 是平面上的一个三角形. 点 A', B', C' 分别是顶点 A, B, C 关于边 BC, CA, AB 的对称点. 求出关于 $\triangle ABC$ 的充分必要条件，使得 $\triangle A'B'C'$ 为等边三角形.

3.5.14（1997）

在平面上有一个圆，圆心为 O，半径为 a. 设 P 是一个圆内的点（$OP = d < a$）. 在所有内接于圆内，且对角线 AC 与 BD 垂直于 P 的凸四边形 $ABCD$ 中，分别求出具有最大周长和最小周长的四边形，并用 a 和 d 表示出其周长.

3.5.15（1999）

设 ABC 是一个三角形. 分别用 A', B', C' 表示 $\triangle ABC$ 外接圆上 $\overparen{BC}, \overparen{CA}, \overparen{AB}$ 的中点. 边 BC, CA, AB 分别交线段 $A'C', A'B'; B'A', B'C'; C'B', C'A'$ 于点 M, N, P, Q, R, S. 证明：$MN = PQ = RS$ 当且仅当 $\triangle ABC$ 是等边三角形.

3.5.16（2001）

设平面上的两个圆 $\odot O_1$ 和 $\odot O_2$ 交于两点 A 和 B，且 P_1P_2 是这两个圆的一条公切线，$P_1 \in \odot O_1, P_2 \in \odot O_2$. P_1, P_2 在直线 O_1O_2 上的垂直投影分别为 M_1, M_2，直线 AM_i 再次交 $\odot O_i$ 于第二个点 N_i（$i = 1, 2$）. 证明：N_1, B, N_2 三点共线.

3.5.17（2003）

给定平面上两个固定的圆 (O_1, R_1) 和 (O_2, R_2). 假定 $\odot O_1$ 和 $\odot O_2$ 切于一点 M，且 $R_2 > R_1$. 考虑在 $\odot O_2$ 上与 O_1, O_2 不共线的一个点 A，从 A 作 $\odot O_1$ 的切线 AB 和 AC（B, C 为切点）. 直线 MB, MC 分别交 $\odot O_2$ 于 E, F，EF 与 $\odot O_2$ 在 A 处的切线交于点 D. 证明：当 A 在 $\odot O_2$ 上运动且使得 O_1, O_2, A 不共线时，D 在一条固定的直线上运动.

3.5.18（2004 B）

给定锐角 $\triangle ABC$，垂心为 H，内接于 $\odot O$. 在 $\odot O$ 的不包含 A 的 $\overset{\frown}{BC}$ 上取异于 B, C 的点 P，设点 D 满足 $\overrightarrow{AD}=\overrightarrow{PC}$，且 K 为 $\triangle ACD$ 的垂心. E, F 分别表示从 K 到直线 BC, AB 的垂足. 证明：直线 EF 经过线段 HK 的中点.

3.5.19（2005）

给定 $\odot O$，圆心为 O，半径为 R，以及圆上两个固定点 A, B，使得 A, B, O 不共线. 设 C 是 $\odot O$ 上异于 A, B 的动点. $\odot O_1$ 经过点 A，且与直线 BC 切于点 C，而 $\odot O_2$ 经过点 B，且与直线 AC 切于点 C. 这两个圆交于除 C 之外的另一点 D. 证明：

(1) $CD \leqslant R$.

(2) 当 C 在 $\odot O$ 上运动，且不与 A, B 重合时，直线 CD 过一个定点.

3.5.20（2006 B）

给定一个等腰梯形 $ABCD$（CD 是较长的底）. 动点 M 在直线 CD 上运动，且不与 C, D 重合. 设 N 是 $\triangle BCM$ 的外接圆与 $\triangle DAM$ 的外接圆的另一个交点. 证明：

(1) 点 N 在一个固定的圆上.

(2) 直线 MN 经过一个定点.

3.5.21（2007）

给定 $\triangle ABC$，其中顶点 B, C 是定点，而顶点 A 是动点. 设 H 和 G 分别是 $\triangle ABC$ 的垂心和重心. 如果 HG 的中点 K 在直线 BC 上，求点 A 的轨迹.

3.5.22（2007）

设 $ABCD$ 是一个梯形，BC 为较长的底，且它内接于圆心为 O 的 $\odot O$. 设 P 是直线 BC 上的且不在线段 BC 上的一个动点，使得 PA 不是 $\odot O$ 的切线. 直径为 PD 的圆交 $\odot O$ 于异于 D 的点 E. 用 M 表示 BC 与 DE 的交点，用 N 表示 PA 与 $\odot O$ 的另一个交点. 证明：直线 MN 过定点.

3.5.23（2008）

设 ABC 是一个三角形，E 是边 AB 的中点. M 是射线 EC 上一个点，使得 $\angle BME=\angle ECA$. 用 $\alpha=\angle BEC$，计算比值 $\dfrac{MC}{AB}$.

立体几何

3.5.24（1962）

给定四棱锥 $S-ABCD$，使得底面 $ABCD$ 是一个底面中心在 O 点的正方形，且 $SO\perp ABCD$. 高 $SO=h$，且面 SAB 与面 $ABCD$ 间的夹角为 α. 过边 AB 的一个平面与面 SCD 垂直，求所截得的上部分四棱锥的体积. 分析所得到的公式.

3.5.25（1963）

四面体 $ABCD$ 的面 SBC 和 ABC 垂直，顶点 S 处的三个角度均为 $60°$，且 $SB = SC = 1$. 求此四面体的体积.

3.5.26（1964）

设 (P) 是一个平面，且点 $A \in (P), O \notin (P)$. 对 (P) 中每条经过 A 的直线，设 H 表示从 O 到此直线的垂足，求出 H 的轨迹 (c).

用 $(\mathcal{C})$ 表示顶点在 O，以 (c) 为底面的倾斜椎面. 证明：所有平行于平面 (P) 或者垂直于 OA 的平面与 $(\mathcal{C})$ 的交线为圆.

考虑 $(\mathcal{C})$ 的两个对称面，它们与 $(\mathcal{C})$ 构成锥顶角分别为 α 和 β，求出 α 与 β 之间的关系.

3.5.27（1970）

平面 (P) 经过一个正方体 $ABCD-EFGH$ 的顶点 A，且三边 AB, AD, AE 与 (P) 所成的夹角相等.

(1) 求这个夹角的余弦，并求出正方体在平面上的投影.

(2) 求出平面 (P) 与经过正方体两个顶点的直线，以及经过正方体三个顶点的平面之间的关系.

3.5.28（1972）

设 $ABCD$ 是一个边长为 a 的正四面体. 在边 AB 上取点 E, E'，在 AC 上取点 F, F'，在 AD 上取点 G, G'，使得 $AE = \frac{a}{6}, AE' = \frac{5a}{6}$；$AF = \frac{a}{4}, AF' = \frac{3a}{4}$；$AG = \frac{a}{3}, AG' = \frac{2a}{3}$. 用 a 表示出 $EFGE'F'G'$ 的体积，并求出直线 AB, AC, AD 与平面 EFG 的夹角.

3.5.29（1975）

设四面体 $ABCD$ 中，$BA \perp AC, DB \perp (BAC)$. AB 的中点为 O，K 为从 O 到 DC 的垂足. 假定 $AC \neq BD$，证明：

$$\frac{V_{KOAC}}{V_{KOBD}} = \frac{AC}{BD}$$

当且仅当 $2AC \cdot BD = AB^2$.

3.5.30（1975）

在平面上给定一条固定的直线 Δ 和一个固定点 $A \notin \Delta$，一条动直线 d 经过点 A. 记 MN 表示 d 与 Δ 的公垂线（$M \in d, N \in \Delta$）. 求点 M 的轨迹，以及 MN 的中点 I 的轨迹.

3.5.31（1978）

给定长方体 $ABCD-A'B'C'D'$，其底为 $ABCD, A'B'C'D', AA', BB', CC', DD'$ 为棱，且 $AB = a, AD = b, AA' = c$. 证明：存在一个三角形，使得它的边长分别等

于 A, A', D 到长方体的对角线 BD' 的距离. 分别将这些距离记为 m_1, m_2, m_3，求 a, b, c, m_1, m_2, m_3 之间的关系.

3.5.32（1984）

设 $SXYZ$ 是一个三面角，满足 $\angle XSY = \angle YSZ = \angle ZSX = 90^\circ$，$O$ 是 Sz 上的一个固定点，且 $SO = a$. 两个动点 $M \in SX, N \in SY$，且 $SM + SN = a$.

(1) 证明：$\angle SOM + \angle SON + \angle MON$ 是常数.

(2) 求 $OSMN$ 的外接球的轨迹.

3.5.33（1985）

设四面体 $OABC$ 中，底面 $\triangle ABC$ 的面积为 S. $A; B, C$ 三个顶点处的高分别不小于 $OB + OC, OC + OA, OA + OB$ 的一半，求此四面体的体积.

3.5.34（1986）

设 $ABCD$ 是一个正方形，ABM 是在垂直于 $ABCD$ 的面上的一个等边三角形. 进一步，设 E 是 AB 的中点，O 是 CM 的中点. 动点 S 在边 AB 上，且到 B 的距离为 x.

(1) 求从 M 到边 CS 的垂足 P 的轨迹.

(2) 求 SO 的最大和最小值.

3.5.35（1990）

设四面体 $ABCD$ 的体积为 V. 我们希望用三个面切出一个平行六面体，使得其中三个面和所有顶点都在所给四面体的面上.

(1) 是否可能有一个四面体的体积为 $\dfrac{9V}{40}$？证明你的答案.

(2) 求三个平面的交点，使平行六面体的体积为 $\dfrac{11V}{50}$.

3.5.36（1990 B）

设 $SABC$ 和 $RDEF$ 是两个正四面体，且顶点 R 和 S 分别是 $\triangle ABC$ 和 $\triangle DEF$ 的重心，且每一对棱 AB 与 EF，AC 与 DE，BC 与 DF 都是平行且相等的.

(1) 如何构造出这两个四面体的公共部分?

(2) 求公共部分与四面体 $SABC$ 的体积之比.

3.5.37（1991）

设 $Oxyz$ 是一个直三面角，A, B, C 分别是 Ox, Oy, Oz 上的三个固定点. 一个动球 $\mathcal{S}$ 经过 A, B, C 且分别交 Ox, Oy, Oz 于 A', B', C'. 设 M, M' 分别是 $\triangle A'BC$，$\triangle AB'C'$ 的重心，求 MM' 中点 S 的轨迹.

3.5.38（1991 B）

设两个同心球的半径分别为 R 和 r，且 $R > r > 0$ 是给定的. 求出关于 R, r 的条件，使得能构造出一个正四面体 $SABC$，其中三个顶点 A, B, C 在大球上，而三个面 SAB, SBC, SCA 与小球相切.

3.5.39（1992）

一个四面体 $ABCD$ 具有如下性质：

(1) $\angle ACD + \angle BCD = 180^\circ$.

(2) 在顶点 A 处的三个面角的和与顶点 B 处的三个面角的和相等，均为 180°.

设 $AC + CB = k, \angle ACB = \alpha$，计算四面体 $ABCD$ 的表面积.

3.5.40（1993）

四面体 $ABCD$ 内接于一个给定的球，证明：和式

$$AB^2 + AC^2 + AD^2 - BC^2 - CD^2 - DB^2$$

取得其最小值当且仅当顶点 A 处的三面角是直角.

3.5.41（1995 B）

考虑一个球心在 I 点的球，P, Q 是球内的两个定点，且 $Q \neq I$. 对每个内接于此球的且以 P 为重心的四面体 $ABCD$，设 A' 是 Q 在球以 A 为切点的切平面上的投影. 证明：四面体 $A'BCD$ 的重心总是在一个固定球面上.

3.5.42（1996）

给定三面角 $Sxyz$，一个不经过 S 的平面 (P) 分别与 Sx, Sy, Sz 交于点 A, B, C. 在 (P) 上，在 $\triangle ABC$ 外有三个三角形 $\triangle DAB, \triangle EBC, \triangle FCA$，使得 $S_{\triangle DAB} = S_{\triangle SAB}, S_{\triangle EBC} = S_{\triangle SBC}, S_{\triangle FCA} = S_{\triangle SCA}$. 设一个球 $\mathcal{S}$ 满足下面条件：

(1) $\mathcal{S}$ 与平面 $(SAB), (SBC), (SCA)$ 和 (P) 相切.

(2) $\mathcal{S}$ 在三面角 $Sxyz$ 内，且在四面体 $SABC$ 外.

证明：$\mathcal{S}$ 与 (P) 相切于 $\triangle DEF$ 的外心.

3.5.43（1996 B）

四面体 $ABCD$ 中内接于球心在 O 的一个球，且 $AB = AC = AD$. 设 G 是 $\triangle ACD$ 的重心，E 是 BG 的中点，F 是 AE 的中点. 证明：$OF \perp BG$ 当且仅当 $OC \perp AC$.

3.5.44（1998）

设 O 是四面体 $ABCD$ 外接球的球心，AA_1, BB_1, CC_1, DD_1 是球的直径. A_0, B_0, C_0, D_0 分别是 $\triangle BCD, \triangle CDA, \triangle DAB, \triangle ABC$ 的重心. 证明：

(1) 直线 A_0A_1, B_0B_1, C_0C_1 和 D_0D_1 交于一点，记为 F.

(2) 过 F 和此四面体一边中点的直线垂直于这条边的对边.

3.5.45（1998 B）

设 P 是半径为 R 的球面 $\mathcal{S}$ 上一点. 考虑所有这样的三棱锥 $PABC$：顶点 P 处是一个直三面角，A, B, C 都在球面 $\mathcal{S}$ 上. 证明：平面 (ABC) 总是过一个定点，并求 $\triangle ABC$ 面积的最小值.

3.5.46（1999）

考虑空间中的四条射线 Ox, Oy, Oz 和 Ot，使得任意两条射线的夹角相等.

(1) 求任意两条射线的夹角的值.

(2) 设 Or 是一条可动的射线, $\alpha, \beta, \gamma, \delta$ 分别是 Or 与其他射线的夹角. 证明: $\cos\alpha+\cos\beta+\cos\gamma+\cos\delta$ 与 $\cos^2\alpha+\cos^2\beta+\cos^2\gamma+\cos^2\delta$ 都是常数.

3.5.47 (2000 B)

在四面体 $ABCD$ 中, $\triangle ABC, \triangle ACD, \triangle ABD$ 和 $\triangle BCD$ 的外接圆半径都相等,证明: $AB=CD, AC=BD$ 且 $AD=BC$.

3.5.48 (2000)

求出所有的正整数 $n>3$,使得存在空间中的 n 个点满足下列条件:

(1) 任意三点不共线.

(2) 任意四点不共圆.

(3) 经过任意三个点的圆具有相同的半径.

第4章 解答

4.1 代数

4.1.1

我们来证明

$$\frac{1}{\frac{1}{a+c}+\frac{1}{b+d}}-\left(\frac{1}{\frac{1}{a}+\frac{1}{b}}+\frac{1}{\frac{1}{c}+\frac{1}{d}}\right)\geqslant 0.$$

直接求和化简,上式等价于

$$\frac{a^2d^2-2abcd+b^2c^2}{(a+b+c+d)(a+b)(c+d)}\geqslant 0,$$

这必然是成立的,因为分母是正的,分子为 $(ad-bc)^2\geqslant 0$.

等号成立当且仅当 $ad=bc$.

4.1.2

利用 $\cos x+\cos y=2\cos\frac{x+y}{2}\cos\frac{x-y}{2}$,我们得到

$$\begin{aligned}\cos\left(\alpha+\frac{2\pi}{3}\right)+\cos\left(\alpha+\frac{4\pi}{3}\right)&=2\cos(\alpha+\pi)\cos\frac{\pi}{3}\\&=\cos(\alpha+\pi)=-\cos\alpha,\end{aligned}$$

因此第一个和式为 0.

类似地,由 $\sin x+\sin y=2\sin\frac{x+y}{2}\cos\frac{x-y}{2}$,我们能得到第二个和式也是 0.

一般地,对任意角 α 和正整数 n,我们总有

$$\cos\alpha+\cos\left(\alpha+\frac{2\pi}{n}\right)+\cdots+\cos\left[\alpha+\frac{2\pi(n-1)}{n}\right]=0$$

和

$$\sin\alpha+\sin\left(\alpha+\frac{2\pi}{n}\right)+\cdots+\sin\left[\alpha+\frac{2\pi(n-1)}{n}\right]=0.$$

这可以用向量集合来证明. 在单位圆上, 考虑 n 个向量 $\overrightarrow{OA_1}, \overrightarrow{OA_2}, \cdots, \overrightarrow{OA_n}$, 使得其与 x 轴正向所成的角分别为 $\alpha, \alpha+\dfrac{2\pi}{n}, \cdots, \alpha+\dfrac{2(n-1)\pi}{n}$, 使得 $A_1A_2\cdots A_n$ 是一个正多边形. 由对称性可知

$$\overrightarrow{OA}=\overrightarrow{OA_1}+\overrightarrow{OA_2}+\cdots+\overrightarrow{OA_n}=\mathbf{0},$$

因此 $\mathrm{pr}_x\,\overrightarrow{OA}=\mathrm{pr}_y\,\overrightarrow{OA}=\mathbf{0}$, 这里 $\mathrm{pr}_x\,\boldsymbol{a}$ 和 $\mathrm{pr}_y\,\boldsymbol{a}$ 分别表示 $\boldsymbol{a}$ 在 x 轴和 y 轴上的投影. 由

$$\mathrm{pr}_x(\boldsymbol{a}+\boldsymbol{b})=\mathrm{pr}_x\,\boldsymbol{a}+\mathrm{pr}_x\,\boldsymbol{b}, \mathrm{pr}_y(\boldsymbol{a}+\boldsymbol{b})=\mathrm{pr}_y\,\boldsymbol{a}+\mathrm{pr}_y\,\boldsymbol{b}$$

我们证得所要的结论.

4.1.3

对 $c\geqslant 3$, 我们有

$$\begin{cases}x+cy\leqslant 36\\ 2x+3z\leqslant 72\end{cases},$$

因此 $3x+3z+cy\leqslant 108$, 或者 $3(x+y+z)\leqslant 108-(c-3)y$.

注意到由于 $c\geqslant 3, y\geqslant 0$, 我们得到 $108-(c-3)y\leqslant 108$, 因此 $x+y+z\leqslant 36$.

对 $c<3$, 我们注意到 $cy\leqslant 36-x$, 或者

$$3y\leqslant\frac{108-3c}{c}\ (c>0).$$

且

$$3x+3z\leqslant 72+x.$$

由最后两个不等式得到

$$3(x+y+z)\leqslant\frac{108}{c}+72-\frac{3-c}{c}x\leqslant\frac{108}{c}+72,$$

即 $x+y+z\leqslant\dfrac{36}{c}+24$. 在这两种情形下, 等号显然成立.

4.1.4

(1) 令 $k=n-m\in(0,n)$. 考虑 $a^mb-ab^m=ab(a^{m-1}-b^{m-1})$, 注意到 $m-1\geqslant 0, a\geqslant b>0$, 我们有 $a^{m-1}\geqslant b^{m-1}$. 因此

$$a^mb\geqslant ab^m. \tag{1}$$

另一方面, 注意到 $a\geqslant b, a^2\geqslant b^2, \cdots, a^{k-1}\geqslant b^{k-1}$, 这意味着

$$1+a+a^2+\cdots+a^{k-1}\geqslant 1+b+b^2+\cdots+b^{k-1}. \tag{2}$$

由式 (1) 和 (2) 得

$$a^mb(1+a+a^2+\cdots+a^{k-1})\geqslant ab^m(1+b+b^2+\cdots+b^{k-1}),$$

结合条件 $a+b=1$,可得

$$a^m(1-a)(1+a+a^2+\cdots+a^{k-1}) \geqslant b^m(1-b)(1+b+b^2+\cdots+b^{k-1}),$$

即 $a^m(1-a^k) \geqslant b^m(1-b^k) \Leftrightarrow a^m-a^n \geqslant b^m-b^n$.

最后只需要证明 $b^m-b^n>0$. 由于 $0<b<1$,$b^m-b^n=b^m(1-b^k)>0$ 是显然的.

(2) 由于 $\Delta=b^{2n}+4a^n>0$, $f_n(x)$ 有两个相异实根, $x_1 \neq x_2$. 且注意到如果 $a,b \in (0,1)$,那么

$$\begin{cases} f_n(1)=1-b^n-a^n=a+b-b^n-a^n=(a-a^n)+(b-b^n) \geqslant 0 \\ f_n(-1)=1+b^n-a^n=(1-a^n)+b^n \geqslant 0 \\ \dfrac{S}{2}=\dfrac{x_1+x_2}{2}=\dfrac{b^n}{2} \in (-1,1) \end{cases}.$$

我们得到 $x_1,x_2 \in [-1,1]$.

4.1.5

由 $(x_i-a)^2+(y_i-b)^2 \leqslant c^2$ 以及 $x_i^2+y_i^2>0$,得到 $a^2+b^2-2ax_i-2by_i<c^2$. 特别地,对 $i=1,2$ 我们有

$$\begin{cases} a^2+b^2-2ax_1-2by_1<c^2 \\ a^2+b^2-2ax_2-2by_2<c^2 \end{cases}.$$

取 k 使得 $kx_1+(1-k)x_0=0$,即 $k=\dfrac{x_2}{x_2-x_1}$. 由于 $x_1x_2<0$,我们有 $k \in (0,1)$. 将上面的两个不等式中的第一式乘以 k,第二式乘以 $1-k$,然后相加得

$$a^2+b^2-2a[kx_1+(1-k)x_2]-2b[ky_1+(1-k)y_2]<c^2,$$

即

$$a^2+b^2-2b[ky_1+(1-k)y_2]<c^2.$$

由于 $y_1,y_2>0$,我们得到 $Y_1=ky_1+(1-k)y_2>0$ 使得 $a^2+b^2-2bY_1 \leqslant c^2$.

类似地,对 $i=3,4$,通过取 m 使得 $mx_3+(1-m)x_4=0$,我们得到 $a^2+b^2-2bY_2 \leqslant c^2$,其中 $Y_2=my_3+(1-m)y_4<0$.

最后,取 n 使得 $nY_1+(1-n)Y_2=0$,并重复相同的讨论,我们得到

$$a^2+b^2-2b[nY_1+(1-n)Y_2]=a^2+b^2<c^2.$$

几何意义上,这里在直角坐标系 xOy 下指定了一个圆心在 (a,b) 处、半径为 c 的圆,以及四个象限的四个点 (x_i,y_i). 题目中的假设说明四个点都在圆内,而结论那么说明原点也在圆内. 因此我们可以将此问题重申为:设两条直线垂直于 O,在分成的四个区域内取定四个点,那么任何包含了这四个点的圆必然也包含了点 O.

4.1.6

一方面，由于 $\angle A+\angle B+\angle C=\pi$，至少存在一个角，不妨设为 $\angle C$，使得 $\angle C \leqslant \frac{\pi}{3}$. 那么 $\sin\frac{C}{2} \leqslant \sin\frac{\pi}{6}=\frac{1}{2}$.

另一方面，$\frac{\angle A}{2}=\frac{\pi}{2}-\frac{\angle B+\angle C}{2}<\frac{\pi}{2}-\frac{\angle B}{2}<\frac{\pi}{2}$，因此

$$\sin\frac{A}{2}\sin\frac{B}{2}<\sin\left(\frac{\pi}{2}-\frac{B}{2}\right)=\cos\frac{B}{2}\sin\frac{B}{2}=\frac{1}{2}\sin B,$$

因此 $\sin\frac{A}{2}\sin\frac{B}{2}<\frac{1}{2}$.

待证不等式成立.

事实上，我们可以证明 $\sin\frac{A}{2}\sin\frac{B}{2}\sin\frac{C}{2} \leqslant \frac{1}{8}$ 成立，且等号对等边三角形成立.

4.1.7

(1) 对每个 $x \in [-1,1]$，存在唯一的 $\alpha_0 \in [0,\pi]$ 使得 $\cos\alpha_0$. $\cos\alpha=x_0$ 的其他解为 $\alpha=\pm\alpha_0+2k\pi\,(k\in\mathbb{Z})$. 那么

$$\begin{aligned} y=\cos n\alpha &= \cos[n(\pm\alpha_0+2k\pi)] \\ &= \cos(\pm n\alpha_0+2nk\pi)=\cos n\alpha_0, \end{aligned}$$

这说明对任意满足 $\cos\alpha=x$ 的 α，均有 $y=\cos n\alpha_0$，因此 y 是唯一定义的.

我们有

$$\begin{aligned} T_1(x) &= \cos\alpha = x, \\ T_2(x) &= \cos 2\alpha = 2\cos^2\alpha-1. \end{aligned}$$

进一步，

$$\begin{aligned} T_{n-1}(x)+T_{n+1}(x) &= \cos(n-1)\alpha+\cos(n+1)\alpha \\ &= 2\cos n\alpha\cos\alpha = 2xT_n(x). \end{aligned}$$

注意到 T_1 是首项系数为 1 的 1 次多项式，T_2 是首项系数为 2 的 2 次多项式. 因此，从上述等式，根据归纳法我们可知 T_n 是一个首项系数为 2^{n-1} 的 n 次多项式.

(2) 我们有 $T_n(x)=0$ 当且仅当 $\cos n\alpha=0$，或者 $n\alpha=\frac{\pi}{2}+k\pi\,(k\in\mathbb{Z})$，即

$$\alpha=\frac{\pi}{2n}+\frac{2k\pi}{2n}=\alpha_k\,(k\in\mathbb{Z}).$$

角 α_k 给出了 $T_n(x)$ 在区间 $[-1,1]$ 内的 n 个不同的根 $x_k=\cos\alpha_k, k=0,1,\cdots,n-1$.

4.1.8

如果 x_1, x_2, x_3 是所给三次方程的根，由韦达（Viète）定理，我们有

$$\begin{cases} x_1 + x_2 + x_3 = 0 \\ x_1x_2 + x_2x_3 + x_3x_1 = -1 . \\ x_1x_2x_3 = -1 \end{cases}$$

进一步，由 $x_i^3 - x_i + 1 = 0$ 可得

$$x_i^3 = x_i - 1,$$
$$x_i^5 = x_i^3 \cdot x_i^2 = (x_i - 1)x_i^2 = x_i^3 - x_i^2 = -x_i^2 + x_i - 1,$$
$$x_i^8 = x_i^5 \cdot x_i^3 = (-x_i^2 + x_i - 1)(x_i - 1) = -x_i^3 + 2x_i^2 - 2x_i + 1 = 2x_i^2 - 3x_i + 2.$$

于是

$$x_1^8 + x_2^8 + x_3^8 = 2(x_1^2 + x_2^2 + x_3^2) - 3(x_1 + x_2 + x_3) + 6.$$

但

$$x_1^2 + x_2^2 + x_3^2 = (x_1 + x_2 + x_3)^2 - 2(x_1x_2 + x_2x_3 + x_3x_1) = 2,$$

所以 $x_1^8 + x_2^8 + x_3^8 = 4 - 0 + 6 = 10.$

4.1.9

原方程在 $x \neq -m, -n, -p$ 有定义.

注意到

$$\frac{x^3 + s^3}{(x + s)^3} = \frac{1}{4} + \frac{3(x - s)^2}{4(x + s)^2}, \ x \neq -s.$$

原方程等价于

$$\frac{1}{4} + \frac{3}{4}a^2 + \frac{1}{4} + \frac{3}{4}b^2 + \frac{1}{4} + \frac{3}{4}c^2 - \frac{3}{2} + \frac{3}{2}abc = 0,$$

其中

$$a = \frac{x - m}{x + m}, \ b = \frac{x - n}{x + n}, \ c = \frac{x - p}{x + p}.$$

化简此方程得到 $(c + ab)^2 = (1 - a^2)(1 - b^2)$，即

$$x^2[(x^2 + mn - mp - np)^2 - 4mn(x + p)^2] = 0.$$

最后的方程可以写为

$$x^2[x^2 + mn - mp - np + 2(x + p)\sqrt{mn}] \cdot$$
$$[x^2 + mn - mp - np + 2(x + p)\sqrt{mn}] = 0,$$

于是

(1) $x^2 = 0$，即 $x_{1,2} = 0$.

(2) $x^2+mn-mp-np+2(x+p)\sqrt{mn}=0$,即 $x+\sqrt{mn}=\pm(\sqrt{mp}-\sqrt{np})$,因此 $x_{3,4}=\pm(\sqrt{mp}-\sqrt{np})-\sqrt{mn}$.

(3) $x^2+mn-mp-np-2(x+p)\sqrt{mn}=0$,即 $x_{5,6}=\sqrt{mn}\pm(\sqrt{mp}-\sqrt{np})$.

除去那些满足 $(x+m)(x+n)(x+p)=0$ 的 x,我们得到了此方程的解.

4.1.10

如果 $y=0$,那么第一式为 $x^x=0$,无解.

如果 $y=1$,那么第二式为 $x^3=1$,此时 $x=1$,因此首先有一组解 $(x_1,y_1)=(1,1)$.

如果 $y=-1$,那么第一式为 $x^{x-1}=1$,于是 $x=\pm1$,那么有第二组解 $(x_2,y_2)=(1,-1)$,$(-1,-1)$ 不满足第二式.

现在考虑 $y\neq 0,\pm1$. 由第二式得

$$x=y^{\frac{x+y}{3}}.$$

将此式代入第一式得

$$y^{\frac{(x+y)^2}{3}}=y^{12},$$

因此 $(x+y)^2=36\Rightarrow x+y=\pm6$.

(1) 如果 $x+y=6$,那么第二式变为 $y^6=x^3$,即 $x=y^2$. 所以 $y^2+y=-6\Rightarrow y=2,-3$,因此 $(x_3,y_3)=(4,2)$ 以及 $(x_4,y_4)=(9,-3)$.

(2) 如果 $x+y=-6$,那么第二式变为 $y^3+6y^2+1=0$. 由多项式的整根定理知,唯一可能的整数根只能是 ±1,但是 ±1 均不满足方程.

因此有且只有四组整数解.

4.1.11

由于 $x_i>0$,对所有正整数 n,我们有 $x_i^{-n}>0$. 由算术–几何平均值不等式有

$$x_1^{-n}+\cdots+x_k^{-n}\geqslant k\sqrt[k]{\frac{1}{x_1^n\cdots x_k^n}}$$

且

$$x_1\cdots x_k\leqslant\left(\frac{x_1+\cdots+x_k}{k}\right)^k=\left(\frac{1}{k}\right)^k.$$

由此可知

$$x_1^{-n}+\cdots+x_k^{-n}\geqslant k\sqrt[k]{k^{kn}}=k^{n+1}.$$

等号成立当且仅当 $x_1=\cdots=x_k=\dfrac{1}{k}$.

4.1.12

注意到 $x=1$ 不是一个解,因此不等式定义在 $-1\leqslant x<0$ 和 $x>1$.

由于 $\sqrt{\frac{x-1}{x}}>0$,不等式两边除以 $\sqrt{\frac{x-1}{x}}>0$ 得

$$\sqrt{x+1}>1+\sqrt{\frac{x-1}{x}}>0. \tag{1}$$

对 $-1\leqslant x<0$,式 (1) 的左边不超过 1,而右边大于 1. 因此我们只需考虑 $x>1$,在这种情形下,将式 (1) 两边平方得

$$x-1+\frac{1}{x}>2\sqrt{\frac{x-1}{x}}>0. \tag{2}$$

由算术–几何平均值不等式，式 (2) 的左边大于或等于右边. 等号成立当且仅当 $x-1=\frac{1}{x}$,即 $x=\frac{1\pm\sqrt{5}}{2}$,其中较小的值不在区间 $(1,+\infty)$ 内.

因此原不等式的解为 $x>1$ 且 $x\neq\frac{1+\sqrt{5}}{2}$.

4.1.13

设 $b_k=\frac{k(n-k+1)}{2}$,我们可以得到

$$b_0=b_{n+1}=0,$$

且

$$b_{k-1}-2b_k+2b_{k+1}=-1\,(k=1,\cdots,n).$$

假定存在一个指标 i,使得 $a_i>b_i$,那么数列

$$a_0-b_0,a_1-b_1,\cdots,a_{n+1}-b_{n+1} \tag{1}$$

至少包含一个正的项. 设 a_j-b_j 是式 (1) 中最大的项,并取 j 使得 $a_{j-1}-b_{j-1}<a_j-b_j$.

如果 $j=0$ 或 $j=n+1$,待证的不等式显然.

对 $1\leqslant j\leqslant n$,我们有

$$(a_{j-1}-b_{j-1})+(a_{j+1}-b_{j+1})<2(a_j-b_j). \tag{2}$$

根据假设,$a_{k-1}-2a_k+a_{k+1}\geqslant -1$. 将 $-1=b_{k-1}-2b_k+b_{k+1}$ 代入此式,我们得到

$$(a_{k-1}-b_{k-1})-2(a_k-b_k)+(a_{k+1}-b_{k+1})\geqslant 0,\ \forall k=1,\cdots,n.$$

特别地,对 $k=j$ 我们得到

$$(a_{j-1}-b_{j-1})+(a_{j+1}-b_{j+1})\geqslant 2(a_j-b_j),$$

这与式 (2) 矛盾. 因此 $a_k \leqslant b_k$ 对所有 $0 \leqslant k \leqslant n+1$ 成立.

不等式 $a_k \geqslant -b_k$ 也可以类似地证明,证毕.

4.1.14

首先注意到,如果 (x, y) 是一个解,那么 $(-x, y)$ 也是一个解. 因此,我们应有 $x=-x$,即 $x=0$. 将 $x=0$ 代入方程组,我们得到

$$\begin{cases} m = 1 - y \\ y^2 = 1 \end{cases},$$

这说明 $m = 0, 2$.

对 $m=0$,我们有

$$\begin{cases} x^2 = 2^{|x|} + |x| - y \\ x^2 + y^2 = 1 \end{cases}.$$

由第二个方程可知 $|x|, |y| \leqslant 1$. 将第一个方程写为 $x^2 - |x| + y = 2^{|x|}$, 注意到 $|x|^2 - |x| = |x|(|x|-1) \leqslant 0$, 因此左边满足 $x^2 - |x| + y \leqslant y \leqslant 1$, 而右边满足 $2^{|x|} \geqslant 2^0 \geqslant 1$. 因此,方程组等价于 $x^2 - |x| + y = 2^{|x|} = 1$,这说明 $x = 0, y = 1$.

对 $m=2$,我们注意到方程组

$$\begin{cases} x^2 = 2^{|x|} + |x| - y - 2 \\ x^2 + y^2 = 1 \end{cases}$$

至少有两个解 $(0, -1)$ 和 $(1, 0)$.

因此唯一的值为 $m=0$,此时唯一的解为 $(x, y) = (0, 1)$.

4.1.15

我们有

$$\frac{a}{d} - \frac{b}{d} = \frac{b}{d} - \frac{c}{d} \Leftrightarrow 2b = a + c. \tag{1}$$

且

$$\frac{b}{a} : \frac{c}{b} = \frac{1+a}{1+d} : \frac{1+b}{1+d} \Leftrightarrow \frac{b^2}{ac} = \frac{1+a}{1+b}. \tag{2}$$

由式 (1),将 $c = 2b - a$ 代入式 (2),我们得到

$$\frac{b^2}{a(2b-a)} = \frac{1+a}{1+b} \Leftrightarrow b^2(1+b) = a(1+a)(2b-a),$$

即

$$(a-b)(a^2 - ab - b^2 + a - b) = 0.$$

如果 $a = b$, 式 (1) 说明 $b = c$, 因此 $a = b = c = d$, 这是不可能的. 所以 $a \neq b$,且

$$a^2 - ab - b^2 + a - b = 0,$$

这等价于

$$b^2+(a+1)b-a^2-a=0.$$

这个关于 b 的方程的根为

$$b=\frac{-(a+1)\pm\sqrt{5a^2+6a+1}}{2}.$$

由于 b 是整数,所以 $t=\sqrt{5a^2+6a+1}$ 是有理数,那么 $a=\dfrac{-3\pm\sqrt{5t^2+4}}{5}$,这说明 $\sqrt{5t^2+4}=s$ 是有理数. 最后的方程可以写为

$$s^2-5t^2=4\Leftrightarrow\left(\frac{s}{2}\right)^2-5\left(\frac{t}{2}\right)^2=1,$$

即

$$s_1^2-5t_1^2=1,$$

其中 $s_1=\dfrac{s}{2},t_1=\dfrac{t}{2}$.

满足此方程的最小的数是 $s_1=9,t_1=4$,于是 $s=18,t=8$,进一步有 $a=3;b=2,-6;c=1,-15;d=5,-3$. 由此我们得到三个分数为 $\dfrac{3}{5},\dfrac{2}{5},\dfrac{1}{5}$.

4.1.16

令 $P(x)=x^3+ax^2+bx+c$,它的根为 t,u,v,$Q(x)=x^3+a^3x^2+b^3x+c^3$,它的根为 t^3,u^3,v^3. 由韦达定理,我们有

$$\begin{cases}t+u+v=-a\\tu+uv+vt=b,\\tuv=-c\end{cases}$$

且

$$\begin{cases}t^3+u^3+v^3=-a\\(tu)^3+(uv)^3+(vt)^3=b.\\(tuv)^3=-c^3\end{cases}$$

注意到

$$(t+u+v)^3=t^3+u^3+v^3+3(t+u+v)(tu+uv+vt)-3tuv,$$

即 $-a^3=-a^3-3ab+3c\Rightarrow c=ab$. 在这种情形下,$Q(x)$ 可以写为

$$Q(x)=x^3+a^3x^2+b^3x+(ab)^3=(x+a^3)(x^2+b^3).$$

此多项式有一个根 $x=-a$,为了另外两个根存在,必有 $b\leqslant 0$. 因此条件是

$$\begin{cases}ab=c\\b\leqslant 0\end{cases}.$$

4.1.17

注意到对任意实数 x 我们总有

$$[x] \leqslant x < [x] + 1.$$

令 $[x] = y$ 以及 $x - [x] = z$,我们有

$$z^2 + z - y^2 + y - \alpha = 0,$$

其中 y 是一个整数,而 $z \in [0, 1)$.

将 z 用 y 来表示得到

$$z = \frac{-1 \pm \sqrt{\Delta}}{2},\ \Delta = 1 + 4(y^2 - y + \alpha).$$

由于 $z \geqslant 0$,我们有

$$z = \frac{-1 + \sqrt{\Delta}}{2}. \tag{1}$$

所以 $0 \leqslant \frac{-1 + \sqrt{\Delta}}{2} < 1$,即

$$0 \leqslant y^2 - y + \alpha < 2. \tag{2}$$

如果 $x_1 > x_2$ 是所给方程的两个非负实根,那么 $y_1 > y_2$. 由式 (2) 可得

$$|y_1^2 - y_1 - y_2^2 + y_2| < 2,$$

即

$$(y_1 - y_2)|y_1 + y_2 - 1| < 2.$$

注意到 y_1, y_2 是整数,因此 $y_1 - y_2 \geqslant 1$. 上述不等式说明 $|y_1 + y_2 - 1| = 0$ 或 1.

对 $|y_1 + y_2 - 1| = 0$,有 $y_1 + y_2 = 1 \Rightarrow y_1 = 1, y_2 = 0$.

对 $|y_1 + y_2 - 1| = 1$,有 $y_1 + y_2 = 2$,因此 $y_1 = 2, y_2 = 0$,但这些数不满足 $(y_1 - y_2)|y_1 + y_2 - 1| < 2$.

因此,当原方程有两个相异的非负实根 $x_1 > x_2$ 时,$[x_1] = 1, [x_2] = 0$. 因此,

$$\begin{cases} x_1 = \dfrac{\sqrt{1 + 4\alpha} + 1}{2} \\ x_2 = \dfrac{\sqrt{1 + 4\alpha} - 1}{2} \end{cases}.$$

显然,此方程不可能有超过两个的相异根.

最后,由式 (2),α 的取值范围是 $0 \leqslant \alpha < 2$.

4.1.18

由算术–几何–调和平均值不等式,我们有

$$m_1^2+\cdots+m_k^2 \geqslant \left(\frac{m_1+\cdots+m_k}{k}\right)^2=\overline{m}^2,$$

以及

$$\left(\frac{1}{m_1}\right)+\left(\frac{1}{m_k}\right) \geqslant \left(\frac{\frac{1}{m_1}+\frac{1}{m_k}}{k}\right)^2 \geqslant \left(\frac{k}{m_1+\cdots+m_k}\right)^2=\frac{1}{\overline{m}^2}.$$

由此即得待证的不等式.

4.1.19

假定方程的三个有理根为 $\frac{u}{t},\frac{v}{t},\frac{w}{t}$,其中整数 u,v,w,t 并非全为偶数. 由韦达定理有

$$\begin{cases} u+v+w=2t \\ uv+vw+wu=-2t \end{cases},$$

这说明 $u^2+v^2+w^2=4t(t+1)$ 被 8 整除,那么 u,v,w 必然都是偶数,因此 t 是奇数.

然而,

$$\frac{t}{2}=-\frac{u}{2}\cdot\frac{v}{2}-\frac{v}{2}\cdot\frac{w}{2}-\frac{w}{2}\cdot\frac{u}{2}$$

也是整数,因此 t 是偶数,矛盾.

因此原方程不可能有三个相异的有理根.

4.1.20

设 $x_k=\max\{x_1,\cdots,x_n\}$,那么

$$\begin{aligned} \sum_{i=1}^{n-1} x_i x_{i+1} &= \sum_{i=1}^{k-1} x_i x_{i+1}+\sum_{i=k}^{n-1} x_i x_{i+1} \\ &\leqslant x_k \sum_{i=1}^{k-1} x_i + x_k \sum_{i=k}^{n-1} x_{i+1} \\ &= x_k(p-x_k) \leqslant \frac{p^2}{4}. \end{aligned}$$

等号成立当且仅当 $x_1=x_2=\frac{p}{2}, x_3=\cdots=x_n=0$,因此所求最大值就是 $\frac{p^2}{4}$.

4.1.21

令 $xz=yt=u,\ x+z=y-t=v$. 前两个方程分别相加减,可得

$$x^2+z^2=13,\ y^2+t^2=37.$$

因此

$$(x+z)^2=13+2u,\ (y-t)^2=37-2u. \tag{1}$$

此即为

$$\begin{cases} v^2 = 13 + 2u \\ v^2 = 37 - 2u \end{cases},$$

解得 $u = 6, v = \pm 5$. 由此可得

$$(x-z)^2 = x^2 + z^2 - 2xz = 13 - 2u = 1 \Rightarrow x - z = \pm 1, \tag{2}$$

以及

$$(y+t)^2 = y^2 + t^2 + 2yt = 37 + 2u = 49 \Rightarrow y + t = \pm 7. \tag{3}$$

且式 (1) 变为

$$(x+z)^2 = 25 \Leftrightarrow x + z = \pm 5, \tag{4}$$

以及

$$(y-t)^2 = 25 \Leftrightarrow y - t = \pm 5. \tag{5}$$

将式 (2) $\sim$ (5) 组合起来,得到所给方程组的八组解:

$$(3,6,2,1);\ (2,6,3,1);\ (3,-1,2,-6);\ (2,-1,3,-6);$$
$$(-3,-6,-2,-1);\ (-2,-6,-3,-1);\ (-3,1,-2,6);\ (-2,1,-3,6).$$

4.1.22

由于 $p \leqslant t_k \leqslant q$,我们有 $(t_k - p)(t_k - q) \geqslant 0(\forall k = 1, \cdots, n)$. 那么

$$\sum_{k=1}^{n}(t_k - p)(t_k - q) \leqslant 0,$$

即

$$\sum_{k=1}^{n} t_k^2 - (p+q)\sum_{k=1}^{n} t_k + npq \leqslant 0.$$

也即 $T - (p+q)\bar{t} + npq \leqslant 0$. 由此可得到

$$\frac{T}{\bar{t}^2} \leqslant \frac{-pq}{\bar{t}^2} + \frac{p+q}{\bar{t}} = -pq\left(\frac{1}{\bar{t}} - \frac{p+q}{2pq}\right)^2 + \frac{(p+q)^2}{4pq} \leqslant \frac{(p+q)^2}{4pq}.$$

等号成立当且仅当

$$(t_k - p)(t_k - q) = 0,\ \forall k = 1, \cdots, n,\ 且\ \bar{t} = \frac{2pq}{p+q}.$$

4.1.23

注意到 $\cos^2 45^\circ = \dfrac{1}{2}$,且

$$\frac{1}{\cos^2 10^\circ} = \frac{1}{\sin^2 80^\circ},$$

$$\frac{1}{\sin^2 20^\circ} = \frac{4\cos^2 20^\circ}{\sin^2 40^\circ} = \frac{2(1+\cos 40^\circ)}{\sin^2 40^\circ} = \frac{2(1+\cos 40^\circ)\cdot 4\cos^2 40^\circ}{\sin^2 80^\circ},$$

$$\frac{1}{\sin^2 40^\circ} = \frac{4\cos^2 40^\circ}{\sin^2 80^\circ}.$$

因此,

$$\begin{aligned}&\frac{1}{\cos^2 10^\circ} + \frac{1}{\sin^2 20^\circ}\\ =& \frac{1+2(1+\cos 40^\circ)\cdot 4\cos^2 40^\circ + 4\cos^2 40^\circ}{\sin^2 80^\circ}\\ =& \frac{1+(3+2\cos 40^\circ)\cdot 4\cos^2 40^\circ}{\cos^2 10^\circ}.\end{aligned}$$

因此,

$$\frac{1}{\cos^2 10^\circ} + \frac{1}{\sin^2 20^\circ} + \frac{1}{\sin^2 40^\circ} - \frac{1}{\cos^2 45^\circ} = 12 - 2 = 10.$$

4.1.24

由第一个方程得

$$t_1 - t_2 = a_1 - t_1.$$

将此式代入第二个方程,我们得到

$$t_2 - t_3 = a_2 + (t_1 - t_2) = a_1 + a_2 - t_1.$$

接下来,再将此式代入第三个方程得

$$t_3 - t_4 = a_3 + (t_2 - t_3) = a_1 + a_2 + a_3 - t_1,$$

一直继续下去,最后的两个方程为

$$t_{n-1} - t_n = a_{n-1} + (t_{n-2} - t_{n-1}) = a_1 + a_2 + \cdots + a_{n-1} - t_1,$$

和

$$t_n = a_n + (t_{n-1} - t_n) = a_1 + a_2 + \cdots + a_n - t_1,$$

因此,

$$\begin{aligned}t_n &= a_1 + \cdots + a_n - t_1,\\ t_{n-1} &= 2a_1 + \cdots + 2a_{n-1} + a_n - 2t_1,\\ t_{n-2} &= 3a_1 + \cdots + 3a_{n-2} + 2a_{n-1} - 3t_1,\\ &\vdots\\ t_2 &= (n-1)a_1 + (n-1)a_2 + (n-2)a_3 + \cdots + a_n - (n-1)t_1,\end{aligned}$$

$$t_1 = na_1 + (n-1)a_2 + \cdots + 2a_{n-1} + a_n - nt_1.$$

因此,方程的解为

$$\begin{aligned}
t_1 &= \frac{n}{n+1}a_1 + \frac{n-1}{n+1}a_2 + \cdots + \frac{2}{n+1}a_{n-1} + \frac{1}{n+1}a_n,\\
t_2 &= \frac{n-1}{n+1}a_1 + \frac{2(n-1)}{n+1}a_1 + \cdots + \frac{4}{n+1}a_{n-1} + \frac{2}{n+1}a_n,\\
&\vdots\\
t_{n-1} &= \frac{2}{n+1}a_1 + \frac{4}{n+1}a_2 + \cdots + \frac{2(n-1)}{n+1}a_{n-1} + \frac{n-2}{n+1}a_n,\\
t_n &= \frac{1}{n+1}a_1 + \frac{2}{n+1}a_2 + \cdots + \frac{n-1}{n+1}a_{n-1} + \frac{n}{n+1}a_n.
\end{aligned}$$

4.1.25

我们有

$$\begin{aligned}
S &= \cos 144^\circ + \cos 72^\circ = 2\cos 108^\circ \cos 36^\circ\\
&= -2\cos 72^\circ \cos 36^\circ = \frac{-2\cos 72^\circ \cos 36^\circ \sin 36^\circ}{\sin 36^\circ}\\
&= \frac{-\cos 72^\circ \sin 72^\circ}{\sin 36^\circ} = \frac{-\sin 144^\circ}{2\sin 36^\circ}\\
&= -\frac{1}{2},
\end{aligned}$$

以及

$$\begin{aligned}
P &= \cos 144^\circ \cdot \cos 72^\circ = -\cos 72^\circ \cos 36^\circ\\
&= \frac{-\cos 72^\circ \cos 36^\circ \sin 36^\circ}{\sin 36^\circ}\\
&= \frac{-\cos 72^\circ \sin 72^\circ}{2\sin 36^\circ} = \frac{-\sin 144^\circ}{4\sin 36^\circ}\\
&= -\frac{1}{4}.
\end{aligned}$$

因此,所求的方程为 $x^2 + \frac{1}{2}x - \frac{1}{4} = 0$,即 $4x^2 + 2x - 1 = 0$.

4.1.26

我们有 $1 > q > q^2 > \cdots > q^{p+1} > 0$. 由于 $q^{p+1} \leqslant s \leqslant 1$, 存在 t 使得 $q^{t+1} \leqslant s \leqslant q^t$. 那么对 $i \geqslant t+1$,我们有 $s \geqslant q^i$,因此,

$$\left|\frac{s-q^i}{s+q^i}\right| = \frac{s-q^i}{s+q^i}.$$

注意到

$$\frac{s-q^i}{s+q^i} - \frac{1-q^i}{1+q^i} = \frac{2q^i(s-1)}{(s+q^i)(s-q^i)} \leqslant 0,$$

我们有

$$\prod_{k=t+1}^{p}\left|\frac{s-q^k}{s+q^k}\right| \leqslant \prod_{k=t+1}^{p}\left|\frac{1-q^k}{1+q^k}\right|. \tag{1}$$

此外,对每个 $k=1,\cdots,t$,我们有

$$\left|\frac{s-q^{t-(k-1)}}{s+q^{t-(k-1)}}\right| = \frac{q^{t-(k-1)}-s}{q^{t-(k-1)}+s},$$

这意味着

$$\frac{q^{t-(k-1)}-s}{q^{t-(k-1)}+s} - \frac{1-q^k}{1+q^k} = \frac{2(q^{t+1}-s)}{q^{t-(k-1)}+s(1+q^k)} \leqslant 0,$$

因此

$$\prod_{k=t}^{p}\left|\frac{s-q^k}{s+q^k}\right| \leqslant \prod_{k=t}^{p}\left|\frac{1-q^k}{1+q^k}\right|. \tag{2}$$

由式 (1) 与 (2) 可得待证不等式.

4.1.27

由于

$$\frac{1}{2n-2k+1} - \frac{1}{2n-k+1} = \frac{k}{(2n-2k+1)(2n-k+1)},$$

我们有

$$\begin{aligned}
S &= \sum_{k=1}^{n}\frac{k}{(2n-2k+1)(2n-k+1)} \\
&= \sum_{k=1}^{n}\frac{1}{2n-2k+1} - \sum_{k=1}^{n}\frac{1}{2n-k+1} \\
&= \left(\frac{1}{1}+\frac{1}{3}+\frac{1}{5}+\cdots+\frac{1}{2n-1}\right) - \left(\frac{1}{n+1}+\frac{1}{n+2}+\cdots+\frac{1}{2n-1}+\frac{1}{2n}\right).
\end{aligned}$$

那么

$$\begin{aligned}
&T_n - S_n \\
&= \left(\frac{1}{2}+\frac{1}{2}+\frac{1}{3}+\cdots+\frac{1}{n}+\frac{1}{n+1}+\frac{1}{n+2}+\cdots+\frac{1}{2n-1}+\frac{1}{2n}\right) - \\
&\quad \left(\frac{1}{1}+\frac{1}{3}+\frac{1}{5}+\cdots+\frac{1}{2n-1}\right) \\
&= \frac{1}{2}\left(\frac{1}{1}+\frac{1}{2}+\frac{1}{3}+\cdots+\frac{1}{n}\right) \\
&= \frac{1}{2}T_n,
\end{aligned}$$

因此 $T_n = 2S_n$.

4.1.28

令 $x=\sqrt{2}+\sqrt[3]{3}$,那么有

$$x^2 = 2+2\sqrt{2}\sqrt[3]{3}+\sqrt[3]{9}, \tag{1}$$

以及

$$x^3 = 2\sqrt{2}+6\sqrt[3]{3}+3\sqrt{2}\sqrt[3]{9}+3. \tag{2}$$

由于 $\sqrt[3]{3}=x-\sqrt{2}$,由式 (1) 得

$$\begin{aligned}\sqrt[3]{9} &= x^2-2-2\sqrt{2}\sqrt[3]{3}\\ &= x^2-2-\sqrt{2}(x-\sqrt{2})\\ &= x^2+2-2x\sqrt{2}.\end{aligned}$$

将 $\sqrt[3]{3}$ 与 $\sqrt[3]{9}$ 的表达式代入式 (2) 得

$$x^3 = 2\sqrt{2}+6(x-\sqrt{2})+3\sqrt{2}(x^2+2-2x\sqrt{2})+3,$$

即

$$x^3+6x-3=\sqrt{2}(3x^2+2).$$

两边平方之后化简得

$$x^6-6x^4-6x^3+12x^2-36x+1=0,$$

这就是要求的多项式.

4.1.29

给定方程的 x 范围是 $|x|\leqslant 1$,我们可以令 $x=\cos y,\ y\in[0,\pi]$. 此时,左边可以写为

$$\begin{aligned}&\sqrt{1+\sin y}\left[\sqrt{(1+\cos y)^3}-\sqrt{(1-\cos y)^3}\right]\\ =&\sqrt{\left(\sin\frac{y}{2}+\cos\frac{y}{2}\right)}\left[\sqrt{\left(2\cos^2\frac{y}{2}\right)^3}-\sqrt{\left(2\sin^2\frac{y}{2}\right)^3}\right]\\ =&2\sqrt{2}\left(\sin\frac{y}{2}+\sin\frac{y}{2}\right)\left(\cos^3\frac{y}{2}-\sin^3\frac{y}{2}\right)\\ =&2\sqrt{2}\left(\sin\frac{y}{2}+\cos\frac{y}{2}\right)\left(\cos\frac{y}{2}-\sin\frac{y}{2}\right)\left(\cos^2\frac{y}{2}+\sin^2\frac{y}{2}+\sin\frac{y}{2}\cos\frac{y}{2}\right)\\ =&2\sqrt{2}\left(\sin\frac{y}{2}+\cos\frac{y}{2}\right)\left(\cos\frac{y}{2}-\sin\frac{y}{2}\right)\left(1+\frac{1}{2}\sin y\right)\\ =&2\sqrt{2}\left(\cos^2\frac{y}{2}-\sin^2\frac{y}{2}\right)\left(1+\frac{1}{2}\sin y\right)\end{aligned}$$

$$= 2\sqrt{2}\cos y\Big(1 + \frac{1}{2}\sin y\Big).$$

因此,所给方程等价于

$$2\sqrt{2}\cos y\Big(1 + \frac{1}{2}\sin y\Big) = 2\Big(1 + \frac{1}{2}\sin y\Big).$$

由于 $1 + \frac{1}{2}\sin y \neq 0$,所以 $\cos y = \frac{1}{\sqrt{2}}$,即 $x = \frac{\sqrt{2}}{2}$.

4.1.30

由所给方程,注意到 $t - [t] \neq 0$,且 $[t] = 0$ 不满足方程. 因此 t 必然不是整数,且 $[t] \neq 0$. 那么 $t \in (n, n+1)$ 对某个整数 n 成立,此时方程变为

$$0.9t = \frac{n}{t-n},$$

即

$$t^2 - nt - \frac{10}{9}n = 0.$$

由此解得

$$t_1 = \frac{n}{2} - \frac{1}{6}\sqrt{9n^2+40},\ t_2 = \frac{n}{2} + \frac{1}{6}\sqrt{9n^2+40}.$$

注意到 $t_1 < 0$,这不满足方程. 当 t_2 大于 n 时,必有 $t_2 < n+1$,由此可得 $n < 9$. 因此所给的方程有 8 个解:

$$t = \frac{n}{2} + \frac{1}{6}\sqrt{9n^2+40},\ n = 1, 2, \cdots, 8.$$

4.1.31

注意到 $x = 0$ 不是方程的根,因此可以将方程写为

$$16x^2 - mx + (2m+17) - \frac{m}{x} + \frac{16}{x^2} = 0,$$

即

$$16t^2 - mt + (2m-15) = 0,$$

其中 $t = x + \frac{1}{x}$,因此 $|t| \geqslant 2$.

由此,所给方程有四个相异实根,当且仅当二次函数 $f(t) = 16t^2 - mt + (2m-15)$ 有两个相异实根落在区间 $[-2, 2]$ 外,因为 $|t| = 2$ 时是两个相等的实根.

首先,为了有两个相异实根,我们必须满足

$$\begin{aligned}\Delta &= m^2 - 64(2m-15) > 0\\ &\Leftrightarrow (m-8)(m-120) > 0\\ &\Leftrightarrow m < 8,\ \text{或}\ m > 120.\end{aligned}$$

接下来，我们注意到 $f(2) = 16 \cdot 4 - 15 > 0$，因此要么 $t_1 < t_2 < -2$，要么 $2 < t_1 < t_2$. 第一种情形是不可能的，因为这种情形下，由韦达定理得

$$\frac{m}{16} = t_1 + t_2 < -4 \Leftrightarrow m < -64 \Rightarrow t_1 t_2 = \frac{2m - 15}{16} < 0,$$

这是不可能的.

因此我们得到 $2 < t_1 < t_2$，且方程

$$x + \frac{1}{x} = t_1,\ x + \frac{1}{x} = t_2$$

各有两个相异的正实根，我们分别将之记为 x_1, x_1' 和 x_2, x_2'.

注意到 $x_1 x_1' = x_2 x_2' = 1$，我们可以假定 $1 < x_1 < x_2$，这意味着 $1 > x_1' > x_2'$，那么有 x_2', x_1', x_1, x_2 构成一个递增的等比数列. 因此，

$$x_2 = (x_1)^3,\ x_2' = (x_1')^3,$$

这意味着

$$\begin{aligned} t_2 &= x_2 + \frac{1}{x_2} = x_2 + x_2' \\ &= (x_1)^3 + (x_1')^3 = (x_1 + x_1')[(x_1)^2 - x_1 x_1' + (x_1')^2] \\ &= (x_1 + x_1')[(x_1 + x_1')^2 - 3x_1 x_1'] \\ &= t_1[(t_1)^2 - 3]. \end{aligned}$$

那么

$$\frac{m}{16} = t_1 + t_2 = t_1[(t_1)^2 - 2],$$

因此

$$\begin{aligned} m &= 16t_1[(t_1)^2 - 2] = t_1[16(t_1)^2 - 32] \\ &= t_1[(mt_1 - 2m + 15) - 32] = m(t_1)^2 - (2m + 17)t_1, \end{aligned}$$

解得

$$m = \frac{17t_1}{(t_1)^2 - 2t_1 - 1}.$$

将此 m 的值代入方程 $f(t_1) = 16(t_1)^2 - mt_1 + 2m - 15 = 0$，我们得到

$$16(t_1)^4 - 31(t_1)^3 - 48(t_1)^2 + 16t_1 + 15 = 0.$$

记 $y = 2t_1$，我们有

$$y^4 - 4y^3 - 12y^2 + 32y + 15 = 0 \Leftrightarrow (y - 5)(y + 3)(y^2 - 2y - 1) = 0.$$

由此可知,唯一使得 $t_1 > 2$ 的 y 的可能值为 $y = 5$,因此 $t_1 = \frac{5}{2}$,于是 $m = 170$.

反过来,对 $m = 170$,方程 $16x^4 - 170x^3 + 357x^2 - 170x + 6 = 0$ 有四个不同的根 $\frac{1}{8}, \frac{1}{2}, 2, 8$,这显然构成了一个等比数列,公比 $r = 4$.

因此,原题的唯一解为 $m = 170$.

4.1.32

对每个 $i = 1, \cdots, n$,因为 $a_1 \geqslant \frac{1}{2}$,我们有判别式 $\Delta_i' = (2a_i)^2 - 4(a_i - 1)^2 = 4(2a_i - 1) \geqslant 0$. 因此不等式有解

$$\frac{a_1 - \sqrt{2a_1 - 1}}{2} \leqslant x \leqslant \frac{a_1 + \sqrt{2a_1 - 1}}{2}. \quad (1)$$

注意到

$$\max_{\frac{1}{2} \leqslant a_i \leqslant 5} \frac{a_1 + \sqrt{2a_1 - 1}}{2} = 4 \text{且} \min_{\frac{1}{2} \leqslant a_i \leqslant 5} \frac{a_1 - \sqrt{2a_1 - 1}}{2} = 0.$$

那么从式 (1) 可得 $0 \leqslant x_i \leqslant 4$,因此 $x_i^2 - 4x_i \leqslant 0$,因此

$$\sum_{i=1}^{n} x_i^2 - 4\sum_{i=1}^{n} x_i \leqslant 0,$$

即

$$\frac{1}{n}\sum_{i=1}^{n} x_i^2 \leqslant \frac{4}{n}\sum_{i=1}^{n} x_i.$$

此外,

$$\left(\frac{1}{n}\sum_{i=1}^{n} x_i - 1\right)^2 \geqslant 0,$$

等价地,

$$\left(\frac{1}{n}\sum_{i=1}^{n} x_i + 1\right)^2 \geqslant \frac{4}{n}\sum_{i=1}^{n} x_i.$$

因此

$$\frac{1}{n}\sum_{i=1}^{n} x_i^2 \leqslant \left(\frac{1}{n}\sum_{i=1}^{n} x_i + 1\right)^2.$$

4.1.33

对一种特殊情形 $x_1 = \cdots = x_{n-1} = 1$ 以及 $x_n = 2$, 我们得到 $(n-1) + 4 \geqslant 2(n-1)$,这说明 $n \leqslant 5$.

我们将此不等式写成一个关于 x_n 的二次函数:

$$x_n^2 - (x_1 + \cdots + x_{n-1})x_n + (x_1^2 + \cdots + x_{n-1}^2) \geqslant 0,\ \forall x_n,$$

这等价于

$$\Delta=(x_1+\cdots+x_{n-1})^2-4(x_1^2+\cdots+x_{n-1}^2)\leqslant 0. \tag{1}$$

对 $x_1,\cdots,x_{n-1}$ 和 $\underbrace{1,\cdots,1}_{n-1\text{个}}$ 由柯西–施瓦兹不等式,我们有

$$(1^2+\cdots+1^2)(x_1^2+\cdots+x_{n-1}^2)\geqslant(1\cdot x_1+\cdots+1\cdot x_{n-1})^2,$$

即

$$(n-1)(x_1^2+\cdots+x_{n-1}^2)\geqslant(x_1+\cdots+x_{n-1})^2,$$

由于 $n-1\leqslant 4$,所以式 (1) 得证.

因此 $n=2,3,4,5$.

4.1.34

注意到在 $k=t=0$ 时等号成立.

令

$$A_{t,k}=\sum_{i=1}^{n}\frac{(a_i)^{2^k}}{(S-a_i)^{2^t-1}}.$$

由柯西–施瓦兹不等式,

$$\begin{aligned}&(n-1)S^2\cdot A_{t,k}\geqslant A_{t-1,k-1}^2,\\&(n-1)S\cdot A_{t-1,k-1}\geqslant A_{t-2,k-2}^2,\\&\vdots\\&(n-1)S^2\cdot A_{1,k-t+1}\geqslant A_{0,k-t}^2.\end{aligned}$$

将上述的第 s ($1\leqslant s\leqslant t$) 个不等式取 t 次幂,并将所有的结果相乘,化简以后得到

$$(n-1)^{\sum\limits_{s=0}^{t-1}2^s}\cdot S^{\sum\limits_{s=0}^{t-1}2^s}\cdot A_{t,k}\geqslant(A_{0,k-1})^{2^t}.$$

进一步,由算术–几何平均值不等式有

$$\sqrt[2^{k-t}]{\frac{\sum\limits_{i=1}^{n}(a_i)^{2^{k-t}}}{n}}\geqslant\frac{S}{n}.$$

注意到 $A_{0,k-t}=\sum\limits_{i=1}^{n}(a_i)^{2^{k-t}}$,这时我们有

$$(n-1)^{2^t-1}\cdot S^{2^t-1}\cdot A_{t,k}\geqslant\frac{S^{2^k}}{n^{2^k-2^t}},$$

待证不等式得证,等号成立当且仅当 $a_1=\cdots=a_n$.

于是原题得证,且等号在 $k = t = 0$ 或者 $a_1 = \cdots = a_n$ 成立.

4.1.35

设 $x_1, \cdots, x_n$ 是此多项式的 n 个实根,由韦达定理我们有

$$\sum_{i=1}^{n} x_i = n,$$

$$\sum_{\substack{i,j=1 \\ i<j}} x_i x_j = \frac{n^2 - n}{2}.$$

那么

$$\sum_{i=1}^{n} x_i^2 = \left(\sum_{i=1}^{n} x_i\right)^2 - 2\sum_{\substack{i,j=1 \\ i<j}} x_i x_j = n^2 - n^2 + n = n$$

且

$$\sum_{i=1}^{n}(x_i - 1)^2 = \sum_{i=1}^{n} x_i^2 - 2\sum_{i=1}^{n} x_i + n = n - 2n + n = 0.$$

上述等式说明对所有 i 均有 $x_i = 1$,那么 $P(x) = (x-1)^n$. 因此系数为

$$a_k = (-1)^k \binom{n}{k},\ k = 0, 1, \cdots, n.$$

4.1.36

注意到对所有实数 t 均有 $|\sin t| \leqslant |t|$,于是我们有

$$\begin{aligned}\left|\sum_{k=0}^{n} \frac{\sin(\alpha + k)x}{N + k}\right| &\leqslant \sum_{k=0}^{n} \frac{|\sin(\alpha + k)x|}{N + k} \leqslant \sum_{k=0}^{n} \frac{(\alpha + k)|x|}{N + k} \\ &\leqslant \sum_{k=0}^{n} |x| = (n+1)|x|.\end{aligned}$$

现在我们来证明

$$\left|\sum_{k=0}^{n} \frac{\sin(\alpha + k)x}{N + k}\right| \leqslant \frac{1}{N|\sin\frac{x}{2}|}.$$

如果 $x = 2k\pi$ ($k \in \mathbb{Z}$),那么 $\sin\dfrac{x}{2} = 0$,不等式总是成立的.

如果 $x = 2k\pi$ ($k \in \mathbb{Z}$),那么 $\sin\dfrac{x}{2} \neq 0$. 利用下面的阿贝尔(Abel)变换:

$$\sum_{i=0}^{n} a_i b_i = \sum_{i=0}^{n-1} A_i(b_i - b_{i+1}) + A_n b_n,$$

其中 $A_i = a_0 + \cdots + a_i$,我们有

$$\sum_{k=0}^{n} \frac{\sin(\alpha + k)x}{N + k} = \sum_{k=0}^{n-1} S_k \left(\frac{1}{N + k} - \frac{1}{N + k + 1} \right) + S_n \frac{1}{N + n},$$

其中

$$S_k = \sum_{i=0}^{k} \sin(\alpha + i)x.$$

那么

$$\begin{aligned} \left| \sum_{k=0}^{n} \frac{\sin(\alpha + k)x}{N + k} \right| &= \left| \sum_{k=0}^{n-1} S_k \left(\frac{1}{N + k} - \frac{1}{N + k + 1} \right) + S_n \frac{1}{N + n} \right| \\ &\leqslant \max_{0 \leqslant k \leqslant n} |S_k| \left[\sum_{k=0}^{n-1} \left(\frac{1}{N + k} - \frac{1}{N + k + 1} \right) + \frac{1}{N + n} \right] \\ &= \frac{1}{N} \max_{0 \leqslant k \leqslant n} |S_k| \end{aligned}$$

. 注意到

$$|S_k| = \left| \sum_{i=0}^{k} \sin(\alpha + i)x \right| = \left| \frac{\sin\left(\alpha x + \frac{kx}{2}\right) \sin \frac{(k+1)x}{2}}{\sin \frac{x}{2}} \right| \leqslant \frac{1}{|\sin \frac{x}{2}|}$$

对所有的 $0 \leqslant k \leqslant n$ 成立,所以我们得到

$$\left| \sum_{k=0}^{n} \frac{\sin(\alpha + k)x}{N + k} \right| \leqslant \frac{1}{N |\sin \frac{x}{2}|}.$$

这就完成了证明.

4.1.37

注意到

$$\frac{3k + 1}{3k} + \frac{3k + 2}{3k + 1} + \frac{3k + 3}{3k + 2} = 3 + \frac{1}{3k} + \frac{1}{3k + 1} + \frac{1}{3k + 2}$$

且

$$\frac{3k + 1}{3k} \frac{3k + 2}{3k + 1} \frac{3k + 3}{3k + 2} = \frac{k + 1}{k},$$

由算术–几何平均值不等式,我们有

$$3 + \frac{1}{3k} + \frac{1}{3k + 1} + \frac{1}{3k + 2} > 3 \sqrt[3]{\frac{k + 1}{k}}.$$

那么

$$3 \sum_{k=1}^{n} \sqrt[3]{\frac{k + 1}{k}} < \sum_{k=1}^{n} \left(3 + \frac{1}{3k} + \frac{1}{3k + 1} + \frac{1}{3k + 2} \right),$$

因此

$$\begin{aligned}\sum_{k=1}^{995}\sqrt[3]{\frac{k+1}{k}}-\frac{1\,989}{2}&<995-\frac{1\,989}{2}+\sum_{k=1}^{995}\frac{1}{3}\left(\frac{1}{3k}+\frac{1}{3k+1}+\frac{1}{3k+2}\right)\\&=\frac{1}{2}\left(\frac{1}{9}+\frac{1}{12}+\cdots+\frac{1}{8\,961}\right)\\&=\frac{1}{3}+\frac{1}{6}+\left(\frac{1}{9}+\frac{1}{12}+\cdots+\frac{1}{8\,961}\right).\end{aligned}$$

4.1.38

设 $x_1,x_2,\cdots,x_{10}$ 是 $P(x)$ 的 10 个根,由韦达定理有

$$\sum_{i=1}^{10}x_i=10,$$

$$\sum_{\substack{i,j=1\\i<j}}^{10}x_ix_j=39.$$

由于

$$\left(\sum_{i=1}^{10}x_i\right)^2=\sum_{i=1}^{10}x_i^2+2\sum_{\substack{i,j=1\\i<j}}^{10}x_ix_j,$$

我们得到

$$\sum_{i=1}^{10}x_i^2=100-2\cdot 39=22.$$

此外,

$$\sum_{i=1}^{10}(x_i-1)^2=\sum_{i=1}^{10}x_i^2-2\sum_{i=1}^{10}x_i^2+\sum_{i=1}^{10}1=22-2\cdot 10+10=12,$$

这说明 $(x_i-1)^2\leqslant 12<3.5^2, 1\leqslant i\leqslant 10$,因此 $-2.5<x_i<4.5, \forall i=1,\cdots,10$.

4.1.39

令 $y_i=1-x_i$,我们有 $0\leqslant y_i\leqslant 2$ 且 $\sum\limits_{i=1}^{n}y_i=3$,那么

$$x_1^2+\cdots+x_n^2\leqslant n-1\Leftrightarrow\sum_{i=1}^{n}y_i^2\leqslant 5.$$

注意到至多存在两个 y_i 大于 1,那么有下面几种情形:

$0\leqslant y_i\leqslant 1, \forall i=1,\cdots,n$,在这种情形下,$y_i^2\leqslant y_i$,于是

$$\sum_{i=1}^{n}y_i^2\leqslant\sum_{i=1}^{n}y_i=3<5.$$

只有一个 $y_i > 1$,不妨设 $y_1 > 1$,此时,

$$\sum_{i=1}^{n} y_i^2 \leqslant y_1^2 + \sum_{i=2}^{n} y_i = y_1(y_1-1) + \sum_{i=1}^{n} y_i \leqslant 2\cdot 1 + 3 = 5.$$

有两个 $y_i > 1$,不妨设 $y_1, y_2 > 1$. 此时

$$\begin{aligned}\sum_{i=1}^{n} y_i^2 &\leqslant y_1^2 + y_2^2 + \sum_{i=3}^{n} y_i \\ &= y_1(y_1-1) + y_2(y_2-1) + \sum_{i=1}^{n} y_i \\ &\leqslant 2(y_1-1) + 2(y_2-1) + 3 \\ &= 2(y_1+y_2) - 1 \\ &\leqslant 2\cdot 3 - 1 = 5.\end{aligned}$$

4.1.40

注意到对 $n > 1$ 有 $0 < \frac{\sqrt[n]{n}}{n} < 1$,由算术–几何平均值不等式,我们有

$$\frac{\overbrace{1+\cdots+1}^{(n-1)个} + \left(1+\frac{\sqrt[n]{n}}{n}\right)}{n} > \sqrt[n]{1+\frac{\sqrt[n]{n}}{n}}$$

以及

$$\frac{\overbrace{1+\cdots+1}^{(n-1)个} + \left(1-\frac{\sqrt[n]{n}}{n}\right)}{n} > \sqrt[n]{1-\frac{\sqrt[n]{n}}{n}}.$$

将这两个不等式结合起来就得到待证的不等式.

4.1.41

对 $x \geqslant 0$,我们发现 $P(x) \geqslant 1 > 0$. 因此要证明结论,只需对 $x \in \left(\frac{1-\sqrt{5}}{2}, 0\right)$ 证明 $P(x) > 0$ 即可.

自然,对 $x < 0, x \neq 1$ 我们有

$$\begin{aligned}P(x) &\geqslant 1 + x + x^3 + x^5 + \cdots + x^{1\,991} \\ &= 1 + x\frac{1-x^{996}}{1-x^2} = \frac{1-x^2+x-x^{997}}{1-x^2}.\end{aligned}$$

注意到如果 $x \in \left(\frac{1-\sqrt{5}}{2}, 0\right)$,那么 $1-x^2 > 0, -x^{997} > 0, 1-x^2+x > 0$,所以 $P(x) > 0$,待证结论成立.

4.1.42

由柯西–施瓦兹不等式我们有

$$(4xv+3yu)^2=\left(x\sqrt{2}\cdot 2v\sqrt{2}+y\sqrt{3}\cdot u\sqrt{3}\right)^2$$
$$\leqslant (2x^2+3y^2)(8v^2+3u^2)=60,$$

由此得到

$$4xv+3yu\leqslant 2\sqrt{15}.$$

将此式结合 $4xv+3yu\geqslant 2\sqrt{15}$ 得到 $4xv+3yu=2\sqrt{15}$,等号成立当且仅当

$$\frac{x\sqrt{2}}{2v\sqrt{2}}=\frac{y\sqrt{3}}{u\sqrt{3}},$$

这说明 xv 和 yu 必然都为正,那么

$$\frac{2x^2}{8v^2}=\frac{3y^2}{3u^2}=\frac{2x^2+3y^2}{8v^2+3u^2}=\frac{10}{6},$$

因此 $x=\dfrac{2v\sqrt{5}}{\sqrt{3}}, y=\dfrac{u\sqrt{5}}{\sqrt{3}}$. 于是

$$S=x+y+u=\frac{2v\sqrt{5}}{\sqrt{3}}+\left(\frac{\sqrt{5}}{\sqrt{3}}+1\right)u.$$

再次应用柯西–施瓦兹不等式,我们有

$$S^2=\left(\frac{\sqrt{5}}{\sqrt{6}}\cdot 2v\sqrt{2}+\frac{\sqrt{5}+\sqrt{3}}{3}\cdot u\sqrt{3}\right)$$
$$\leqslant\left(\frac{5}{6}+\frac{8+2\sqrt{15}}{9}\right)(8v^2+3u^2)=\frac{31+4\sqrt{15}}{3},$$

由此得

$$-\sqrt{\frac{31+4\sqrt{15}}{3}}\leqslant S\leqslant\sqrt{\frac{31+4\sqrt{15}}{3}}.$$

且 $S=\sqrt{\dfrac{31+4\sqrt{15}}{3}}$ 在 $u_1=\sqrt{\dfrac{16+4\sqrt{15}}{23+2\sqrt{15}}}, v_1=\sqrt{\dfrac{45}{92+8\sqrt{15}}}$ 处取到，此时 $x_1=\dfrac{2v_1\sqrt{5}}{\sqrt{3}}, y_1=\dfrac{u_1\sqrt{5}}{\sqrt{3}}$.

类似地，$S=-\sqrt{\dfrac{31+4\sqrt{15}}{3}}$ 在 $u_2=-u_1, v_2=-v_1$ 处取到，此时 $x_2=\dfrac{2v_2\sqrt{5}}{\sqrt{3}}=-\dfrac{2v_1\sqrt{5}}{\sqrt{3}}, y_2=\dfrac{u_2\sqrt{5}}{\sqrt{3}}=-\dfrac{u_1\sqrt{5}}{\sqrt{3}}$.

因此 S 的最小值和最大值分别为 $-\sqrt{\dfrac{31+4\sqrt{15}}{3}}$ 和 $\sqrt{\dfrac{31+4\sqrt{15}}{3}}$.

4.1.43

将所给方程重新写为

$$60T(x)=60(x^2-3x+3)P(x)=(3x^2-4x+5)Q(x).$$

由于多项式 $60(x^2-3x+3)$ 和 $3x^2-4x+5$ 没有实根,它们是互素的. 那么要想存在多项式 $P(x),Q(x),T(x)$ 满足题意,等价于存在多项式 $S(x)$ 使得

$$60(x^2-3x+3)S(x),\ (3x^2-4x+5)S(x)$$

和

$$(3x^2-4x+5)(x^2-3x+3)S(x)$$

都是正整数系数的多项式.

我们利用 $(x+1)^n$ 来找到这样的 $S(x)$.

取 n 使得 $P_1(x)=(3x^2-4x+5)(x+1)^n$ 是一个正整数系数的多项式,我们有

$$\begin{aligned}P_1(x)=&3x^{n+2}+\left[3\binom{n}{1}-4\right]x^{n+1}+\\&\sum_{k=1}^{n-1}\left\{3\binom{n}{k+1}-4\binom{n}{k}+4\binom{n}{k-1}+\right.\\&\left.\left[5\binom{n}{n-1}-4\right]x+5\right\}x^{n-k+1}.\end{aligned}$$

注意到对所有的 $n\geqslant 2$, $3\binom{n}{1}-4$ 和 $5\binom{n}{n-1}-4$ 都是正整数. 当 $1\leqslant k\leqslant n$ 时, x^{n-k+1} 的系数是正整数当且仅当

$$3\binom{n}{k+1}-4\binom{n}{k}+5\binom{n}{k-1}>0,$$

此即为

$$12k^2-2(5n-1)k+3n^2-n-4>0,\ \forall\, k=1,2,\cdots,n-1.$$

在这种情形下,我们必有 $\Delta=11n^2-2n-49>0$,这对所有的 $n\geqslant 3$ 都成立.

类似地, $Q_1(x)=(x^2-3x+3)(x+1)^n$ 对所有的 $n\geqslant 15$ 都是正整数系数.

根据以上讨论,我们得到 $S(x)=(x+1)^{18}$ 满足所需的条件,因此待求的多项式就可以选择了,比如

$$P(x)=(3x^2-4x+5)(x+1)^{18},$$

$$Q(x) = 60(x^2 - 3x + 3)(x + 1)^{18},$$
$$T(x) = (3x^2 - 4x + 5)(x^2 - 3x + 3)(x + 1)^{18}.$$

4.1.44

首先有 $x \geqslant -1$. 将所给方程写为

$$x^3 - 3x^2 - 8x + 40 = 8\sqrt[4]{4x+4},\ x \geqslant -1.$$

对右边,由算术–几何平均值不等式,我们有

$$\begin{aligned} 8\sqrt[4]{4x+4} &= \sqrt[4]{2^4 \cdot 2^4 \cdot 2^4 \cdot (4x+4)} \\ &\leqslant \frac{2^4 + 2^4 + 2^4 + (4x+4)}{4} = x + 13. \end{aligned}$$

等号成立当且仅当 $2^4 = 4x + 4 \Leftrightarrow x = 3$.

我们证明左边的式子满足不等式

$$x^3 - 3x^2 - 8x + 40 \geqslant x + 13,\ x \geqslant -1.$$

这等价于 $(x-3)^2(x+3) \geqslant 0$,这是成立的,且等号只在 $x = 3$ 处取到.

因此

$$8\sqrt[4]{4x+4} \leqslant x + 13 \leqslant x^3 - 3x^2 - 8x + 40,$$

等号成立当且仅当 $x = 3$,显然这是方程唯一的解.

4.1.45

首先有 $x > 0, y > 0$,且方程组等价于

$$\begin{cases} 1 + \dfrac{1}{x+y} = \dfrac{2}{\sqrt{3x}} \\ 1 - \dfrac{1}{x+y} = \dfrac{4\sqrt{2}}{\sqrt{7y}} \end{cases} \Leftrightarrow \begin{cases} \dfrac{1}{x+y} = \dfrac{1}{\sqrt{3x}} - \dfrac{2\sqrt{2}}{\sqrt{7y}} \\ 1 = \dfrac{1}{\sqrt{3x}} + \dfrac{2\sqrt{2}}{\sqrt{7y}} \end{cases}.$$

将两式相乘得

$$\frac{1}{x+y} = \frac{1}{3x} - \frac{8}{7y},$$

即 $(y - 6x)(7y + 4x) = 0$,由于 $x, y > 0$,所以 $y = 6x$.

将 $y = 6x$ 代入方程组,我们得到 $\sqrt{x} = \dfrac{2+\sqrt{7}}{\sqrt{21}}$,于是方程组的唯一解为

$$x = \frac{11 + 4\sqrt{7}}{21},\ y = \frac{22 + 8\sqrt{7}}{7}.$$

4.1.46

令

$$\begin{cases} p = a+b+c+d, \\ q = ab+ac+ad+bc+bd+cd, \\ r = abc+bcd+cda+dab, \\ s = abcd. \end{cases}$$

由韦达定理,四个非负数 a,b,c,d 是多项式 $P(x)=x^4-px^3+qx^2-rx+s$ 的根,那么 $P'(x)=4x^3-3px^2+2qx-r$ 有三个非负根 α,β,γ.

再次由韦达定理我们有

$$\begin{cases} \alpha+\beta+\gamma = \dfrac{3}{4}p, \\ \alpha\beta+\beta\gamma+\gamma\alpha = \dfrac{1}{2}q, \\ \alpha\beta\gamma = \dfrac{1}{4}r. \end{cases}$$

此时,我们可将题设写为

$$2(ab+ac+ad+bc+bd+cd)+abc+abd+acd+bcd=16 \Leftrightarrow 2q+r=16,$$

即

$$\alpha\beta+\beta\gamma+\gamma\alpha+\alpha\beta\gamma=4.$$

那么问题约化为

$$\alpha+\beta+\gamma \geqslant \alpha\beta+\beta\gamma+\gamma\alpha,$$

我们来证明这个不等式.

不失一般性,我们可以假定 $\gamma=\min\{\alpha,\beta,\gamma\}$. 由于 $\alpha,\beta>0$,我们有

$$\alpha+\beta+\alpha\beta>0,$$

且

$$\gamma=\frac{4-\alpha\beta}{\alpha+\beta+\alpha\beta}.$$

那么

$$\begin{aligned} &\alpha+\beta+\gamma-(\alpha\beta+\beta\gamma+\gamma\alpha) \\ =&\alpha+\beta+\gamma+\alpha\beta\gamma-(\alpha\beta+\beta\gamma+\gamma\alpha+\alpha\beta\gamma) \\ =&\alpha+\beta+\gamma+\alpha\beta\gamma-4 \\ =&\alpha+\beta+\frac{4-\alpha\beta}{\alpha+\beta+\alpha\beta}+\frac{\alpha\beta(4-\alpha\beta)}{\alpha+\beta+\alpha\beta}-4 \end{aligned}$$

$$= \frac{(\alpha+\beta)^2 - 4(\alpha+\beta) + 4 + \alpha\beta(\alpha+\beta-\alpha\beta-1)}{\alpha+\beta+\alpha\beta}$$
$$= \frac{(\alpha+\beta-2)^2 - \alpha\beta(\alpha-1)(\beta-1)}{\alpha+\beta+\alpha\beta}.$$

由于 $\alpha+\beta+\alpha\beta>0$,只需要证明

$$M = (\alpha+\beta-2)^2 - \alpha\beta(\alpha-1)(\beta-1) \geqslant 0.$$

有两种情形.

- 如果 $(\alpha-1)(\beta-1) \leqslant 0$,那么 $M \geqslant 0$,等号成立当且仅当 $\alpha=\beta=1$,因此 $\gamma=1$.
- 如果 $(\alpha-1)(\beta-1)>0$,那么

$$(\alpha+\beta-2)^2 = [(\alpha-1)^2 + (\beta-1)^2] \geqslant 4(\alpha-1)(\beta-1).$$

且从

$$\gamma = \frac{4-\alpha\beta}{\alpha+\beta+\alpha\beta}.$$

可知 $\alpha\beta \leqslant 4$,那么

$$(\alpha+\beta-2)^2 \geqslant \alpha\beta(\alpha-1)(\beta-1),$$

即 $M \geqslant 0$. 等号成立当且仅当 $\gamma=0$ 且 $\alpha=\beta=2$.

4.1.47

注意到 $u\sqrt[3]{3}+v\sqrt[3]{9}=0, u,v\in\mathbb{Q}$,那么 $u=v=0$.

(1) 考虑多项式 $P(x)=ax+b, a,b\in\mathbb{Q}$. 如果 $P(x)$ 满足题意, 即 $a(\sqrt[3]{3}+\sqrt[3]{9})+b=3+\sqrt[3]{3}$,那么 $(a-1)\sqrt[3]{3}+a\sqrt[3]{9}=3-b\in\mathbb{Q}$,于是 $a=0=a-1$,这是不可能的,因此不存在这样的线性多项式.

现在考虑二次函数 $P(x)=ax^2+bx+c, a,b,c\in\mathbb{Q}$. 那么 $f(\sqrt[3]{3}+\sqrt[3]{9})=3+\sqrt[3]{3}$ 等价于

$$(a+b)\sqrt[3]{9}+(3a+b)\sqrt[3]{3}+6a+c=3+\sqrt[3]{3},$$

于是

$$\begin{cases} a+b=0, \\ 3a+b=1, \\ 6a+c=3. \end{cases}$$

解得 $a=\dfrac{1}{2}, b=-\dfrac{1}{2}, c=0$. 因此 $P(x)=\dfrac{1}{2}(x^2-x)$ 是唯一的解.

(2) 令 $s=\sqrt[3]{3}+\sqrt[3]{9}$,我们有 $s^3=9s+12$,这说明多项式 $G(x)=x^3-9x-12$ 以 s 作为一个根.

假定存在一个次数 $n \geqslant 3$ 的整系数多项式 $P(x)$ 满足 $P(s)=3+\sqrt[3]{3}$,那么由带余除法,我们有

$$P(x)=G(x)\cdot Q(x)+R(x),$$

其中 $Q(x)$ 和 $R(x)$ 是整系数多项式,且 $\deg R<3$. 此时,

$$P(s)=G(s)\cdot Q(s)+R(s)=0\cdot Q(s)+R(s)=R(s),$$

即 $R(s)=3+\sqrt[3]{3}$,这是不可能的,因为 (1) 中说明知存在唯一的次数不超过 2 的有理系数多项式满足题中的条件,即 $\frac{1}{2}(x^2-x)$.

因此不存在这样的多项式 $P(x)$.

4.1.48

将所给方程写为

$$\frac{1\,998}{x_1+1\,998}+\frac{1\,998}{x_2+1\,998}+\cdots+\frac{1\,998}{x_n+1\,998}=1.$$

令 $y_i=\frac{x_i}{1\,998}$ ($i=1,\cdots,n$),我们得到

$$\frac{1}{1+y_1}+\frac{1}{1+y_2}+\cdots+\frac{1}{1+y_n}=1. \tag{1}$$

注意到对所有 i 都有 $x_i,y_i>0$,那么有

$$\frac{\sqrt[n]{x_1\cdots x_n}}{n-1}\geqslant 1\,998 \Leftrightarrow x_1\cdots x_n\geqslant 1\,998^n(n-1)^n,$$

即

$$y_1\cdots y_n\geqslant (n-1)^n. \tag{2}$$

那么原问题等价于:如果 n 个正数 $y_1,\cdots,y_n$ 满足式 (1),那么式 (2) 成立.

再令 $z_i=\frac{1}{1+y_i}$ ($i=1,\cdots,n$),我们有 $\sum_{i=1}^{n}z_i=1, 0<z_i<1$. 令 $P=\prod_{i=1}^{n}z_i$,由算术–几何平均值不等式,我们有

$$\begin{aligned}1-z_i&=\sum_{j=1,j\neq i}^{n}z_j\geqslant(n-1)\sqrt[n-1]{\prod_{j=1,j\neq i}^{n}z_j}\\&=(n-1)\left(\frac{P}{z_i}\right)^{\frac{1}{n-1}},\end{aligned}$$

这说明

$$\prod_{i=1}^{n}y_i=\prod_{i=1}^{n}\frac{1-z_i}{z_i}=\frac{1}{P}\prod_{i=1}^{n}(1-z_i)$$

$$
\begin{aligned}
&= \frac{1}{P}\left[(n-1)\left(\frac{P}{z_i}\right)^{\frac{1}{n-1}}\right] \\
&= \frac{1}{P}(n-1)^n \frac{P^{\frac{n}{n-1}}}{\prod\limits_{i=1}^{n} z_i^{\frac{1}{n-1}}} \\
&= (n-1)^n \frac{P^{\frac{n}{n-1}}}{P^{\frac{n}{n-1}}} \\
&= (n-1)^n.
\end{aligned}
$$

等号成立当且仅当 $z_1 = \cdots = z_n$，即 $y_1 = \cdots = y_n$，也就是 $x_1 = \cdots = x_n = 1\,998(n-1)$.

4.1.49

我们证明一个一般情形,将 1 998 换成一个一般的正整数 k.

令 $P(x) = \sum\limits_{i=0}^{m} a_i x^i (a_m \neq 0)$. 那么 $P(x^k - x^{-k}) = x^n - x^{-n}$ 等价于

$$
\sum_{i=0}^{m} a_i \frac{(x^{2k}-1)^i}{x^{ki}} = \frac{x^{2n}-1}{x^n}, \tag{1}
$$

即

$$
\sum_{i=0}^{m} a_i x^n (x^{2k}-1) x^{k(m-i)} = x^{km}(x^{2n}-1),\ \forall x \neq 0.
$$

上式左边的多项式次数为 $n + 2km$,而右边的次数为 $2n + km$,因此 $n = km$.

现在我们来证明 m 必为奇数. 否则,我们假定 m 是偶数. 令 $y = x^k$,我们可以将给定方程写为

$$
P\left(y - \frac{1}{y}\right) = y^m - \frac{1}{y^m},\ \forall y \neq 0. \tag{2}
$$

分别将 $y = 2$ 和 $y = -\frac{1}{2}$ 代入式 (2),我们得到

$$
P\left(\frac{3}{2}\right) = 2^m - \frac{1}{2^m} > 0 \text{ 且 } P\left(\frac{3}{2}\right) = \frac{1}{2^m} - 2^m < 0,
$$

这是矛盾的.

因此如果存在一个多项式满足条件,那么必有 $n = km$,且 m 是奇数.

我们现在证明上述条件也是充分的. 假定 $n = km$,其中 m 为奇数. 令 $y = x^k$,我们通过对 m 进行归纳,证明存在一个多项式 $P(x)$ 满足式 (2).

对 $m = 1$, 我们可以发现 $P_1(y) = y$ 满足式 (2). 如果 $m = 3$, 那么 $P_3(y) = y^3 + 3y$ 满足式 (2). 假定我们有 $P_1, P_3, \cdots, P_m$ 满足式 (2). 考虑

$$
P_{m+2}(x) = (x^2 + 2)P_m(x) - P_{m-2}(x).
$$

由归纳假设,注意到 $y \neq 0$,我们有

$$\begin{aligned}P_{m+2}\left(y-\frac{1}{y}\right) &= \left[\left(y-\frac{1}{y}\right)^2+2\right]P_m\left(y-\frac{1}{y}\right)-P_{m-2}\left(y-\frac{1}{y}\right)\\ &= \left(y^2+\frac{1}{y^2}\right)\left(y^m-\frac{1}{y^m}\right)-\left(y^{m-2}-\frac{1}{y^{m-2}}\right)\\ &= y^{m+2}-\frac{1}{y^{m+2}}, y \neq 0.\end{aligned}$$

由归纳法可知充分性成立.

现在回到原题,答案为 $n = 1\,998m$,其中 m 为奇数.

4.1.50

由所给方程有 $y^2 + 2x > 0$. 令 $z = 2x - y$,第一个方程可写为

$$(1+4^z)\cdot 5^{1-z} = 1+2^{1+z},$$

即

$$\frac{1+4^z}{5^z} = \frac{1+2^{z+1}}{5}.$$

注意到上式左边是单调递减的,而右边是单调递增的,且 $z = 1$ 是一个解,因而这是第一个方程唯一的解.

因此 $2x - y = 1$,即 $x = \dfrac{y+1}{2}$,将此式代入第二个方程我们得到

$$y^3+2y+3+\ln(y^2+y+1) = 0.$$

上式左边是单调递增的,且 $y = -1$ 是一个解,因此它是唯一的解.

于是原方程的唯一解为 $(x, y) = (0, -1)$.

4.1.51

将所给条件写为

$$a\frac{1}{b}+\frac{1}{b}c+ca = 1.$$

由于 $a, b, c > 0$,那么存在 $A, B, C \in (0, \pi)$ 使得 $A + B + C = \pi$ 且 $a = \tan\dfrac{A}{2}, \dfrac{1}{b} = \tan\dfrac{B}{2}, c = \tan\dfrac{C}{2}$.

注意到

$$1+\tan^2 x = \frac{1}{\cos^2 x}, 1+\cos 2x = 2\cos^2 x, 1-\cos 2x = 2\sin^2 x,$$

我们有

$$P = 2\cos^2\frac{A}{2}-2\sin^2\frac{B}{2}+3\cos^2\frac{C}{2}$$

$$
\begin{aligned}
&= (1+\cos A)-(1-\cos B)+3\left(1-\sin^2\frac{C}{2}\right)\\
&= -3\sin^2\frac{C}{2}+2\sin\frac{C}{2}\cos\frac{A-B}{2}+3\\
&= -3\left(\sin\frac{C}{2}-\frac{1}{3}\cos\frac{A-B}{2}\right)+\frac{1}{3}\cos^2\frac{A-B}{2}+3.
\end{aligned}
$$

这说明

$$P \leqslant \frac{1}{3}\cos^2\frac{A-B}{2}+3 \leqslant \frac{1}{3}+3=\frac{10}{3},$$

等号成立当且仅当

$$\begin{cases}\sin\dfrac{C}{2}=\dfrac{1}{3}\cos\dfrac{A-B}{2}\\ \cos\dfrac{A-B}{2}=1\end{cases} \Leftrightarrow \begin{cases}A=B\\ \sin\dfrac{C}{2}=\dfrac{1}{3}\end{cases}.$$

4.1.52

我们有

$$\frac{2}{5} \leqslant z \leqslant \min\{x, y\} \Rightarrow \frac{1}{z} \leqslant \frac{5}{2}, \frac{z}{x} \leqslant 1.$$

且

$$xz \geqslant \frac{4}{15} \Rightarrow \frac{1}{xz} \leqslant \frac{15}{4},$$

即

$$\frac{1}{\sqrt{x}} \leqslant \frac{\sqrt{15}}{2}\sqrt{z}.$$

由这些事实可得

$$
\begin{aligned}
\frac{1}{x}+\frac{1}{z} &= \frac{2}{x}+\frac{1}{z}-\frac{1}{x}\\
&= \frac{2}{\sqrt{x}}\frac{1}{\sqrt{x}}+\frac{1}{z}\left(1-\frac{z}{x}\right)\\
&\leqslant \frac{2}{\sqrt{x}}\frac{\sqrt{15}}{2}\sqrt{z}+\frac{5}{2}\left(1-\frac{z}{x}\right).
\end{aligned}
$$

进一步,由算术–几何平均值不等式,我们有

$$\frac{2}{\sqrt{x}}\frac{\sqrt{15}}{2}\sqrt{z}=2\sqrt{\frac{3}{2}\cdot\frac{5z}{2x}} \leqslant \frac{3}{2}+\frac{5z}{2x}.$$

于是我们得到

$$\frac{1}{x}+\frac{1}{z} \leqslant \frac{3}{2}+\frac{5z}{2x}+\frac{5}{2}\left(1-\frac{z}{x}\right)=4.$$

类似地,我们可以证明

$$\frac{1}{y}+\frac{1}{z}\leqslant\frac{9}{2}.$$

因此

$$P(x,y,z)=\frac{1}{x}+\frac{2}{y}+\frac{3}{z}=\frac{1}{x}+\frac{1}{z}+2\left(\frac{1}{y}+\frac{1}{z}\right)\leqslant 4+9=13.$$

等号成立当且仅当 $x=\frac{2}{3},y=\frac{1}{2},z=\frac{2}{5}$.

4.1.53

将待证式写为

$$-6a(a^2-2b)\leqslant -27c+10(a^2-2b)^{\frac{3}{2}}.$$

设 α,β,γ 是所给多项式的三个实根,由韦达定理得

$$\begin{cases}\alpha+\beta+\gamma=-a\\ \alpha\beta+\beta\gamma+\gamma\alpha=b,\\ \alpha\beta\gamma=-c\end{cases}$$

因此

$$\alpha^2+\beta^2+\gamma^2=(\alpha+\beta+\gamma)^2-2(\alpha\beta+\beta\gamma+\gamma\alpha)=a^2-2b.$$

因此待证的不等式等价于

$$6(\alpha+\beta+\gamma)(\alpha^2+\beta^2+\gamma^2)\leqslant 27\alpha\beta\gamma+10(\alpha^2+\beta^2+\gamma^2)^{\frac{3}{2}}.$$

考虑两种情形.

$\alpha^2+\beta^2+\gamma^2=0$,那么 $\alpha=\beta=\gamma=0$,不等式显然成立.

$\alpha^2+\beta^2+\gamma^2>0$. 不失一般性,我们可以假定 $|\alpha|<|\beta|<|\gamma|$ 且 $\alpha^2+\beta^2+\gamma^2=9$. 在这种情形下,待证不等式等价于

$$2(\alpha+\beta+\gamma)-\alpha\beta\gamma\leqslant 10.$$

注意到 $3\gamma^2\geqslant\alpha^2+\beta^2+\gamma^2$,这意味着 $\gamma^2\geqslant 3$.

我们有

$$\begin{aligned}[2(\alpha+\beta+\gamma)-\alpha\beta\gamma]^2&=\{2[\alpha+\beta+\gamma(2-\alpha\beta)]\}^2\\ &\leqslant[(\alpha+\beta)^2+\gamma^2]\cdot[4+(2-\alpha\beta)^2]\\ &=(9+2\alpha\beta)[8-4\alpha\beta+(\alpha\beta)^2]\\ &=2(\alpha\beta)^3+(\alpha\beta)^2-20(\alpha\beta)+72\\ &=(\alpha\beta+2)^2(\alpha\beta-7)+100.\end{aligned}$$

由 $\gamma^2 \geqslant 3$ 可得 $2\alpha\beta \leqslant \alpha^2 + \beta^2 = 9 - \gamma^2 \leqslant 6$. 于是

$$[2(\alpha + \beta + \gamma) - \alpha\beta\gamma]^2 \leqslant 100,$$

即

$$2(\alpha + \beta + \gamma) - \alpha\beta\gamma \leqslant 10.$$

等号成立当且仅当

$$\begin{cases} |\alpha| \leqslant |\beta| \leqslant |\gamma| \\ \alpha^2 + \beta^2 + \gamma^2 = 9 \\ \dfrac{\alpha + \beta}{2} = \dfrac{\gamma}{2 - \alpha\beta} \\ \alpha\beta + 2 = 0 \\ 2(\alpha + \beta + \gamma) - \alpha\beta\gamma \geqslant 0 \end{cases},$$

这等价于

$$\alpha = -1,\ \beta = \gamma = 2.$$

综上所述,原题中等号成立当且仅当 (a, b, c) 是 $(-k, 2k, 2k)$ 的一个置换.

4.1.54

(1) 注意到 $P(x)$ 和 $Q(x)$ 都没有零根,因此 $a, b \neq 0$. 等式 $a^2 + 3b^2 = 4$ 说明 $a < 2$ 且 $b < 1.2$,于是我们有

$$P(-2) = -1,\ P(-1) = 18,\ P(1.5) = -4.5,\ P(1.9) = 0.716,$$

这说明 $P(x)$ 有三个不同的实根,且最大的根 $a \in (1.5, 1.9)$.

类似地,由

$$Q(-2) = -57,\ Q(-1) = 2,\ Q(0.3) = -0.236,\ Q(1) = 12,$$

因此 $Q(x)$ 有三个不同的实根,且最大的根 $b \in (0.3, 1)$.

(2) 我们有 $P(a) = 0 \Leftrightarrow 4a^3 - 15a = 2a^2 - 9$. 将等式两边平方我们得到

$$16a^6 - 124a^4 + 261a^2 - 81 = 0. \tag{1}$$

由于 $a \in (1.5, 1.9)$,所以 $4 - a^2 > 0$. 我们来证明 $x_0 = \dfrac{\sqrt{3(4-a^2)}}{3}$ 是 $Q(x)$ 的一个根.

$$\begin{aligned} Q(x_0) &= \frac{4}{3}(4 - a^2)\sqrt{3(4 - a^2)} + 2(4 - a^2) - \frac{7}{3}\sqrt{3(4 - a^2)} + 1 \\ &= \left(\frac{9 - 4a^2}{3}\right)\sqrt{3(4 - a^2)} + 9 - 2a^2. \end{aligned}$$

由于 $2a^2 < 9 < 4a^2$,我们有 $9-2a^2>0$ 且 $4a^2-9>0$. 那么等式 $Q(x_0)=0$ 等价于

$$\begin{aligned}&\left(\frac{9-4a^2}{3}\right)\sqrt{3(4-a^2)}+9-2a^2=0\\ \Leftrightarrow&\left(\frac{4a^2-9}{3}\right)\sqrt{3(4-a^2)}=9-2a^2\\ \Leftrightarrow&(4a^2-9)^2[3(4-a^2)]=9(9-2a^2)\\ \Leftrightarrow&3(16a^6-124a^4+261a^2-81)=0,\end{aligned}$$

这由式 (1) 可知成立.

而且,由 $a\in(1.5,1.9)$ 可得 $\sqrt{1.17}<3x_0<\sqrt{5.25}$,因此 $0.3<x_0<1$. 由于 $x=b$ 是 $Q(x)$ 在区间 $(0.3,1)$ 内的唯一实根,我们可知 $x_0=b$,即

$$\frac{\sqrt{3(4-a^2)}}{3}=b,$$

化简即得 $a^2+3b^2=4$.

4.1.55

将第一个方程加到第二个方程上,再乘以 3,我们得到

$$\begin{aligned}&x^3+3x^2+3xy^2-24xy+3y^2=24y-51x-49\\ \Leftrightarrow&(x^3+3x^2+3x+1)+3y^2(x+1)-2yy(x+1)+48(x+1)=0\\ \Leftrightarrow&(x+1)[(x+1)^2+3y^2-24y+48]=0\\ \Leftrightarrow&(x+1)[(x+1)^2+3(y-4)^2]=0.\end{aligned}$$

- 如果 $x+1=0$,那么 $x=-1$. 将此结果代入第一个方程可得 $y=\pm4$.
- 如果 $(x+1)^2+3(y-4)^2=0$,那么 $x=-1,y=4$.

因此有两组解 $(-1,\pm4)$.

4.1.56

注意到 $x,y,z\neq0$. 我们可将方程组等价地写为

$$\begin{cases}x(x^2+y^2+z^2)-2xyz=2\\ y(x^2+y^2+z^2)-2xyz=30\\ z(x^2+y^2+z^2)-2xyz=16\end{cases}\Leftrightarrow\begin{cases}x(x^2+y^2+z^2)-2xyz=2\\ (y-z)(x^2+y^2+z^2)=14\\ (z-x)(x^2+y^2+z^2)=14\end{cases}$$

$$\Leftrightarrow\begin{cases}x(x^2+y^2+z^2)-2xyz=2\\ (y-z)(x^2+y^2+z^2)=14\\ y=2z-x\end{cases}\Leftrightarrow\begin{cases}2x^3-2x^z+xz^2=2\\ -2x^3+6x^2z-9xz^2+5z^3=14\\ y=2z-x\end{cases}$$

$$\Leftrightarrow\begin{cases}2x^3-2x^z+xz^2=2\\ 5z^3-16xz^2+20x^2z-16x^3=0.\\ y=2z-x\end{cases}$$

由于 $x, z \neq 0$,令 $t = \dfrac{z}{x}$,我们有

$$
\begin{aligned}
5t^3 - 16t^2 + 20t - 16 = 0 &\Leftrightarrow (t-2)(5t^2 - 6t + 8) = 0 \\
&\Leftrightarrow x = 1, y = 3, z = 2.
\end{aligned}
$$

4.1.57

注意到 a, b, c 是齐次的,即对任意 $t > 0$,有 $P(ta, tb, tc) = P(a, b, c)$. 且注意到如果 (a, b, c) 满足题目条件,那么 $(ta, tb, tc), t > 0$ 也满足. 因此不失一般性,我们可以假定 $a + b + c = 4$,于是 $abc = 2$. 那么原来的问题可以等价表述为:如果 $a, b, c > 0$ 满足 $a + b + c = 4$ 且 $abc = 2$,求

$$
P = \frac{1}{256}(a^4 + b^4 + c^4)
$$

的最大值和最小值.

令 $A = a^4 + b^4 + c^4, B = ab + bc + ca$,我们有

$$
\begin{aligned}
A &= (a^2 + b^2 + c^2)^2 - 2(a^2b^2 + b^2c^2 + c^2a^2) \\
&= [(a + b + c)^2 - 2(ab + bc + ca)]^2 - \\
&\quad\ 2[(ab + bc + ca)^2 - 2abc(a + b + c)] \\
&= (16 - 2B)^2 - 2(B^2 - 16) \\
&= 2(B^2 - 32B + 144).
\end{aligned}
$$

根据条件 $a + b + c = 4$ 和 $abc = 2$,不等式 $(b + c)^2 \geqslant 4bc$ 等价于

$$
\begin{aligned}
(4 - a)^2 \geqslant \frac{8}{a} &\Leftrightarrow a^3 - 8a^2 + 16a - 8 \geqslant 0 \\
&\Leftrightarrow (a - 2)(a^2 - 6a + 4) \geqslant 0 \\
&\Leftrightarrow 3 - \sqrt{5} \leqslant a \leqslant 2.
\end{aligned}
$$

由对称性,我们还有 $2 - \sqrt{5} \leqslant b \leqslant 2$ 以及 $3 - \sqrt{5} \leqslant c \leqslant 2$.

于是我们有

$$
\begin{aligned}
&(a - 2)(b - 2)(c - 2) \leqslant 0 \\
\Leftrightarrow\ & abc - 2(ab + bc + ca) + 4(a + b + c) - 8 \leqslant 0 \\
\Leftrightarrow\ & 10 - 2B \leqslant 0 \\
\Leftrightarrow\ & 5 \leqslant B.
\end{aligned}
$$

类似地,由 $[a - (3 - \sqrt{5})][b - (3 - \sqrt{5})][c - (3 - \sqrt{5})] \geqslant 0$ 可得

$$
8\sqrt{5} - 14 - (3 - \sqrt{5})B \geqslant 0 \Leftrightarrow B \leqslant \frac{5\sqrt{5} - 1}{2}.
$$

由于 $A=2(B^2-32B+144)$,这是一个 B 的二次函数在区间 $\left[5,\dfrac{5\sqrt{5}-1}{2}\right]$ 上单调递减,我们得到

$$A_{\min}=A\big|_{B=\frac{5\sqrt{5}-1}{2}}=383-165\sqrt{5},\ A_{\max}=A\big|_{B=5}=18,$$

即当 $a=3-\sqrt{5}, b=c=\dfrac{1+\sqrt{5}}{2}$ 时,

$$P_{\min}=\frac{383-165\sqrt{5}}{256}.$$

当 $a=2, b=c=1$ 时,$P_{\max}=\dfrac{9}{128}$.

4.1.58

首先有 $x\geqslant -1, y\geqslant -2$. 将题设条件改写为

$$x+y=3\left(\sqrt{x+1}+\sqrt{y+2}\right).$$

那么 m 落在 $P=x+y$ 的值域内当且仅当以下方程组有解:

$$\begin{cases}3\left(\sqrt{x+1}+\sqrt{y+2}\right)=m\\ x+y=m\end{cases}.$$

令 $u=\sqrt{x+1},\ v=\sqrt{y+2}$,我们有

$$\begin{cases}3(u+v)=m\\ u^2+v^2=m+3\end{cases}\Leftrightarrow\begin{cases}u+v=\dfrac{m}{3}\\ uv=\dfrac{1}{2}\left(\dfrac{m^2}{9}-m-3\right)\\ u,v\geqslant 0\end{cases}.$$

所给方程组有解当且仅当上述第二个方程组有解,由韦达定理,二次方程

$$18t^2-6mt+m^2-9m-27=0$$

有两个非负实根,于是

$$\begin{cases}-m^2+18m+54\geqslant 0\\ m\geqslant 0\\ m^2-9m-27\geqslant 0\end{cases}\Leftrightarrow\frac{9+3\sqrt{21}}{2}\leqslant m\leqslant 9+3\sqrt{15}.$$

由于存在非负数 u,v,那么存在 x,y 使得

$$P_{\min}=\frac{9+3\sqrt{21}}{2},\ P_{\max}=9+3\sqrt{15}.$$

4.1.59

假定 $x=\max\{x,y,z\}$. 考虑两种情形:

- $x \geqslant y \geqslant z$. 在这种情形下我们有

$$\begin{cases} x^3+3x^2+2x-5 \leqslant x \\ z^3+3z^2+2z-5 \geqslant z \end{cases} \Leftrightarrow \begin{cases} (x-1)[(x+2)^2+1] \leqslant 0 \\ (z-1)[(z+2)^2+1] \geqslant 0 \end{cases} \Leftrightarrow \begin{cases} x \leqslant 1 \\ z \geqslant 1 \end{cases}.$$

- $x \geqslant z \geqslant y$,我们有

$$\begin{cases} x \leqslant 1 \\ 8y \geqslant 1 \end{cases}.$$

两种情形下都有 $x=y=z=1$,这是方程组的唯一解.

4.1.60

将 $a=\dfrac{1}{\alpha^2}, b=c=\alpha>0$ 代入不等式,我们有

$$\alpha^4+\frac{2}{\alpha^2}+3k \geqslant (k+1)\left(\frac{1}{\alpha^2}+2\alpha\right)$$
$$\Leftrightarrow (2\alpha^3-3\alpha^2+1)k \leqslant \alpha^6-2\alpha^3+1.$$

注意到当 $\alpha \to 0$ 时 $k \leqslant 1$. 下面我们来证明 $k=1$ 满足题意, 即对任意满足 $abc=1$ 的正数 a,b,c,我们要证明

$$\frac{1}{a^2}+\frac{1}{b^2}+\frac{1}{c^2}+3 \geqslant 2(a+b+c). \tag{1}$$

自然, 由于 $abc=1$, 存在两个数, 不妨设为 a,b, 使得要么 $a,b \geqslant 1$, 要么 $a,b \leqslant 1$. 在这种情形下,由

$$\frac{1}{ab}=c,\ a^2b^2=\frac{1}{c^2},$$

不等式 (1) 等价于

$$\left(\frac{1}{a}-\frac{1}{b}\right)^2+2(a-1)(b-1)+(ab-1)^2 \geqslant 0,$$

这显然成立.

4.1.61

显然 $\deg P>0$.

- 如果 $\deg P=1$, $P(x)=ax+b, a \neq 0$. 将之代入所给方程我们得到

$$(a^2-3a+2)x^2+2b(a-2)x+b^2-b=0,\ \forall x,$$

此时有 $(a,b)=(1,0),(2,0)$ 或者 $(2,1)$. 于是我们得到 $P(x)=x, P(x)=2x$ 或者 $P(x)=2x+1$.

- 如果 $\deg P = n \geqslant 2$, 令 $P(x) = ax^n + Q(x), a \neq 0$, 其中 Q 是一个多项式, 且 $\deg Q = k < n$. 将之代入所给方程我们得到

$$\begin{aligned}&(a^2-a)x^{2n} + [Q(x)]^2 - Q(x^2) + 2ax^nQ(x)\\ &= [3+(-1)^n]ax^{n+1} + [3Q(x)+Q(-x)]x - 2x^2,\ \forall x.\end{aligned}$$

注意到右边多项式的次数是 $n+1$, 且 $n+1 < 2n$, 我们有 $a^2 - a = 0$, 即 $a = 1$. 于是

$$\begin{aligned}&[Q(x)]^2 - Q(x^2) + 2ax^nQ(x)\\ &= [3+(-1)^n]ax^{n+1} + [3Q(x)+Q(-x)]x - 2x^2,\ \forall x.\end{aligned}$$

再次注意到左边多项式的次数为 $n+k$, 而右边多项式的次数为 $n+1$, 因此 $k = 1$. 且对 $x = 0$ 我们有 $[Q(0)]^2 - Q(0) = 0$, 即 $Q(0) = 0$ 或 $Q(0) = 1$. 因此 $Q(x) = ax$ 或 $Q(x) = ax + 1$.

如果 $Q(x) = ax$, 那么

$$\begin{aligned}&[3+(-1)^n-2a]x^{n+1} - (a^2-3a+2)x^2 = 0,\ \forall x\\ &\Leftrightarrow \begin{cases}3+(-1)^n-2a=0\\ a^2-3a+2=0\end{cases} \Leftrightarrow \begin{cases}a=1, n\text{ 为奇数}\\ a=2, n\text{ 为偶数}\end{cases},\end{aligned}$$

由此得 $P(x) = x^{2n+1} + x$ 或 $P(x) = x^{2n} + 2x$, 这都满足所给方程.

如果 $Q(x) = ax + 1$, 那么

$$[3+(-1)^n-2a]x^n + 1 - 2x^n - (a^2-3a+2)x^2 + 2(a-2)x = 0,\ \forall x,$$

这是不可能的.

因此, 所有的多项式为

$$P(x) = x;\ P(x) = x^{2n} + 2x;\ P(x) = x^{2n+1} + x,\ n \geqslant 0.$$

4.1.62

首先有 $x > 0, y > 0, y + 3x \neq 0$. 原方程组等价于

$$\begin{cases}1-\dfrac{12}{y+3x}=\dfrac{2}{\sqrt{x}}\\ 1+\dfrac{12}{y+3x}=\dfrac{6}{\sqrt{y}}\end{cases} \Leftrightarrow \begin{cases}\dfrac{1}{\sqrt{x}}+\dfrac{3}{\sqrt{y}}=1\\ -\dfrac{1}{\sqrt{x}}+\dfrac{3}{\sqrt{y}}=\dfrac{12}{y+3x}\end{cases}$$

将两个方程相乘得

$$\frac{9}{y}-\frac{1}{x}=\frac{12}{y+3x} \Leftrightarrow y^2+6xy-23x^2=0 \Leftrightarrow y=3x, y=-9x.$$

由于 $x,y>0$,我们有 $y=3x$. 此时两个方程都等价于

$$\frac{1}{\sqrt{x}}+\frac{3}{\sqrt{3x}}=1 \Leftrightarrow \sqrt{x}=1+\sqrt{3},$$

因此 $x=4+2\sqrt{3}, y=12+6\sqrt{3}$,这是方程组唯一的解.

4.1.63

不失一般性,我们可以假定 $z>y>x\geqslant 0$. 令 $y=x+a, z=x+a+b$,其中 $a,b>0$,不等式左边可写为

$$M=[3x^2+2(2a+b)x+a(a+b)]\left[\frac{1}{a^2}+\frac{1}{b^2}+\frac{1}{(a+b)^2}\right].$$

于是我们有

$$\begin{aligned}M&\geqslant a(a+b)\left[\frac{1}{a^2}+\frac{1}{b^2}+\frac{1}{(a+b)^2}\right]\\&=\frac{a+b}{a}+\frac{a(a+b)}{b^2}+\frac{a}{a+b}\\&=1+\frac{b}{a}+\frac{a(a+b)}{b^2}+1-\frac{b}{a+b}\\&=2+\frac{a(a+b)}{b^2}+\frac{b^2}{a(a+b)}\\&\geqslant 2+2=4.\end{aligned}$$

等号成立当且仅当

$$\begin{cases}3x^2+2(2a+b)x=0\\a(a+b)=b^2\end{cases},$$

即 $x=0$ 且 $a(a+b)=b^2$. 对 $x=0$,我们有 $y=a$ 且 $z=a+b$,于是 $b=z-y$. 于是对 $a(a+b)=b^2$,我们有 $yz=(z-y)^2$,即 $y^2-2yz+z^2=0$. 此方程即 $t^2-3t+1=0$,其中 $t=\dfrac{y}{z}\in(0,1)$,因此 $t=\dfrac{3-\sqrt{5}}{2}$. 即 $x=0$ 且 $\dfrac{y}{z}=\dfrac{3-\sqrt{5}}{2}$

4.2　分析

4.2.1

(1) 将 $y=a-x$ 代入和式 $S=x^m+y^m$,并考虑函数 $S(x)=x^m+(a-x)^m, 0\leqslant x\leqslant a$. 其一阶导数为

$$S'(x)=mx^{m-1}-m(a-x)^{m-1},$$

容易验证函数 $S(x)$ 在 $\left[0,\frac{a}{2}\right]$ 上单调递减,在 $\left[\frac{a}{2},a\right]$ 上单调递增,因此 $S(x)$ 在 $x=\frac{a}{2}$ 处取得最小值. 即当且仅当 $x=y=\frac{a}{2}$ 时,$S=x^m+y^m$ 取得最小值 $2\left(\frac{a}{2}\right)^m$.

(2) 现在考虑和式 $T=x_1^m+\cdots+x_n^m$, 其中 $x_1+\cdots+x_n=k$ 为常数. 如果 $x_1,\cdots,x_n$ 不是全相等的, 不妨设 $x_1<\frac{k}{n}<x_2$. 此时用 $x_1'=\frac{k}{n}$ 代替 x_1, 用 $x_2'=x_1+x_2-\frac{k}{n}$ 代替 x_2,那么 $x_1'+x_2'=x_1+x_2$. 我们来证明

$$T'=(x_1')^m+(x_2')^m+\cdots+(x_n')^m<T=x_1^m+\cdots+x_n^m. \tag{1}$$

等价于 $(x_1')^m+(x_2')^m<x_1^m+x_2^m$. 记 $x_1+x_2=x_1'+x_2'=a>0$,不等式变为

$$\left(\frac{k}{n}\right)^m+\left(a-\frac{k}{n}\right)^m<x_1^m+x_2^m,\ x_1<\frac{k}{n}<x_2.$$

考虑 $S(x)=x^m+(a-x)^m$,我们有 $S(x_1)=S(x_2)=x_1^m+x_2^m$,由第 (1) 部分可知 $S(x)$ 在 $\left[0,\frac{a}{2}\right]$ 上单调递减,在 $\left[\frac{a}{2},a\right]$ 上单调递增,因此有两种情形

- 如果 $\frac{k}{n}\leqslant\frac{a}{2}$:在这种情形下由于 $x_1<\frac{k}{n}, S(x_1)>S\left(\frac{k}{n}\right)$.
- 如果 $\frac{k}{n}>\frac{a}{2}$,由于 $x_2>\frac{k}{n}, S(x_2)>S\left(\frac{k}{n}\right)$.

因此式 (1) 说明原和式是单调递减的,且在 $x_1',x_2',\cdots,x_n$ 中,有一个值等于 $\frac{k}{n}$. 重复此过程,经过 n 次调整之后,我们得到最小的和式

$$x_1^m+\cdots+x_n^m>\left(\frac{k}{n}\right)+\cdots+\left(\frac{k}{n}\right)^m.$$

于是和式 $x_1^m+\cdots+x_n^m$ 当且仅当 $x_1=\cdots=x_n=\frac{k}{n}$ 取最小值.

4.2.2

函数 y 的定义域为 $x\neq\frac{\pi}{6}$ 且 $x\neq\frac{\pi}{3}$. 由于

$$\cot 3x=\frac{\cot^3 x-3\cot x}{3\cot^2 x-1},$$

于是

$$y=\frac{\cot^3 x}{\cot 3x}=\frac{\cot^2 x(3\cot^2 x-1)}{\cot^2 x-3}.$$

令 $t=\cot^2 x>0$,我们得到

$$y=\frac{t(3t-1)}{t-3},$$

这相当于一个二次方程 $2t^2=(y+1)t+3y=0$,那么

$$\Delta=(y+1)^2-36y\geqslant 0\Leftrightarrow y^2-34y+1\geqslant 0,$$

解得 $y\leqslant 17-12\sqrt{2}$ 或 $y\geqslant 17+12\sqrt{2}$. 注意到当

$$t=\frac{1}{3-2\sqrt{2}}=3+2\sqrt{2}\Leftrightarrow \tan x=\sqrt{2}-1\Leftrightarrow x=\frac{\pi}{8}$$

时,$y=17-12\sqrt{2}$. 当

$$t=\frac{1}{3+2\sqrt{2}}=3-2\sqrt{2}\Leftrightarrow \tan x=\sqrt{2}+1\Leftrightarrow x=\frac{3\pi}{8}.$$

因此 y 的极大值与极小值为 $17\pm 12\sqrt{2}$,其和为 34 是一个整数.

4.2.3

由于 $1+\cos\alpha_i\geqslant 0\,(i=1,\cdots,n)$,根据题设,我们有

$$\sum_{i=1}^{n}(1+\cos\alpha_i)=2\sum_{i=1}^{n}\cos^2\frac{\alpha}{2}=2M+1,$$

其中 M 是一个非负整数.

注意到对 $x\in\left[0,\frac{\pi}{2}\right]$,总成立

$$\sin x\cos x\begin{cases}\geqslant \sin^2 x, x\in\left[0,\frac{\pi}{4}\right]\\ \geqslant \cos^2 x, x\in\left[\frac{\pi}{4},\frac{\pi}{2}\right]\end{cases}.$$

不失一般性,我们可以假定 $\alpha_1\leqslant\cdots\leqslant\alpha_n$. 那么对某个 k_0 我们有

$$\begin{aligned}S&=\sum_{i=1}^{n}\sin\alpha_i=2\sum_{i=1}^{n}\sin\frac{\alpha_i}{2}\cos\frac{\alpha_i}{2}\\&\geqslant 2\sum_{i=1}^{k_0}\sin^2\frac{\alpha_i}{2}+s\sum_{i=k_0+1}^{n}\cos^2\frac{\alpha_i}{2}\\&=A+B,\end{aligned}$$

其中 $A,B\geqslant 0$.

有两种情形:

$B \geqslant 1$,那么显然 $S \geqslant 1$.

$B < 1$,我们可将 A 写为

$$A = 2\sum_{i=1}^{k_0} \sin^2 \frac{\alpha_i}{2} = 2\sum_{i=1}^{k_0}\left(1 - \cos^2 \frac{\alpha_i}{2}\right)$$
$$= 2k_0 - 2\sum_{i=1}^{k_0} \cos^2 \frac{\alpha_i}{2} = 2k_0 - (2M + 1 - B).$$

注意到 $A \geqslant 0$,我们得到

$$2k_0 \geqslant 2M + 1 - B.$$

再注意到 $B < 1$,

$$2M + 1 - B > 2M.$$

因此 $2k_0 > 2M$,即 $k_0 > M$,这意味着 $k_0 \geqslant M + 1$,这又等价于

$$2k_0 \geqslant 2M + 2.$$

现在考虑到 $B \geqslant 0$,我们得到

$$\begin{aligned} S &\geqslant A + B = 2k_0 - (2M + 1 - B) + B \\ &= 2k_0 - (2M + 1) + 2B \\ &\geqslant 1 + 2B \geqslant 1. \end{aligned}$$

证毕.

注 本题可以一般化,然后通过归纳法证明:如果 $0 \leqslant \varphi \leqslant \pi$, M 是一个整数,且 $\sum_{i=1}^{n}(1 + \cos\alpha_i) = 2M + 1 + \cos\varphi$,那么 $\sum_{i=1}^{n} \sin\alpha_i \geqslant \sin\varphi$.

4.2.4

(1) 我们有

$$(1 + 2\sin x\cos x)^2 - 8\sin x\cos x = (1 - 2\sin x\cos x)^2 \geqslant 0,$$

这说明

$$(1 + 2\sin x\cos x)^2 \geqslant 8\sin x\cos x.$$

由此不等式,考虑到 $(\sin x + \cos x)^2 = 1 + 2\sin x\cos x$,我们得到

$$(\sin x + \cos x)^4 = (1 + 2\sin x\cos x)^2 \geqslant 8\sin x\cos x = 4\sin 2x.$$

进一步,由于 $0 \leqslant x \leqslant \frac{\pi}{2}$, $\sin x, \cos x \geqslant 0$. 因此上述不等式等价于

$$\sin x + \cos x \geqslant \sqrt[4]{4\sin 2x} = \sqrt{2}\sqrt[4]{\sin 2x},$$

即

$$\sqrt{2}(\sin x + \cos x) \geqslant 2\sqrt[4]{\sin 2x}.$$

且等号成立当且仅当 $1 - 2\sin x \cos x = 0$, 即 $x = \frac{\pi}{4}$.

(2) 由所给不等式可知 $y \in (0, \pi)\backslash\left\{\frac{\pi}{4}, \frac{\pi}{2}, \frac{3\pi}{4}\right\}$.

将 $\tan 2y = \frac{2\tan y}{1 - \tan^2 y}$, $\cot 2y = \frac{\cot^2 y - 1}{2\cot y}$ 和 $\cot y = \frac{1}{\tan y}$ 代入所给不等式,得到

$$\frac{2 + \tan^2 y - \tan^4 y}{1 - \tan^2 y} \leqslant 2. \tag{1}$$

如果 $\tan^2 y < 1$, 那么式 (1) 等价于

$$2 + \tan^2 y - \tan^4 y \leqslant 2(1 - \tan^2 y) \Leftrightarrow 3\tan^2 y - \tan^4 y \leqslant 0,$$

即

$$\tan^2 y(3 - \tan^2 y) \leqslant 0.$$

而 $\tan^2 y > 0$ (因为 $0 < y < \pi$), 于是 $\tan^2 y \geqslant 3$, 这与 $\tan^2 y < 1$ 矛盾.

于是我们有 $\tan^2 y > 1$. 此时式 (1) 等价于

$$2 + \tan^2 y - \tan^4 y \geqslant 2(1 - \tan^2 y) \Leftrightarrow \tan^2 y(3 - \tan^2 y) \geqslant 0,$$

即 $\tan^2 y \leqslant 3$.

因此原不等式约化为 $1 < \tan^2 y \leqslant 3$, 即 $1 < |\tan y| \leqslant \sqrt{3}$, 解得

$$\frac{\pi}{4} < y \leqslant \frac{\pi}{3}, \text{或} \frac{2\pi}{3} \leqslant y < \frac{3\pi}{4}.$$

4.2.5

我们注意到 $\{u_n\}$ 是由斐波那契 (Fibonacci) 数列 $F_n: F_1 = F_2 = 1, F_{n+2} = F_{n+1} + F_n \ (n \geqslant 1)$ 的奇数项构成. 我们来证明下面的性质:

$$\operatorname{arccot} F_1 - \operatorname{arccot} F_3 - \cdots - \operatorname{arccot} F_{2n+1} = \operatorname{arccot} F_{2n+2}. \tag{1}$$

由于 $\cot(a - b) = \frac{\cot a \cot b + 1}{\cot b - \cot a}$, 我们有

$$\operatorname{arccot} F_{2k} - \operatorname{arccot} F_{2k+1} = \operatorname{arccot} \frac{F_{2k}F_{2k+1} + 1}{F_{2k+1} - F_{2k}} = \operatorname{arccot} \frac{F_{2k}F_{2k+1} + 1}{F_{2k-1}}.$$

注意到 $F_{i+1}F_{i+2}-F_iF_{i+3}=(-1)^i,\forall i$. 特别地,

$$F_{2k}F_{2k+1}-F_{2k-1}=-1\Leftrightarrow F_{2k}F_{2k+1}+1=F_{2k-1}F_{2k+2}.$$

于是

$$\operatorname{arccot}F_{2k}-\operatorname{arccot}F_{2k+1}=\operatorname{arccot}F_{2k+2}. \tag{2}$$

在式 (2) 中分别取 $k=1,2,\cdots,n$,然后叠加起来就得到式 (1).

进一步,由式 (1) 可得

$$\operatorname{arccot}u_1-\sum_{i=2}^{n}\operatorname{arccot}u_i=\operatorname{arccot}F_{2n+2}.$$

由于 $\lim\limits_{n\to\infty}F_{2n+2}=+\infty,\lim\limits_{n\to\infty}\operatorname{arccot}F_{2n+2}=0$. 所以

$$\lim_{n\to\infty}\left(\sum_{i=2}^{n}\operatorname{arccot}u_i\right)=\operatorname{arccot}u_1=\frac{\pi}{4},$$

于是

$$\lim_{n\to\infty}v_n=\lim_{n\to\infty}\left(\sum_{i=1}^{n}\operatorname{arccot}u_i\right)=\frac{\pi}{4}+\frac{\pi}{4}=\frac{\pi}{2}.$$

4.2.6

若 $b=0$,那么 $xP(x-a)=xP(x),\forall x$,此时 $P(x)$ 是一个常值多项式.

若 $b\neq 0$,我们来证明如果 $\dfrac{b}{a}$ 不是整数,那么 $P(x)\equiv 0$. 有两种情形:

(1) 如果 $\deg P=0$, 即 $P(x)\equiv C$, 那么 $xC=(x-b)C,\forall x$, 因此 $C=0$, $P(x)\equiv 0$.

(2) 如果 $\deg P=n\geqslant 1$ 且 P 满足题中的等式,我们证明 $\dfrac{b}{a}=n$ 是一个整数.

将所给方程写成

$$bP(x)=x[P(x)-P(x-a)],\ \forall x. \tag{1}$$

假定 $P(x)=k_0x^n+\cdots+k_n$ ($k_n\neq 0,n\geqslant 1$),那么

$$\begin{aligned}P(x)-P(x-a)&=k_0[x^n-(x-a)^n]Q_{n-2}(x)\\&=nk_0ax^{n-1}=Q_{n-2}(x).\end{aligned}$$

其中 $Q_{n-2}(x)$ 是一个 $n-2$ 次多项式. 将 $P(x)$ 与 $P(x)-P(x-a)$ 的表达式代入式 (1) 得

$$k_0bx^n+k_1bx^{n-1}+\cdots=nk_0ax^n+Q_{n-1}(x),$$

这说明 $k_0b=nk_0a\Leftrightarrow b=na$,即 $\dfrac{b}{a}=n$.

因此如果 $\frac{b}{a}$ 不是正整数,那么 $P(x) \equiv 0$.

现在假定 $\frac{b}{a} = n$,即 $b = na \in \mathbb{N}$. 于是原方程变为

$$xP(x-a) = (x-na)P(x),\ \forall x.$$

特别地,由此可得

$$P(0) = P(a) = P(2a) = \cdots = P[(n-1)a] = 0.$$

即

$$P(x) = Cx(x-a)(x-2a)\cdots[x-(n-1)a].$$

综上所述,当 $b \neq 0$ 时,$P(x) \equiv C$. 当 $b \neq 0$ 时,

$$P(x) = \begin{cases} 0, \frac{b}{a} \in \mathbb{N} \\ Cx(x-a)(x-2a)\cdots[x-(n-1)a], \frac{b}{a} \in \mathbb{N}, C \text{ 为常数} \end{cases}.$$

4.2.7

由条件 (1) 我们有 $f(0) \cdot f(0) = 2f(0)$,结合条件 (2) 可知 $f(0) = 2$.

再由条件 (1) 可得

$$f(x) \cdot f(1) = f(x+1) \cdot f(x-1) \Leftrightarrow f(x+1) = f(1)f(x) - f(x-1). \quad (1)$$

由于

$$f(1) = \frac{5}{2} = 2 + 2^{-1},$$

于是由式 (1) 得

$$f(2) = f(1) \cdot f(1) - f(0) = \frac{25}{4} - 2 = 4 + \frac{1}{4} = 2^2 + 2^{-2}.$$

类似地,

$$\begin{aligned} f(3) &= f(1) \cdot f(2) - f(1) \\ &= (2+2^{-1})(2^2+2^{-2}) - (2^2+2^{-1}) \\ &= 2^3 + 3^{-3}. \end{aligned}$$

由归纳法,我们可以很容易验证

$$f(n) = 2^n + 2^{-n}.$$

反过来,也容易验证 $f(x) = 2^x + 2^{-x}$ 满足条件 (1) 和 (2),因此这就是满足条件的唯一解.

4.2.8

注意到

$$2^m=(1+1)^m=\binom{m}{0}+\binom{m}{1}+\cdots+\binom{m}{m}, m=1,2,\cdots,n+1.$$

考虑多项式

$$P(y)=2\left[\binom{y-1}{0}+\binom{y-1}{2}+\cdots+\binom{y-1}{n}\right],$$

其首项为 $2\binom{y-1}{n}=2\frac{(y-1)\cdots(y-n)}{n!}$, 是一个关于 y 的 n 次多项式, 因此 $\deg P=n$.

两个 n 次多项式 $P(y)$ 和 $M(y)$ 在 $n+1$ 个点 $y=1,2,\cdots,n+1$ 取相等的值, 因此

$$\begin{aligned}M(n+2)&=2\left[\binom{n+1}{0}+\binom{n+1}{2}+\cdots+\binom{n+1}{n}\right]\\&=2\left[2^{n+1}-\binom{n+1}{n+1}\right]\\&=2^{n+2}-2.\end{aligned}$$

注 本题可以用拉格朗日插值公式解决.

4.2.9

将所给的数列记为 $A=\{a_n\}$,再定义数列 $B=\{2n\}$ 表示所有偶数. 令 $H=\{h_n:=2n-a_n\}$,注意到 H 由一个 1,两个 2,三个 3,…… 组成,因此 $a_n=2n-h_n$.

将 H 分组为

$$(1),(2,2),(3,3,3),\cdots,\underbrace{(k,k,\cdots,k)}_{k\text{个}},\cdots$$

如果 h_n 属于第 k 组,那么 $h_n=k$.

注意到在第 k 组前有 $1+2+\cdots+(k-1)=\frac{k(k-1)}{2}$ 项. 因此,如果

$$\frac{(k-1)k}{2}+1\leqslant n\leqslant\frac{k(k+1)}{2}+1,$$

那么 $h_n=k$.

进一步,

$$\frac{(k-1)k}{2}+1\leqslant n\Rightarrow\frac{1-\sqrt{8n-7}}{2}\leqslant k\leqslant\frac{1+\sqrt{8n-7}}{2},$$

且

$$n \leqslant \frac{(k-1)k}{2}+1 \Rightarrow \frac{1-\sqrt{8n-7}}{2}>k, \text{或} \frac{-1+\sqrt{8n-7}}{2}<k.$$

因此

$$\frac{-1+\sqrt{8n-7}}{2}<k \leqslant \frac{1+\sqrt{8n-7}}{2},$$

即

$$k \leqslant \frac{1+\sqrt{8n-7}}{2}<k+1,$$

这说明 k 就是 $\frac{1+\sqrt{8n-7}}{2}=h_n$ 的整数部分,即

$$a_n=2n-\left[\frac{1+\sqrt{8n-7}}{2}\right], n=1,2,\cdots.$$

4.2.10

将所有 $\cos(\pm u_1 \pm u_2 \pm \cdots \pm u_{1\,987})$ 的和记为

$$S=\sum \cos(\pm u_1 \pm u_2 \pm \cdots \pm u_{1\,987}).$$

我们首先归纳证明

$$\sum \cos(\pm u_1 \pm u_2 \pm \cdots \pm u_n)=2^n \prod_{k=1}^{n} \cos u_k. \tag{1}$$

当 $n=1$ 时, $\cos u_1+\cos(-u_1)=2\cos u_1$, 因此式 (1) 成立. 假定式 (1) 对 n 成立,那么

$$\begin{aligned}
2^{n+1} \cdot \prod_{k=1}^{n} \cos u_k &= 2\left(2^n \prod_{k=1}^{n} \cos u_k\right) \cdot \cos u_{n+1} \\
&= 2\left[\cos(\pm u_1 \pm u_2 \pm \cdots \pm u_n)\right] \cdot \cos u_{n+1} \\
&= \sum [\cos(\pm u_1 \pm u_2 \pm \cdots \pm u_n) \cos u_{n+1} \\
&\quad + \cos(\pm u_1 \pm u_2 \pm \cdots \pm u_n - u_{n+1})] \\
&= \sum \cos(\pm u_1 \pm u_2 \pm \cdots \pm u_n \pm u_{n+1}).
\end{aligned}$$

现在回到原问题,我们有

$$S=2^{1\,987} \cdot \prod_{k=1}^{n} \cos u_k.$$

由于

$$u_{1\,986}=u_1+1\,985d=\frac{\pi}{1\,987}+\frac{1\,985\pi}{2 \cdot 1\,987}=\frac{\pi}{2},$$

$\cos u_{1\,986} = 0$,所以 $S = 0$.

4.2.11

考虑 $F(x) = f^2(x) + 2\cos x, x \in [0, +\infty)$. 那么由条件 (1) 有

$$|F(x)| \leqslant |f(x)|^2 + 2|\cos x| \leqslant 5^2 + 2,$$

再由条件 (2) 得

$$F'(x) = 2f(x)f'(x) - 2\sin x \geqslant 0,$$

这说明 $F(x)$ 是单调递增的.

定义 $\{x_n\} := \left\{2\pi, 2\pi + \frac{\pi}{2}, 4\pi + \frac{\pi}{2}, 6\pi + \frac{\pi}{2}, \cdots\right\}$. 显然 $x_n > 0$, $\{x_n\}$ 是单调递增的,且当 $n \to \infty$ 时, $x_n \to +\infty$.

令 $u_n = F\{x_n\}$,由以上可知 $\{u_n\}$ 是单调递增且有上界,由魏尔斯特拉斯定理可知极限 $\lim\limits_{n\to\infty} u_n$ 存在.

假定极限 $\lim\limits_{x\to+\infty} f(x)$ 存在,那么数列 $v_n = f(x_n)$ 的极限 $\lim\limits_{n\to\infty} v_n$ 存在. 因此,极限

$$\lim_{n\to\infty}\left[F\{x_n\} - f^2\{x_n\}\right] = \lim_{n\to\infty} = \lim_{n\to\infty} u_n - \lim_{n\to\infty} v_n^2$$

存在,即 $\lim\limits_{n\to\infty} \cos x_n$ 存在,这是不可能的,因为 $(\cos x_n) = \{1, 0, 1, 0, \cdots\}$ 是发散的.

4.2.12

答案是肯定的. 令 $M_n = \max\{x_n, x_{n+1}\}$,我们发现 (M_n) 是单调递减且有下界的,那么由魏尔斯特拉斯定理可知存在极限 $\lim\limits_{n\to\infty} M_n = M$.

我们证明 $\{x_n\}$ 的极限是 M. 对任意给定 $\varepsilon > 0$,存在 N_0,对任意 $n \geqslant N_0$,我们有

$$M - \frac{\varepsilon}{3} < M_n < M + \frac{\varepsilon}{3}. \tag{1}$$

设 $p \geqslant N_0 + 1$,那么

$$x_{p-1} \leqslant M_{p-1} < M + \frac{\varepsilon}{3}.$$

考虑 x_p,有两种情形:

如果 $x_p > M - \frac{\varepsilon}{3}$,那么我们有

$$M - \frac{\varepsilon}{3} < x_p \leqslant M < M + \frac{\varepsilon}{3}, \tag{2}$$

如果 $x_p \leqslant M - \frac{\varepsilon}{3}$,那么

$$x_{p+1} > M - \frac{\varepsilon}{3}$$

（否则 $M_p = \max\{x_p, x_{p+1}\} \leqslant M - \dfrac{\varepsilon}{3}$，这与式 (1) 矛盾）. 在这种情形下，我们有

$$x_p \geqslant 2x_{p+1} - x_{p-1} > 2\Big(M - \frac{\varepsilon}{3}\Big) - \Big(M + \frac{\varepsilon}{3}\Big) = M - \varepsilon.$$

所以，

$$M - \varepsilon < x_p \leqslant M - \frac{\varepsilon}{3} < M + \varepsilon. \tag{3}$$

结合式 (2) 与式 (3) 得到

$$M - \varepsilon < x_p < M + \varepsilon.$$

这对任意 $p \geqslant N_0 + 1$ 都成立，因此极限 $\lim\limits_{p\to\infty} x_p = M$.

4.2.13

由题设可知

$$0 \leqslant P_n(x) \leqslant p_{n+1}(x) \leqslant 1, \ \forall x \in [0,1], \forall n \geqslant 0.$$

前两个不等式 $0 \leqslant P_n(x)$ 和 $P_n(x) \leqslant P_{n+1}(x)$ 可以很容易由归纳法证明，而第三个不等式 $P_{n+1}(x) \leqslant 1$ 是显然的，因为

$$1 - P_{n+1}(x) = \frac{1-x}{2} + \frac{[1 - P_n(x)]^2}{2} \geqslant 0.$$

因此对每个固定的 $x \in [0,1]$，序列 $\{P_n(x)\}$ 是单调递增且有上界的，因此由魏尔斯特拉斯定理，存在极限

$$\lim_{n\to\infty} P_n(x) = f(x).$$

在题设的等式中对每个固定的 $x \in [0,1]$，令 $n \to \infty$ 得到

$$f(x) = f(x) + \frac{x - f^2(x)}{2} \Leftrightarrow f^2(x) = x.$$

但 $P_n(x) \geqslant 0$，那么 $f(x) = \lim\limits_{n\to\infty} P_n(x) \geqslant 0$. 所以，我们得到 $f(x) = \sqrt{x}$. 且由于 $\big(P_n(x)\big)$ 是单调递增的，所以 $f(x) \geqslant P_n(x)$，即

$$0 \leqslant \sqrt{x} - P_n(x), \ \forall x \in [0,1], \forall n \geqslant 0.$$

那么不等式的左边得证.

现在我们证明不等式的右边. 令 $\alpha_n(x) = \sqrt{x} - P_n(x) \geqslant 0$，那么

$$\alpha_{n+1}(x) = \alpha_n(x) \cdot \left[1 - \frac{\sqrt{x} + P_n(x)}{2}\right]$$

$$\leqslant \alpha_n(x)\left(1-\frac{\sqrt{x}}{2}\right), \forall x \in [0,1], \forall n \geqslant 0.$$

由此得到

$$\begin{aligned}\alpha_n(x) &\leqslant \alpha_{n-1}(x)\left(1-\frac{\sqrt{x}}{2}\right)\\ &\leqslant \alpha_{n-2}(x)\left(1-\frac{\sqrt{x}}{2}\right)^2 \leqslant \cdots \leqslant \alpha_1(x)\left(1-\frac{\sqrt{x}}{2}\right)^{n-1}\\ &\leqslant \alpha_0(x)\left(1-\frac{\sqrt{x}}{2}\right)^n\\ &= \sqrt{x}\left(1-\frac{\sqrt{x}}{2}\right)^n.\end{aligned}$$

注意到函数 $y=t\left(1-\frac{t}{2}\right)^n$ 在 $[0,1]$ 的最大值为 $\frac{2}{n+1}$,我们得到

$$\alpha_n(x) \leqslant \frac{2}{n+1}, \forall x \in [0,1], \forall n \geqslant 0.$$

证毕.

4.2.14

由多项式 $f(x)=\sum_{i=0}^{m} a_i x^i$ 我们构造一个多项式

$$g(x)=f(x+1)-f(x)=\sum_{i=1}^{m} a_i[(x+1)^i-x^i]=\sum_{i=1}^{m} b_i x^i,$$

其中 $b_i=\sum_{k=0}^{m-1-i} a_{m-k}\binom{m-k}{i}, \forall i=0,1,\cdots,m-1.$

第一个给定的数列 $\{u_n\}$ 恰好具有形式

$$f(1)=a\cdot 1^{1\,990}, f(2)=a\cdot 2^{1\,990}, \cdots, f(2\,000)=a\cdot 2\,000^{1\,990},$$

由同样的方式,我们可以发现第二个数列,包含 1 990 项,具有形式

$$g(1)=f(2)-f(1), g(2)=f(3)-f(2), \cdots, g(1\,999)=f(2\,000)-f(1\,999),$$

其中 $g(x)=1\,990ax^{1\,980}+b_{1\,988}x^{1\,988}+\cdots+b_1x+b_0$.

那么第 1 990 个数列具有形式 $h(x)=1\,990!ax+c, x=1,2,\cdots,11$. 最后,第 1 991 个数列包含 10 项,且每一项都等于 $1\,990!a$.

4.2.15

(1) 对 $x_n > 0, \forall n \in \mathbb{N}$,我们必然至少有 $x_1 > 0$ 和 $x_2 > 0$. 那么不等式 $x_2 > 0$ 等价于 $\sqrt{3-3x_1^2} > x_1$,即 $0 < x_1 < \dfrac{\sqrt{3}}{2}$. 我们来证明这个条件也是充分的.

假定 $0 < x_1 < \dfrac{\sqrt{3}}{2}$,那么存在唯一的 $\alpha \in (0°, 60°)$ 使得 $\sin\alpha = x_1$. 在这种情形下,

$$x_2 = \frac{\sqrt{3}}{2}\cos\alpha - \frac{1}{2}\sin\alpha = \sin(60° - \alpha),\ 0 < 60° - \alpha < 60°.$$

且我们有

$$x_3 = \frac{\sqrt{3}}{2}\cos(60° - \alpha) - \frac{1}{2}\sin(60° - \alpha) = \sin[60° - (60° - \alpha)] = \sin\alpha.$$

基础此过程,我们得到

$$x_1 = x_3 = x_5 = \cdots = \sin\alpha,$$
$$x_2 = x_4 = x_6 = \cdots = \sin(60° - \alpha) > 0.$$

因此充分必要条件就是 $0 < x_1 < \dfrac{\sqrt{3}}{2}$.

(2) 考虑 x_1 的两种情形:

情形一:$x_1 \geqslant 0$.

如果 $x_2 \geqslant 0$, 那么与 (1) 类似, 我们有 $x_3 \geqslant -, x_4 \geqslant 0, \cdots$, 且 $x_1 = x_3 = x_5 = \cdots, x_2 = x_4 = x_6 = \cdots$.

如果 $x_2 < 0$,那么 $x_3 > 0$,且我们还有 $x_3 = x_1$. 自然,等式

$$x_2 = \frac{-x_1 + \sqrt{3(1-x_1^2)}}{2}$$

等价于 $\sqrt{3(1-x_1^2)} = 2x_2 + x_1 > 0$(因为 $|x_1| < 1$),得到

$$3(1-2x_2^2) = (2x_1 + x_2)^2.$$

由于 $x_1 \geqslant 0, x_2 < 0$,

$$2x_1 + x_2 = x_1 + (x_1 + x_2) = (2x_2 + x_1) + x_1 - x_2 > x_1 - x_2 > 0.$$

那么 $\sqrt{3(1-x_2^2)} = 2x_1 + x_2$,因此

$$x_1 = \frac{-x_2 + \sqrt{3(1-x_2^2)}}{2} = x_3,$$

于是 $x_2 = x_4 = \cdots$.

所以,如果 $x_1 \geqslant 0$,那么 $\{x_n\} = \{x_1, x_2, x_1, x_2, \cdots\}$ 是周期数列.

情形二:$x_1 < 0$,那么由前面的情形知 $x_2 > 0$,我们有

$$\{x_n\} = \{x_1, x_2, x_3, x_2, x_3, \cdots\},$$

即 $\{x_n\}$ 是从第二项开始的周期数列.

4.2.16

首先我们证明 $x = 0$ 不是此多项式的根, 即 $a_n = f(0) \neq 0$. 设 k 是使得 $a_k \neq 0$ 的最大指标,那么左边具有形式

$$\begin{aligned} f(x) \cdot f(2x^2) &= (a_0 x^n + \cdots + a_k x^{n-k}) \cdot \left(a_0 2^n x^{2n} + \cdots + a_k 2^{n-k} x^{2(n-k)}\right) \\ &= a_0^2 2^n x^{3n} + \cdots + a_k^2 2^{n-k} x^{3(n-k)}, \end{aligned}$$

所以我们必有

$$a_k^2 2^{n-k} x^{3(n-k)} = a_k x^{n-k}, \forall x \in \mathbb{R},$$

这得到 $n = k$,即 $a_n = a_k \neq 0$.

现在假定 $x_0 \neq 0$ 是 $f(x)$ 的一个根. 考虑序列

$$x_{n+1} = 2x_n^3 + x_n, n \geqslant 0.$$

显然如果 $x_0 > 0$,那么 $\{x_n\}$ 是单调递增的,而如果 $x_0 < 0$,那么 $\{x_n\}$ 是单调递减的. 由题设

$$f(x) \cdot f(2x^2) = f(2x^3 + x), \forall x \in \mathbb{R},$$

可知如果 $x_0 \neq 0$ 时 $f(x_0) = 0$,那么 $f(x_k) = 0, \forall k$. 这说明非常数的 n 次多项式 $f(x)$ 有无穷多个根,这是不可能的.

因此 $f(x)$ 没有实根.

注 我们可以证明满足题意的多项式确实是存在的,比如 $f(x) = x^2 + 1$.

4.2.17

在不等式中令 $x = y = z = 0$,我们有

$$f^2(0) - f(0) + \frac{1}{4} \leqslant 0 \Leftrightarrow \left(f(0) - \frac{1}{2}\right) \leqslant 0,$$

于是得到 $f(0) = \dfrac{1}{2}$.

进一步,在不等式中令 $y = z = 0$ 得到

$$4f(0) - 4f(x)f(0) \geqslant 1,$$

由于 $f(0) = \dfrac{1}{2}$,这说明 $f(x) \leqslant \dfrac{1}{2}$.

此外,令 $x=y=z=1$,我们得到

$$f(1)-f^2(1)\geqslant\frac{1}{4}\Leftrightarrow\left(f(1)-\frac{1}{2}\right)\leqslant 0,$$

由此得到 $f(1)=\dfrac{1}{2}$.

最后,令 $y=z=1$,我们得到

$$f(x)-f(x)\cdot f(1)\geqslant\frac{1}{4},$$

结合 $f(1)=\dfrac{1}{2}$,说明 $f(x)\geqslant\dfrac{1}{2}$.

因此,我们必有 $f(x)\equiv\dfrac{1}{2}$,容易验证此函数满足所给的不等式.

4.2.18

我们有下面的等价变形

$$\begin{aligned}&\frac{x^2y}{z}+\frac{y^2z}{x}+\frac{z^2x}{y}\geqslant x^2+y^2+z^2\\
\Leftrightarrow&x^3y^2+y^3z^2+z^3x^2\geqslant x^3yz+y^3zx+z^3xy\\
\Leftrightarrow&x^3y(y-z)+y^2z^2(y-z)+z^3(y^2-2xy+x^2)-xyz(y^2-z^2)\geqslant 0\\
\Leftrightarrow&(y-z)[xy(x^2-z^2)-y^2z(x-z)]+z^3(x-y)^2\geqslant 0\\
\Leftrightarrow&(y-z)(x-z)[xy(x+z)-y^2z]+z^3(x-y)^2\geqslant 0\\
\Leftrightarrow&(y-z)(x-z)[x^2y+xyz-y^2z]+z^3(x-y)^2\geqslant 0\\
\Leftrightarrow&(y-z)(x-z)[x^2y+yz(x-y)]+z^3(x-y)^2\geqslant 0.\end{aligned}$$

最后一个不等式对 $x\geqslant y\geqslant z>0$ 总是成立的.

注 没有条件 $x\geqslant y\geqslant z$ 的话,此不等式是不成立的,因为它对 x,y,z 不等式对称的.

4.2.19

在原方程中令 $x=0$,我们得到 $f(0)=f(0)+2f(0)$,即

$$f(0)=0. \tag{1}$$

进一步,令 $y=-1$,得到 $f(-x)=f(x)+2f(-x)$,即

$$f(-x)=-f(x). \tag{2}$$

最后,令 $y=-\dfrac{1}{2}$,由式 (2) 我们得到

$$f(0)=f(x)+2f(-x)=f(x)-2f\left(\frac{x}{2}\right).$$

再由式 (1) 得到

$$f(x) = 2f\left(\frac{x}{2}\right). \tag{3}$$

现在令 $x \neq 0$，且 t 是一个任意的实数. 将 $y = \dfrac{t}{2x}$ 代入原方程，由式 (3)，我们有

$$f(x+t) = f(x) + 2f\left(\frac{t}{2}\right) = f(x) + f(t). \tag{4}$$

对 $x = 0$，我们也有 $f(0+t) = f(0) + f(t)$. 所以，式 (4) 对所有的实数 x, t 都成立.

由归纳法，我们很容易证明

$$f(kx) = kf(x)$$

对所有 $x \in \mathbb{R}$ 和非负整数 k 都成立. 所以，

$$f(1\,992) = f\left(\frac{1\,992}{1\,991} \cdot 1\,991\right) = \frac{1\,992}{1\,991} f(1\,991) = \frac{1\,992a}{1\,991}.$$

4.2.20

令 $M_n = \max\{a_n, b_n, c_n\}$ 以及 $m_n = \min\{a_n, b_n, c_n\}$，这对每个 $n \geqslant 0$ 都是正的. 我们来证明 $\lim\limits_{n\to\infty} M_n = \infty$ 且 $\lim\limits_{n\to\infty} \dfrac{M_n}{m_n} = L \in \mathbb{R}$.

(1) 考虑 M_n：由题设得到

$$\begin{aligned} a_n^2 + b_n^2 + c_n^2 &= a_n^2 + b_n^2 + c_n^2 + 4\left(\frac{a_n}{b_n + c_n} + \frac{b_n}{c_n + a_n} + \frac{c_n}{a_n + b_n}\right) + \\ &\quad \left(\frac{2}{b_n + c_n}\right)^2 + \left(\frac{2}{c_n + a_n}\right)^2 + \left(\frac{2}{a_n + b_n}\right)^2 \\ &> a_n^2 + b_n^2 + c_n^2 + 4\left(\frac{a_n}{b_n + c_n} + \frac{b_n}{c_n + a_n} + \frac{c_n}{a_n + b_n}\right). \end{aligned}$$

进一步，我们很容易证明

$$\frac{a_n}{b_n + c_n} + \frac{b_n}{a_n + c_n} + \frac{c_n}{a_n + b_n} \geqslant \frac{3}{2}$$

（这就是著名的内斯比特（Nesbitt）不等式）.

因此我们有

$$a_{n+1}^2 + b_{n+1}^2 + c_{n+1}^2 > a_n^2 + b_n^2 + c_n^2 + 6,\ \forall n \geqslant 0,$$

这意味着

$$a_n^2 + b_n^2 + c_n^2 > 6n,\ \forall n \geqslant 0. \tag{1}$$

由于 $M_n = \max\{a_n, b_n, c_n\}$，所以 $M_n^2 \geqslant a_n^2, b_n^2, c_n^2$，因此

$$3M_n^2 \geqslant a_n^2 + b_n^2 + c_n^2,\ \forall n \geqslant 0. \tag{2}$$

结合式 (1) 和式 (2) 得到

$$M_n^2 > 2n \Leftrightarrow M_n > \sqrt{2n},$$

这就证明了第一个断言.

(2) 考虑 $\frac{M_n}{m_n}$,我们有

$$a_{n+1} = a_n + \frac{2}{b_n + c_n} \geqslant a_n + \frac{2}{2M_n} = a_n + \frac{1}{M_n},\ \forall n \geqslant 0.$$

类似地,对 b_{n+1}, c_{n+1} 也有这样的不等式. 因此

$$\begin{aligned} m_{n+1} &= \min\{a_{n+1}, b_{n+1}, c_{n+1}\} \\ &\geqslant \min\left\{a_n + \frac{1}{M_n}, b_n + \frac{1}{M_n}, c_n + \frac{1}{M_n}\right\} \\ &= \min\{a_n, b_n, c_n\} + \frac{1}{M_n} = m_n + \frac{1}{M_n},\ \forall n \geqslant 0. \end{aligned} \tag{3}$$

由类地的讨论,我们还有

$$M_{n+1} \leqslant M_n + \frac{1}{m_n},\ \forall n \geqslant 0. \tag{4}$$

由式 (3) 和式 (4) 得到

$$\begin{aligned} M_{n+1} \cdot m_n &\leqslant \left(M_n + \frac{1}{m_n}\right) \cdot m_n = M_n \cdot m_n + 1 \\ &= M_n\left(m_n + \frac{1}{M_n}\right) \leqslant M_n \cdot m_{m+1}, \end{aligned}$$

这意味着

$$\frac{M_{n+1}}{m_{n+1}} \leqslant \frac{M_n}{m_n},\ \forall n \geqslant 0.$$

且 $\frac{M_n}{m_n} \geqslant 1,\ \forall n \geqslant 0$. 因此序列 $\left\{\frac{M_n}{m_n}\right\}$ 是单调递减有下界的. 由魏尔斯特拉斯定理,存在极限

$$\lim_{n\to\infty} \frac{M_n}{m_n} = L \in \mathbb{R}.$$

因此 $\lim\limits_{n\to\infty} M_n = \infty$ 且 $\lim\limits_{n\to\infty} \frac{M_n}{m_n} = L \in \mathbb{R}$,由此可知 $\lim\limits_{n\to\infty} m_n = \infty$,因此 $\lim\limits_{n\to\infty} a_n = \infty$.

4.2.21

令 $f(x) = ax^2 - x + \ln(1+x)$. 问题等价于求 a 使得 $f(x) \geqslant 0,\ \forall x \in [0, +\infty)$. 注意到 $f(0) = 0$.

由于

$$f'(x)=2ax-1+\frac{1}{1+x}=2ax-\frac{x}{1+x}=\frac{x}{1+x}[2a(1+x)-1],$$

我们可得 $f'(0)=0,\ \forall a\in\mathbb{R}$. 且对 $x>0$, $f'(x)$ 与 $g(x)=2ax+2a-1$ 有相同的符号.

如果 $a=0$:在这种情形下,$g(x)=-1$,所以 $f'(x)<0,\ \forall x>0$,这说明 $f(x)$ 在 $[0,+\infty)$ 上单调递减. 那么 $f(x)\leqslant f(0)=0$,等号成立当且仅当 $x=0$.

如果 $a\neq 0$:在这种情形下,$g(x)=0$ 有唯一根 $x_0=\dfrac{1-2a}{2a}$. 那么我们必须对 a 考虑三个可能的区间 $(-\infty,0)$, $\left(0,\dfrac{1}{2}\right)$ 和 $\left[\dfrac{1}{2},+\infty\right)$.

对 $a<0$,那么 $x_0<0$,因此 $g(x)<0,\ \forall x>0>x_0$. 此时,$f(x)$ 在 $[0,+\infty)$ 上单调递减,所以 $f(x)<f(0)=0, x>0$,这样不满足题意.

对 $0<a<\dfrac{1}{2}$:那么 $x_0>0$,因此 $g(x)<0,\ \forall 0<x<x_0$. 此时,$f(x)$ 在 $[0,x_0)$ 上单调递减,所以 $f(x_0)<f(0)=0$,这样不满足题意.

对 $a\geqslant\dfrac{1}{2}$:那么 $x_0\leqslant 0$,因此 $g(x)>0,\ \forall x>0$. 此时,$f(x)$ 在 $[0,+\infty)$ 上单调递增,这意味着 $f(x)\geqslant f(0)=0$,且 $f(x)=0$ 当且仅当 $x=0$.

因此 $f(x)\geqslant 0$ 对所有的 $x\geqslant 0$ 成立当且仅当 $a\geqslant\dfrac{1}{2}$.

4.2.22

首先函数的定义域为 $D=[-\sqrt{1\,995},\sqrt{1\,995}]$. 注意到 $f(x)$ 是奇函数，且 $f(x)\geqslant 0,\ \forall x\in[0,\sqrt{1\,995}]$. 那么

$$\max_{x\in D}f(x)=\max_{x\in[0,\sqrt{1\,995}]}f(x);\ \min_{x\in D}f(x)=-\max_{x\in[0,\sqrt{1\,995}]}f(x).$$

对任意 $x\in\left[0,\sqrt{1\,995}\right]$,我们有

$$\begin{aligned}
f(x)&=x\left(1\,993+\sqrt{1\,995-x^2}\right)\\
&=x\left(\sqrt{1\,993}\cdot\sqrt{1\,993}+1\cdot\sqrt{1\,995-x^2}\right)\\
&\leqslant x\left(\sqrt{1\,993+1}\cdot\sqrt{1\,993+(1\,995-x^2)}\right)\quad\text{（根据柯西–施瓦兹不等式）}\\
&=x\sqrt{1\,994}\cdot\sqrt{1\,993+1\,995-x^2}\\
&\leqslant\sqrt{1\,994}\cdot\frac{x^2+(1\,993+1\,995-x^2)}{2}\quad\text{（根据算术–几何平均值不等式）}\\
&=1\,994\sqrt{1\,994}.
\end{aligned}$$

等号成立当且仅当

$$\begin{cases}1=\sqrt{1\,995-x^2}\\ x=\sqrt{1\,993+1\,995-x^2}\end{cases}\Leftrightarrow x=\sqrt{1\,994}\in[0,\sqrt{1\,995}].$$

因此，

$$\max_{x\in D} f(x) = f\left(\sqrt{1\,994}\right) = 1\,994\sqrt{1\,994},$$
$$\min_{x\in D} f(x) = f\left(-\sqrt{1\,994}\right) = -1\,994\sqrt{1\,994}.$$

4.2.23

利用三角函数，我们有

$$\frac{1}{a_0} = \frac{1}{2} = \cos\frac{\pi}{2},\ b_0 = 1,$$

这意味着

$$\frac{1}{a_1} = \frac{a_0 + b_0}{2a_0b_0} = \frac{1}{2}\left(\frac{1}{b_0} + \frac{1}{a_0}\right) = \frac{1}{2}\left(1 + \cos\frac{\pi}{3}\right) = \cos^2\frac{\pi}{6},$$

且

$$\frac{1}{b_1} = \frac{1}{\sqrt{a_1b_0}} = \cos\frac{\pi}{6}.$$

由归纳法我们可以证明

$$\begin{aligned}\frac{1}{a_n} &= \cos\frac{\pi}{2\cdot 3}\cdot\cos\frac{\pi}{2^2\cdot 3}\cdot\cdots\cdot\cos\frac{\pi}{2^n\cdot 3}\cdot\cos\frac{\pi}{2^n\cdot 3}\\ &= \cos\frac{\pi}{2^n\cdot 3}\cdot\frac{\sin\frac{\pi}{3}}{2^n\sin\frac{\pi}{2^n\cdot 3}},\end{aligned}$$

且

$$\frac{1}{b_n} = \cos\frac{\pi}{2\cdot 3}\cdot\cos\frac{\pi}{2^2\cdot 3}\cdot\cdots\cdot\cos\frac{\pi}{2^n\cdot 3} = \frac{\sin\frac{\pi}{3}}{2^n\sin\frac{\pi}{2^n\cdot 3}}.$$

注意到 $\lim\limits_{x\to 0}\dfrac{\sin x}{x} = 1$ 且 $\lim\limits_{x\to 0}\cos x = 1$. 特别地，

$$\lim_{n\to\infty}\frac{\sin\frac{\pi}{3}}{2^n\sin\frac{\pi}{2^n\cdot 3}} = 1,\ \lim_{n\to\infty}\cos\frac{\pi}{2^n\cdot 3} = 1.$$

最后我们得到

$$\lim_{n\to\infty} a_n = \lim_{n\to\infty} b_n = \frac{2\sqrt{3}\pi}{9}.$$

4.2.24

首先定义域为

$$\begin{cases} x > -\dfrac{1}{2} \\ y > -\dfrac{1}{2} \end{cases}.$$

我们将所给方程写为

$$\begin{cases} x^2+3x+\ln(2x+1)=y \\ x=y^2+3y+\ln(2y+1) \end{cases}.$$

将两个等式相加得到

$$x^2+4x+\ln(2x+1)=y^2+4y+\ln(2y+1). \tag{1}$$

考虑函数

$$f(t)=t^2+4t+\ln(2t+1),\ t\in\left(-\frac{1}{2},+\infty\right).$$

我们有

$$f'(t)=2t+4+\frac{2}{2t+1}>0,\ \forall t>-\frac{1}{2},$$

因此 $f(t)$ 是严格单调递增的. 那么式 (1) 说明 $x=y$.

将 $y=x$ 代入所给方程,我们得到

$$x^2+2x+\ln(2x+1)=0. \tag{2}$$

类似地,函数 $g(t)=t^2+2t+\ln(2t+1)$ 在 $t>-\frac{1}{2}$ 时单调递增,于是 $g(x)=0$ 当且仅当 $x=0$.

因此式 (2) 有唯一解 $x=0$,这意味着 $x=y=0$,这是原方程组的唯一解.

4.2.25

若 $a=0$:则 $x_0=0,\ \forall n\geqslant 0$,因此 $\lim\limits_{n\to\infty} x_n=0$.

若 $a>0$:则由不等式 $\sin x<x,\ \forall x>0$,我们有 $x_n>0,\ \forall n\geqslant 0$.

进一步,我们有不等式

$$\sin x\geqslant x-\frac{x^3}{6},\ \forall x\geqslant 0,$$

等号成立当且仅当 $x=0$.

那么

$$\begin{aligned} & \sin x_{n-1}>x_{n-1}-\frac{x_{n-1}^3}{6} \\ \Leftrightarrow\ & 6(x_{n-1}-\sin x_{n-1})<x_{n-1}^3 \\ \Leftrightarrow\ & \sqrt[3]{6(x_{n-1}-\sin x_{n-1})}<x_{n-1} \\ \Leftrightarrow\ & x_n<x_{n-1},\ \forall n\geqslant 1, \end{aligned}$$

这说明 $\{x_n\}$ 是单调递减且有下界的. 因此,由魏尔斯特拉斯定理,存在极限 $\lim\limits_{n\to\infty} x_n=L\geqslant 0$.

在等式

$$x_n = \sqrt[3]{6(x_{n-1} - \sin x_{n-1})}$$

中令 $n \to \infty$,我们得到

$$L = \sqrt[3]{6(x_{n-1} - \sin x_{n-1})} \Leftrightarrow \sin L = L - \frac{L^3}{6},$$

由上面的不等式,可知 $L = 0$,即 $\lim_{n\to\infty} x_n = 0$.

如果 $a < 0$,我们可以令 $y_n = -x_n$ 划归到第二种情形,于是可得到相同的结果.

因此对任意 $a \in \mathbb{R}$,总有 $\lim_{n\to\infty} x_n = 0$.

4.2.26

考虑函数

$$f(t) = t^3 + 3t - 3 + \ln(t^2 - t + 1),\ t \in \mathbb{R}.$$

所给方程可写为

$$\begin{cases} f(x) = y \\ f(y) = z \\ f(z) = x \end{cases} \Leftrightarrow \begin{cases} f(x) = y \\ f(y) = f(f(x)) = z \\ f(z) = f(f(f(x))) = x \end{cases}.$$

我们有

$$f'(t) = 3t^2 + 3 + \frac{2t-1}{t^2-t+1} = 3t^2 + \frac{3t^2-t+2}{t^2-t+1} > 0,\ \forall t \in \mathbb{R},$$

因此 $f(t)$ 在 $\mathbb{R}$ 上单调递增. 那么 $f(f(f(x))) = x$ 等价于 $f(x) = x$,即

$$x^3 + 2x - 3 + \ln(x^2 - x + 1) = 0. \tag{1}$$

令

$$g(x) = x^3 + 2x - 3 + \ln(x^2 - x + 1),$$

那么

$$g'(x) = 3x^2 + 2 + \frac{2x-1}{x^2-x+1} = 3x^2 + \frac{2x^2+1}{x^2-x+1} > 0,\ \forall x \in \mathbb{R}.$$

那么 $g(x)$ 在 $\mathbb{R}$ 上单调递增. 由于 $g(1) = 1$,式 (1) 的解为 $x = 1$,即原方程的唯一解为 $x = y = z = 1$.

4.2.27

注意到

$$\arccos x + \arcsin x = \frac{\pi}{2},\ \forall x \in [-1, 1],$$

那么我们有

$$\begin{aligned}x_n &= \frac{4}{\pi^2}\Big(\arccos x_{n-1}+\frac{\pi}{2}\Big)\arcsin x_{n-1}\\ &= \frac{4}{\pi^2}\Big(\arccos x_{n-1}+\frac{\pi}{2}\Big)\cdot\Big(\frac{\pi}{2}-\arccos x_{n-1}\Big)\\ &= \frac{4}{\pi^2}\Big[\Big(\frac{\pi}{2}\Big)^2-\arccos^2 x_{n-1}\Big]\\ &= 1-\frac{4}{\pi^2}\arccos^2 x_{n-1}.\end{aligned}$$

那么对所有的 $n \geqslant 1$,有 $x_n \in (0,1)$. 令 $t_n = \arccos x_n$,那么 $t_n \in \Big(0,\frac{\pi}{2}\Big)$. 进一步,递推式

$$x_n = 1-\frac{4}{\pi^2}\arccos^2 x_{n-1}$$

意味着

$$\cos t_n = 1-\frac{4}{\pi^2}t_{n-1}^2. \tag{1}$$

考虑函数

$$f(t) = 1-\frac{4}{\pi^2}t^2-\cos t,\ t\in\Big[0,\frac{\pi}{2}\Big].$$

我们有

$$f'(t) = \sin t-\frac{8}{\pi^2}t,$$

以及

$$f''(t) = \cos t-\frac{8}{\pi^2}.$$

因此

$$f''(t) = 0 \Leftrightarrow t = t_0\text{"} = \arccos\frac{8}{\pi^2}\in\Big(0,\frac{\pi}{2}\Big),$$

且

$$f''(t)\begin{cases}>0, t\in(0,t_0)\\ <0, t\in\Big(t_0,\dfrac{\pi}{2}\Big)\end{cases}.$$

这说明 $f'(t)$ 在 $[0,t_0]$ 上严格递增,在 $\Big[t_0,\frac{\pi}{2}\Big]$ 上严格递减.

现在 $f'(0)=0$ 且 $f'\Big(\frac{\pi}{2}\Big)=1-\frac{\pi}{4}<0$,那么存在 $t_1\in\Big(0,\frac{\pi}{2}\Big)$ 使得 $f'(t_1)=0$,且我们有

$$f'(t)\begin{cases}>0, t\in(0,t_1)\\ <0, t\in\Big(t_1,\dfrac{\pi}{2}\Big)\end{cases}.$$

这又证明 $f(t)$ 在 $[0,t_1]$ 上严格递增,在 $\Big[t_1,\frac{\pi}{2}\Big]$ 上严格递减.

再注意到 $f(0)=f\left(\frac{\pi}{2}\right)=0$,由此得到 $f(t)\geqslant 0$ 在 $\left[0,\frac{\pi}{2}\right]$ 上成立.
因此

$$1-\frac{4}{\pi^2}t^2-\cos t\leqslant 0\Leftrightarrow \cos t\geqslant 1-\frac{4}{\pi^2}t^2,\ \forall t\in\left[0,\frac{\pi}{2}\right]. \tag{2}$$

结合式 (1) 和式 (2) 得到

$$\cos t_n=1-\frac{4}{\pi^2}\geqslant \cos t_{n-1},\ \forall n\geqslant 1,$$

这意味着 $x_n\geqslant 1,\ \forall n\geqslant 1$.

因此序列 $\{x_n\}$ 满足 $0<x_n<1$,且是单调递增有上界的. 由魏尔斯特拉斯定理,存在极限 $\lim\limits_{n\to\infty}x_n=L$,且 $L>0$. 进一步,由此可得 $\{t_n\}\in\left[0,\frac{\pi}{2}\right]$ 是单调递减的且有下界的. 再次由魏尔斯特拉斯定理,存在极限 $\lim\limits_{n\to\infty}t_n=\alpha<\frac{\pi}{2}$.

在式 (1) 中令 $n\to\infty$ 我们得到

$$\cos\alpha=1-\frac{4}{\pi^2}\alpha^2,$$

由式 (2) 可知 $\alpha=0$ 或 $\alpha=\frac{\pi}{2}$,其中 $\alpha=\frac{\pi}{2}$ 舍去,于是 $\alpha=0$,那么 $L=\cos\alpha=1$

因此 $\lim\limits_{n\to\infty}x_n=1$.

4.2.28

(1) 递推式 $a_{n+1}=5a_n+\sqrt{24a_n^2-96}$ 等价于

$$a_n^2-10a_{n+1}\cdot a_n+a_{n+1}^2+96=0. \tag{1}$$

这也意味着

$$a_{n+2}^2-10a_{n+1}\cdot a_{n+2}+a_{n+1}^2+96=0. \tag{2}$$

注意到 $\{a_n\}$ 是严格递增的,于是 $a_n<a_{n+2}$. 那么式 (1) 和式 (2) 说明 a_n 和 a_{n+2} 是方程

$$t^2-10a_{n+1}t+a_{n+1}^2+96=0 \tag{3}$$

的两个相异实根. 由韦达定理,$a_n+a_{n+2}=10a_{n+1}$,即 $a_{n+2}-10a_{n+1}+a_n=0,\ \forall n\geqslant 1$. 此递推式的特征方程为 $x^2-10x+1=0$,它有两个实根

$$x_{1,2}=5\pm 2\sqrt{6}.$$

那么此递推式的通解具有形式

$$a_n=C_1(5-2\sqrt{6})^n+C_2(5+2\sqrt{6})^n,$$

其中 C_1,C_2 是待求的常数.

在通解式中代入 $n=0$ 和 $n=1$,我们得到方程组

$$\begin{cases}C_1+C_2=a_0=2\\C_1(5-2\sqrt{6})+C_2(5+2\sqrt{6})=a_1=10\end{cases},$$

解得 $C_1=C_2=1$. 因此 $\{a_n\}$ 的通项公式为

$$a_n=(5-2\sqrt{6})^n+(5+2\sqrt{6})^n,\ \forall n\geqslant 0.$$

(2) 我们用归纳法证明此不等式.

$n=0$ 时, 不等式是显然成立的. 假定不等式对 $n=k\geqslant 0$ 成立, 即 $a_k\geqslant 2\cdot 5^k$,那么

$$a_{k+1}=5a_k+\sqrt{24a_k^2-96}\geqslant 5a_k\geqslant 2\cdot 5^{k+1},$$

这说明不等式对 $n=k+1$ 也成立.

由数学归纳法,我们有 $a_n\geqslant 2\cdot 5^n$ 对所有整数 $n\geqslant 0$ 都成立.

4.2.29

令 $n=1\,995+k$,其中 $5\leqslant k\leqslant 100$. 那么

$$a=\sum_{i=1\,995}^{1\,995+k}\frac{1}{i},\ b=1+\frac{k+1}{1\,995}.$$

注意到

$$\begin{aligned}\frac{1}{1\,995+k}&<\frac{1}{1\,995}=\frac{1}{1\,995}\\\frac{1}{1\,995+k}&<\frac{1}{1\,995+1}<\frac{1}{1\,995}\\&\vdots\\\frac{1}{1\,995+k}&=\frac{1}{1\,995+k}<\frac{1}{1\,995},\end{aligned}$$

我们得到

$$\frac{k+1}{1\,995+k}<\sum_{i=1\,995}^{1\,995+k}\frac{1}{i}=a<\frac{k+1}{1\,995},$$

这意味着

$$\frac{1\,995}{k+1}<\frac{1}{a}<\frac{1\,995+k}{k+1}. \tag{1}$$

由式 (1) 的左边不等式可得

$$b^{1/a}=\left(1+\frac{k+1}{1\,995}\right)^{1/a}>\left(1+\frac{k+1}{1\,995}\right)^{\frac{1\,995}{k+1}}.$$

进一步,由伯努利不等式得

$$\left(1+\frac{k+1}{1\,995}\right)^{\frac{1\,995}{k+1}} > 1+\frac{1\,995}{k+1}\cdot\frac{k+1}{1\,995}=2,$$

所以

$$b^{\frac{1}{a}} > 2. \tag{2}$$

此外,由式 (1) 的右边不等式得到

$$\begin{aligned} b^{\frac{1}{a}} &= \left(1+\frac{k+1}{1\,995}\right)^{\frac{1}{a}} < \left(1+\frac{k+1}{1\,995}\right)^{\frac{1\,995+k}{k+1}} \\ &< \left(1+\frac{k+1}{1\,995}\right)\left(1+\frac{k+1}{1\,995}\right)^{\frac{1\,995}{k+1}} \\ &\leqslant \left(1+\frac{101}{1\,995}\right)\left(1+\frac{k+1}{1\,995}\right)^{\frac{1\,995}{k+1}} \\ &< 1.06\cdot\left(1+\frac{k+1}{1\,995}\right)^{\frac{1\,995}{k+1}}. \end{aligned}$$

注意到函数 $f(x)=\left(1+\frac{1}{x}\right)^{x}$ 在 $(0,+\infty)$ 上严格递增,且 $\lim\limits_{x\to+\infty} f(x)=\mathrm{e}$,我们得到

$$f\left(\frac{1\,995}{k+1}\right)=\left(1+\frac{k+1}{1\,995}\right)^{\frac{1\,995}{k+1}} < \mathrm{e},$$

所以

$$b^{\frac{1}{a}} < 1.06\cdot\mathrm{e} < 1.06\cdot 2.8 < 3. \tag{3}$$

结合式 (2) 和式 (3) 得到 $\left[b^{\frac{1}{a}}\right]=2$.

4.2.30

显然 $\deg P=n\geqslant 1$. 有两种情形:

情形一: $P(x)$ 在 $\mathbb{R}$ 上单调.

由于 $P(x)$ 的图像只有有限个拐点,对充分大的 $a>1\,995$, $P(x)=a$ 至多只有一个根(重根按重数算). 那么有 $n=1$,且 $P(x)=px+q$,其中 $p>0$.

此时方程 $P(x)=a$ 有一个解

$$x=\frac{a-q}{p}.$$

我们可以看出, $x>1\,995$ 对任意 $a>1\,995$ 成立,当且仅当 $p>0$ 且 $q\leqslant 1\,995(1-p)$.

情形二: $P(x)$ 有极大值点或极小值点.

那么 $n \geqslant 2$. 假定 P 在 $u_1, \cdots, u_m$（$m \geqslant 1$）处取到其极大值，在 $v_1, \cdots, v_k$（$k \geqslant 1$）处取到其极小值. 令

$$h = \max\{P(u_1), \cdots, P(u_n), P(v_1), \cdots, P(v_k)\}.$$

再次根据 $P(x)$ 只有有限个拐点，对充分大的 $a > \max\{h, 1\,995\}$，方程 $P(x) = a$ 只有至多两个解（重根按重数算），这意味着 $n = 2$.

然而，在这种情形下，对充分大的 $a > 1\,995$ 和二次多项式，$P(x) = a$ 只有至多一个大于 1 995 的根，因此这个多项式不满足题目要求.

因此原题的唯一解为 $P(x) = px + q$，其中 $p > 0$ 且 $q \leqslant 1\,995(1 - p)$.

4.2.31

原方程组等价于

$$\begin{cases} y(x^3 - y^3) = a^2 & (1) \\ y(x + y)^2 = b^2 & (2) \end{cases}$$

有四种情形：

如果 $a = b = 0$：方程组有无穷多组解 $(x, 0)$，其中 x 任意.

如果 $a \neq 0, b \neq 0$：式 (1) 说明 $y \neq 0$，而式 (2) 说明 $x = -y$. 将 $x = -y$ 代入式 (1) 得到

$$-2y^4 = a^2,$$

此方程无解，因此原方程无解.

如果 $a = 0, b \neq 0$：式 (2) 说明 $y \neq 0$，而式 (1) 说明 $x^3 = y^3$，即 $x = y$. 将之代入式 (2) 得到

$$4y^3 = b^2,$$

解得 $y = \sqrt[3]{\frac{b^2}{4}}$. 此时，方程组有唯一解 $x = y = \sqrt[3]{\frac{b^2}{4}}$.

如果 $a \neq 0, b \neq 0$：只需要考虑 $a, b > 0$（否则我们只需取 a, b 的绝对值即可）. 由式 (2) 可得 $y > 0$，再由式 (1) 得到 $x > y > 0$. 进一步，式 (2) 说明

$$x = \frac{b}{\sqrt{y}} - y.$$

令 $t = \sqrt{y}$，我们有 $x = \frac{b}{t} - t^2$. 那么式 (1) 等价于

$$t^2\left[\left(\frac{b}{t} - t^2\right)^3 - t^6\right] = a^2,$$

即

$$t^9-(b-t^3)^3+a^2t=0.$$

考虑函数 $f(t)=t^9-(b-t^3)^3+a^2t, t\in[0,+\infty)$,其导数为

$$f'(t)=9t^8+9(b-t^3)^2t^2+a^2\geqslant 0,\ \forall t\geqslant 0.$$

这说明 $f(t)$ 在 $[0,+\infty)$ 上单调递增. 注意到 $f(0)=-b^3<0, f(\sqrt[3]{b})=b^3+a^2\sqrt[3]{b}>0$. 那么方程 $f(t)=0$ 有唯一解 $t_0>0$,也就是原方程组有唯一解 $(x,y)=\left(\frac{b}{t_0}-t_0^2, t_0^2\right)$.

4.2.32

由

$$f(n)+f(n+1)=f(n+2)\cdot f(n+3)-1\,996,\ \forall n\geqslant 1, \tag{1}$$

我们有

$$f(n+1)+f(n+2)=f(n+3)\cdot f(n+4)-1\,996,\ \forall n\geqslant 1. \tag{2}$$

在式 (2) 中减去式 (1) 得到

$$f(n+2)-f(n)=f(n+3)[f(n+4)-f(n+2)],\ \forall n\geqslant 1.$$

由此式,根据归纳法我们可以证明

$$f(3)-f(1)=f(4)f(6)\cdots f(2n)[f(2n+1)-f(2n-1)],\ \forall n\geqslant 2, \tag{3}$$

且

$$f(4)-f(2)=f(5)f(7)\cdots f(2n+1)[f(2n+2)-f(2n)],\ \forall n\geqslant 2. \tag{4}$$

若 $f(1)>f(3)$,那么 $f(2n-1)>f(2n+1), \forall n\geqslant 1$. 此时,式 (3) 说明存在无穷多个正数小于 $f(1)$,这是不可能的. 因此我们有 $f(1)\leqslant f(3)$.

类似地,$f(2)\leqslant f(4)$.

若 $f(1)<f(3)$ 且 $f(2)<f(4)$,那么 (3) 和 (4) 说明 $f(2n-1)<f(2n+1)$ 且 $f(2n)<f(2n+2), \forall n\geqslant 1$. 此时,$f(3)-f(1)$ 有无穷多个相异的正因子,这是不可能的. 因此我们有 $f(1)=f(3)$ 或者 $f(2)=f(4)$.

若 $f(1)=f(3)$ 且 $f(2)=f(4)$,那么式 (3) 和式 (4) 说明

$$f(1)=f(2n-1)\text{ 且 }f(2)=f(2n),\ \forall n\geqslant 1. \tag{5}$$

将式 (5) 代入式 (1) 中我们得到

$$f(1)+f(2)=f(1)\cdot f(2)-1\,996\Leftrightarrow[f(1)-1]\cdot[f(2)-1]=1\,997.$$

由于 1 997 是一个素数，有两种情形：要么 $f(1)=2, f(2)=1\,998$，要么 $f(1)=1\,998, f(2)=2$. 再结合式 (5) 我们得到解为

$$f(n)=\begin{cases}2, n \text{ 为奇数}\\ 1\,998, n \text{ 为偶数}\end{cases}$$

或者

$$f(n)=\begin{cases}2, n \text{ 为偶数}\\ 1\,998, n \text{ 为奇数}\end{cases}.$$

若 $f(1)=f(3)$ 且 $f(2)<f(4)$，那么由式 (3) 得到 $f(1)=f(2n-1), \forall n\geqslant 1$. 将此式代入式 (4)，我们得到

$$f(4)-f(2)=[f(1)]^{n-1}\cdot[f(n+2)-f(2)],$$

且 $f(2n)<f(2n+2), \forall n\geqslant 1$.

通过和上面类似的讨论，如果 $f(1)>1$，那么 $f(4)-f(2)$ 有无穷多个相异的正因子，这是不可能的. 所以我们必有 $f(1)=1$ 且 $f(2n-1)=f(2n+1), \forall n\geqslant 1$. 将此式代入 (1) 我们得到 $f(4)-f(2)=1\,997$.

进一步，由式 (4) 可得 $f(4)-f(2)=f(2n+2)-f(2n), \forall n\geqslant 1$. 此时，解为

$$f(n)=\begin{cases}1, n \text{ 为奇数}\\ k+1\,997\left(\dfrac{n}{2}-1\right), n \text{ 为偶数}\end{cases},$$

其中 k 是任意一个正整数.

若 $f(2)=f(4)$ 且 $f(1)<f(3)$，那么由类似的讨论我们有解

$$f(n)=\begin{cases}1, n \text{ 为奇数}\\ \ell+1\,997\left(\dfrac{n-1}{2}\right), n \text{ 为偶数}\end{cases},$$

其中 ℓ 是任意一个正整数.

4.2.33

我们有

$$k^n>2n^k \Leftrightarrow n\ln k>\ln 2+k\ln n. \tag{1}$$

考虑函数 $f(x)=n\ln x-x\ln x, x\in(1,+\infty)$. 由于

$$f'(x)=\frac{n}{x}-\ln x=0 \Leftrightarrow x=\frac{n}{\ln n},$$

这说明 $f(x)$ 在 $\left(1,\dfrac{n}{\ln n}\right)$ 上单调递增，在 $\left(\dfrac{n}{\ln n},+\infty\right)$ 上单调递减.

注意到 $2 \leqslant k \leqslant n-1$,那么 $f(x)$ 在 $[2, n-1]$ 上的最小值是在其中一个端点处取到. 那么为了证明式 (1),只需证明 $f(2) > \ln 2$ 和 $f(n-1) > \ln 2$ 对所有的 $n \geqslant 7$ 成立即可.

对第一个不等式:

$$f(2) > \ln 2 \Leftrightarrow n \ln 2 - 2 \ln n \Leftrightarrow 2^{n-1} > n^2.$$

此不等式很容易归纳证明.

对第二个不等式:

$$\begin{aligned} f(n-1) > \ln 2 &\Leftrightarrow n \ln(n-1) - (n-1) \ln n > \ln 2 \\ &\Leftrightarrow (n-1)^n > 2n^{n-1}. \end{aligned}$$

令 $n-1 = t \geqslant 6$,上述不等式等价于

$$t^{t+1} > 2(t+1)^t,$$

即

$$t > 2\left(1 + \frac{1}{t}\right)^t.$$

显然,对 $t > 0$ 有 $\left(1+\dfrac{1}{t}\right)^t < 3$,那么 $2\left(1+\dfrac{1}{t}\right)^t < 6 \leqslant t$.

证毕.

4.2.34

由于 1 997 是素数,则 $(n, 1\,997) = 1$. 那么对所有的 $i \leqslant 1\,997$, $j < n$,a_i 和 b_j 都不是整数.

为了证明 $c_{k+1} - c_k < 2$,我们注意到下面的两条性质:

(1) $a_i \neq b_j$, $\forall i, j$.

(2) 对满足 $x + y = m \in \mathbb{Z}$ 的非整数 x, y,有 $[x] + [y] = m - 1$.

设 m 是一个固定的整数($i < m < 1\,997 + n$). 我们统计 $\{a_i\}$ 中不超过 m 的个数. 由于

$$a_i \leqslant m \Leftrightarrow \begin{cases} i < 1\,997 \\ \dfrac{i(1\,997+n)}{1\,997} \leqslant m \end{cases},$$

那么存在 $\left[\dfrac{1\,997m}{1\,997+n}\right]$ 个这样的数. 类似的,在 (b_j) 中有 $\left[\dfrac{mn}{1\,997+n}\right]$ 个数不超过 m.

因此,在 $\{c_k\}$ 中不超过 m 的数的个数为

$$\left[\frac{1\,997m}{1\,997+n}\right] + \left[\frac{mn}{1\,997+n}\right].$$

进一步,由于

$$\frac{1\,997m}{1\,997+n}+\frac{mn}{1\,997+n}=m\in\mathbb{N},$$

由上述第二条性质,我们有

$$\left[\frac{1\,997m}{1\,997+n}\right]+\left[\frac{mn}{1\,997+n}\right]=m-1.$$

那么在 $(1,m)$ 中恰有 $m-1$ 个 $\{c_k\}$ 中的元素. 取 $m=2,3,\cdots,1\,996+n$,我们可知在每个区间 $(m-1,m)$ 中恰有一个 $\{c_k\}$ 中的元素. 因此 $c_{k+1}-c_k<2$ 对所有的 $k=1,2,\cdots,1\,994+n$ 成立.

4.2.35

考虑 a 的以下几种情形.

情形一:若 $a=0$,那么 $x_n=0$ 对所有 n 成立,那么 $\lim\limits_{n\to\infty}x_n=0$.

情形二:若 $a=1$,那么 $x_n=1$ 对所有 n 成立,那么 $\lim\limits_{n\to\infty}x_n=1$.

情形三:若 $a>0,a\neq 1$. 那么由于 x_{n+1} 和 x_n 具有相同的符号,我们可知 $x_n>0$ 对所有 n 成立.

注意到

$$x_{n+1}-1=\frac{(x_n-1)^3}{3x_n^2+1},$$

这说明 $x_{n+1}-1$ 与 x_n-1 有相同的符号. 所以,

如果 $a\in(0,1)$,那么 $x_n<1$ 对所有 n 成立.

如果 $a>1$,那么 $x_n>1$ 对所有 n 成立.

现在考虑

$$x_{n+1}-x_n=\frac{2x_n(1-x_n^2)}{3x_n^2+1},$$

这说明 $\{x_n\}$ 要么单调递增且以 1 为上界,要么单调递减且以 1 为下界. 在两种情形中,都存在极限 $\lim\limits_{n\to\infty}x_n=L$,且 $L>0$.

在所给递推式中令 $n\to\infty$,我们得到

$$L=\frac{L(L^2+3)}{3L^2+1}\Rightarrow L=1.$$

情形四:如果 $a<0$. 定义数列 $\{y_n\}$ 为 $y_n=-x_n,\ \forall n\geqslant 1$,那么就划归到了情形三,并且可得 $\{y_n\}$ 收敛,且 $\lim\limits_{n\to\infty}y_n=1$,即 $\{x_n\}$ 收敛,且 $\lim\limits_{n\to\infty}x_n=-1$.

综上所述,$\{x_n\}$ 总是收敛的,且

$$\lim_{n\to\infty}x_n=\begin{cases}-1, & 如果\ a<0\\ 0, & 如果\ a=0\\ 1, & 如果\ a>0\end{cases}.$$

4.2.36

由题设,对所有的 $n \geqslant 0, a_n$ 是整数.

(1) 令 $b_n = a_{n+1} - a_n$,我们有

$$b_{n+2} = 2b_{n+1} - b_n,$$

这意味着

$$b_{n+2} - b_{n+1} = b_{n+1} - b_n = \cdots = b_1 - b_0 = a_2 - 2a_1 + a_0 = 2.$$

于是

$$b_{n+1} = b_n + 2, \ \forall n \geqslant 0,$$

于是

$$b_n = b_0 + 2n = 2n + b - a, \ \forall n \geqslant 0.$$

因此

$$\begin{aligned} a_n - a_0 &= \sum_{k=0}^{n-1} b_k = 2\sum_{k=0}^{n-1} k + n(b-a) \\ &= n(n-1) + n(b-a), \ \forall n \geqslant 0, \end{aligned}$$

进一步得到

$$a_n = n^2 + n(b-a-1) + a, \ \forall n \geqslant 0.$$

(2) 假定 $a_n = c^2$,其中 $n \geqslant 1\,998$,且 c 是一个正整数. 那么

$$\begin{aligned} 4c^2 = 4a_n &= 4n^2 + 4n(b-a-1) + 4a \\ &= [2n + (b-a-a)^2] + 4a - (b-a-1)^2. \end{aligned}$$

令 $\alpha = 2n + (b-a-1), \beta = 4a - (b-a-1)^2$. 那么

$$\beta = 4c^2 - \alpha^2 = (2c+\alpha)(2c-\alpha).$$

注意到对充分大的 n, α 是一个正整数.

若 $\beta \neq 0$,那么 $2c - \alpha \neq 0$. 由于 $2c - \alpha$ 是整数,

$$|\beta| \geqslant |2c+\alpha| \geqslant 2c + \alpha \geqslant \alpha = 2n + (b-a-1),$$

这对充分大的 n 是不可能成立的,因此 β 为常数.

所以我们必有 $\beta = 0$, 且 $4a = (b-a-1)^2$. 令 $b - a - 1 = 2t$, 我们有 $a = t^2$,且 $b = a + 1 + 2t = (t+1)^2$.

反过来,若 $a = t^2$ 且 $b = (t+1)^2$,那么 $a_n = n^2 + n(b-a-1) + a = (n+t)^2$.

因此对所有的 n, a_n 是一个完全平方数当且仅当 $a = t^2, b = (t+1)^2$,其中 t 是一个整数.

4.2.37

如果 $a=1$,那么 $x_n=1$ 对所有 n 成立,因此 $\lim\limits_{n\to\infty} x_n=1$.

如果 $a>1$,我们归纳证明 $x_n>1$ 对所有 n 成立.

显然 $x_1=a>1$,假定 $x_n>1$,我们有

$$x_{n+1}>1 \Leftrightarrow \ln\left(\frac{x_n^2}{1+\ln x_n}\right)>0 \Leftrightarrow x_n^2-1-\ln x_n>0.$$

考虑函数 $f(x)=x^2-1-\ln x,\ x\in[1,+\infty)$. 容易得到 $f'(x)>0,\ \forall x\geqslant 1$, 因此 $f(x)$ 在 $[1,+\infty)$ 上单调递增. 进一步, $f(1)=0$,所以 $f)x_>0,\ \forall x>1$. 特别地, $x_{n+1}>1$. 于是我们的断言得证.

接下来我们证明 $\{x_n\}$ 是单调递减的,这等价于证明 $x_n-x_{n+1}>0,\ \forall n\geqslant 1$. 我们有

$$x_n-x_{n+1}>0 \Leftrightarrow x_n-1-\ln\left(\frac{x_n^2}{1+\ln x_n}\right)>0.$$

考虑函数

$$g(x)=x-1-\ln\frac{x^2}{1+\ln x},\ x\in[1,+\infty).$$

其导数为

$$g'(x)=\frac{x-1-x\ln x-2\ln x}{x(1+\ln x)},\ x\in[1,+\infty). \tag{1}$$

我们再考虑函数 $h(x)=x-1+x\ln x-2\ln x,\ x\in[1,+\infty)$,其导数为

$$h'(x)=2\Big(1-\frac{1}{x}\Big)+\ln x.$$

显然 $h'(x)>0,\ \forall x>1$,且 $h'(x)=0 \Leftrightarrow x=1$. 那么 $h(x)$ 在 $[0,+\infty)$ 上单调递增. 再由 $h(1)=0$,我们得到 $h(x)>0,\ \forall x>1$,且 $h(x)=0$ 当且仅当 $x=1$.

由上述事实和式 (1) 可知 $g'(x)>0,\ \forall x>1$, 且 $g'(x)=0 \Leftrightarrow x=1$. 所以 $g(x)$ 在 $[1,+\infty)$ 上单调递增,且因为 $f(1)=0$,所以 $f(x)>0,\ \forall x>1$. 特别地, $x_n>1,\ \forall n\geqslant 1$,

$$f(x_n)>0 \Leftrightarrow x_n>x_{n+1}\ \forall n\geqslant 1.$$

于是 $\{x_n\}$ 是单调递减且下界为 1. 由魏尔斯特拉斯定理,存在极限 $\lim\limits_{n\to\infty} x_n=L$,且 $L\geqslant 1$.

在题设的递推式中令 $n\to\infty$,我们有

$$L=1+\ln\left(\frac{L^2}{1+\ln L}\right) \Leftrightarrow L-1-\ln\left(\frac{L^2}{1+\ln L}\right)=0,$$

这意味着 $g(L)=0$,因此 $L=1$.

4.2.38

存在这样的数列. 对每个 $n \geqslant 1$, 我们将 $x_1, \cdots, x_n$ 按照递增的顺序重排为 $x_{i_1}, \cdots, x_{i_n}$, 其中 $(i_1, \cdots, i_n)$ 是 $(1, \cdots, n)$ 的一个置换. 注意到 $i_1 \neq i_n$, 那么要么 $i_1 \geqslant 1$ 且 $i_n \geqslant 2$, 要么 $i_n \geqslant 1$ 且 $i_1 \geqslant 2$. 在任何情形下, 我们总有

$$\frac{1}{i_1(i_1+2)} + \frac{1}{i_n(i_n+1)} \leqslant \frac{1}{1 \cdot 2} + \frac{1}{2 \cdot 3} = \frac{1}{2} + \frac{1}{6}.$$

记 $M = 0.666$, 那么我们有

$$\begin{aligned}
2M \geqslant x_{i_n} - x_{i_1} &= \sum_{k=2}^{n} (x_{i_k} - x_{i_{k-1}}) \\
&\geqslant \sum_{k=2}^{n} \left(\frac{1}{i_k(i_k+1)} + \frac{1}{i_{k-1}(i_{k-1}+1)} \right) \\
&= 2\sum_{k=1}^{n} \frac{1}{k(k+1)} - \frac{1}{i_n(i_n+1)} - \frac{1}{i_1(i_1+1)} \\
&\geqslant 2\sum_{k=1}^{n} \frac{1}{k(k+1)} - \frac{1}{2} - \frac{1}{6} \\
&= 2\left(1 - \frac{1}{n+1}\right) - \frac{2}{3} \\
&= \frac{4}{3} - \frac{2}{n+1}.
\end{aligned}$$

令 $n \to \infty$, 我们有

$$\lim_{n \to \infty} \left(\frac{4}{3} - \frac{2}{n+1} \right) = \frac{4}{3} > 1.332 = 2M,$$

这是不可能的.

因此不存在这样的数列.

4.2.39

注意到 $u_3 = 5$, 且 $\{u_n\}$ 是一个单调递增的正数列. 进一步, 递推方程 $u_{n+2} = 3u_{n+1} - u_n$ 说明 $u_{n+1} + u_{n-1} = 3u_n$. 由此得到

$$(u_{n+2} + u_n)u_n = 3u_{n+1}u_n = u_{n+1}(u_{n+1} + u_{n-1}),\ n \geqslant 2,$$

即

$$u_{n+2}u_n - u_{n+1}^2 = u_{n+1}u_{n-1} - u_n^2,\ n \geqslant 2.$$

这意味着

$$u_{n+2}u_n - u_{n+1}^2 = \cdots = u_3u_1 - u_2^2 = 1,\ n \geqslant 1,$$

因此

$$u_{n+2}=\frac{1+u_{n+1}^2}{u_n},\ \forall n\geqslant 1.$$

所以,

$$u_{n+2}+u_n=\frac{1+u_{n+1}^2}{u_n}+u_n=\frac{1}{u_n}+u_n+\frac{u_{n+1}^2}{u_n}\geqslant 2+\frac{u_{n+1}^2}{u_n},\ \forall n\geqslant 1.$$

4.2.40

将所给方程的三个正根记为 m,n,p. 由韦达定理得

$$\begin{cases} m+n+p=\frac{1}{2}a \\ mn+np+pm=\frac{b}{a}, \\ mnp=\frac{1}{a} \end{cases}$$

这意味着 $a,b>0$.

进一步, 由不等式 $(m+n+p)^2\geqslant 3(mn+np+pm)$, 等号成立当且仅当 $m=n=p$,我们有

$$\frac{1}{a^2}\geqslant\frac{3b}{a}\Leftrightarrow 0<b\leqslant\frac{1}{3a}. \tag{1}$$

此外,由算术–几何平均值不等式, $m+n+p\geqslant 3\sqrt[3]{mnp}$, 等号成立当且仅当 $m=n=p$,我们还有

$$\frac{1}{a^2}\geqslant 3\sqrt[3]{\frac{1}{a}}\Leftrightarrow 0<a\leqslant\frac{1}{3\sqrt{3}}. \tag{2}$$

考虑函数

$$f(x)=\frac{5a^2-3ax+2}{a^2(x-a)},\ x\in\left(0,\frac{1}{3a}\right),$$

其导数为

$$f'(x)=-\frac{2(a^2+1)}{a^2(x-a)^2}<0,\ \forall x\in\left(0,\frac{1}{3a}\right),$$

因此 $f(x)$ 在此区间上单调递减,那么

$$f(x)\geqslant f\left(\frac{1}{3a}\right)=\frac{3(5a^2+1)}{a(1-3a^2)},\forall x\in\left(0,\frac{1}{3a}\right). \tag{3}$$

接下来,注意到由式 (2) 我们有 $0<a\leqslant\frac{1}{3\sqrt{3}}$. 因此考虑函数

$$g(x)=\frac{3(5x^2+1)}{x(1-3x^2)},\ x\in\left(0,\frac{1}{3\sqrt{3}}\right].$$

我们得到 $g(x)$ 是单调递减的,因此

$$g(x) \geqslant g\left(\frac{1}{\sqrt{3}}\right) = 4\sqrt{3}. \tag{4}$$

结合式 (3) 和式 (4) 得到

$$P = \frac{5a^2 - 3ab + 2}{a^2(b-a)} \geqslant 12\sqrt{3}.$$

等号成立当且仅当 $a = \dfrac{1}{\sqrt{3}}, b = \sqrt{3}$,即 $m = n = p = \sqrt{3}$.

因此 P 的最小值就是 $12\sqrt{3}$.

4.2.41

在所给方程中分别令 $y = 0$ 和 $y = 1$,我们有

$$2f(x) = 3f\left(\frac{3x}{3}\right), \ \forall x \in [0,1], \tag{1}$$

和

$$2f(x) = 3f\left(\frac{2x+1}{3}\right), \ \forall x \in [0,1]. \tag{2}$$

由于 $f(x)$ 是 $[0,1]$ 上的连续函数,存在

$$M = \max_{x\in[0,1]} f(x) = f(x_0),$$

其中 $x_0 \in [0,1]$.

注意到 $f(0) = f(1) = 0$,我们有 $M \geqslant 0$. 考虑两种情形:

情形一:$x_0 \in \left[0, \dfrac{2}{3}\right]$,那么 $0 \leqslant \dfrac{3x_0}{2} \leqslant 1$. 由式 (1) 可得

$$2f\left(\frac{3x_0}{2}\right) = 3f\left(\frac{2}{3}\cdot\frac{3x_0}{2}\right) = 3f(x_0),$$

即

$$M = f(x_0) = \frac{2}{3}f\left(\frac{3x_0}{2}\right) \leqslant \frac{2}{3}M,$$

因此 $M = 0$.

情形二:$x_0 \in \left[\dfrac{2}{3}, 1\right]$,那么 $0 < \dfrac{3x_0-1}{2} \leqslant 1$. 类似地,由式 (2) 我们有

$$2f\left(\frac{3x_0-1}{2}\right) = 3\left(\frac{2\frac{3x_0-1}{2}+1}{3}\right) = 3f(x_0),$$

即

$$M = f(x_0) = \frac{2}{3}f\left(\frac{3x_0-1}{2}\right) \leqslant \frac{2}{3}M,$$

这也可以得到 $M = 0$.

因此在两种情形下,都有 $f(x) \leqslant 0$ 对任意 $x \in [0,1]$ 成立.

现在考虑函数 $g(x) = -f(x)$, $x \in [0,1]$. 我们可以很容易验证 $g(x)$ 满足题目中 $f(x)$ 的所有条件. 由上面的证明,$g(x) \leqslant 0$ 对任意 $x \in [0,1]$ 成立,即 $f(x) \geqslant 0$ 对 $x \in [0,1]$ 成立.

因此 $f(x) = 0$, $\forall x \in [0,1]$.

4.2.42

将 x 换为 $1-x$,我们有

$$(1-x)^2 f(1-x) + f(x) = 2(1-x) - (1-x)^4, \ \forall x. \tag{1}$$

此外,根据题设我们有

$$f(1-x) = 2x - x^4 - x^2 f(x), \ \forall x. \tag{2}$$

将式 (2) 代入式 (1) 得到

$$f(x)(x^2-x-1)(x^2-x+1) = (1-x)(1+x^3)(x^2-x-1), \ \forall x,$$

由于 $x^2 - x + 1 \neq 0$, $\forall x$,我们有

$$(x^2-x+1)f(x) = (1-x^2)(x^2-x-1), \ \forall x,$$

设方程 $x^2-x-1=0$ 的两个根为 α,β,那么当 $x \neq \alpha,\beta$ 时,有 $f(x) = 1-x^2$.

进一步,由韦达定理有 $\alpha+\beta=1, \alpha\beta=-1$. 将这些值代入原方程得到

$$\begin{cases}\alpha^2 f(\alpha) + f(\beta) = 2\alpha - \alpha^4 \\ \beta^2 f(\beta) + f(\alpha) = 2\beta - \beta^4\end{cases}.$$

于是 $f(\alpha) = k$ 且 $f(\beta) = 2\alpha - \alpha^4 - \alpha^2 k$,其中 k 是任意一个实数.

反过来,容易验证此函数满足所给的方程.

因此最后的答案为

$$f(x) = \begin{cases} k, & x = \alpha \\ 2\alpha - \alpha^4 - \alpha^2 k, & x = \beta \\ 1 - x^2, & x \neq \alpha, \beta \end{cases},$$

其中 α,β 是方程 $x^2-x-1=0$ 的两个根,而 k 是任意一个实数.

4.2.43

对任意 $x_0 \in (0,c)$,x_1 是有定义的当且仅当

$$c \geqslant \sqrt{c+x_0} \Leftrightarrow c(c-1) \geqslant x_0 \Leftrightarrow c(c-1) \geqslant c \Leftrightarrow c \geqslant 2.$$

反过来，我们归纳证明，如果 $c > 2$，那么 x_n 对任意 $n \geqslant 1$ 都是有定义的. 由 $x_0 < c$ 和 $c > 2$ 可得

$$0 < c + x_k < 2c \Leftrightarrow \sqrt{c + x_k} < c \Leftrightarrow c - \sqrt{c + x_k} > 0,$$

这意味 x_{k+1} 是有定义的. 由归纳原理，我们可以断言对 $c > 2$，x_n 都是有定义的.

假定此时 $\{x_n\}$ 存在极限 L，自然 $0 < L < \sqrt{c}$. 那么在递推式中令 $n \to \infty$ 我们得到

$$\begin{aligned}
&\sqrt{c - \sqrt{c + L}} = L \\
\Leftrightarrow\ & c + L = (c - L^2)^2 \\
\Leftrightarrow\ & L^4 - 2cL - L + c^2 - c = 0 \\
\Leftrightarrow\ & (L^4 + L^3 + L^2 - cL^2) - (L^3 + L^2 + L - cL) - (cL^2 + cL + c - c^2) = 0 \\
\Leftrightarrow\ & (L^2 + L + 1 - c)(L^2 - L - c) = 0.
\end{aligned}$$

注意到由于 $0 < L < \sqrt{c}$，那么 $L^2 - L - c < 0$. 于是我们得到 $L^2 + L + 1 - c = 0$，此方程有两个符号相反的根，因此，L 必然是此方程的正根.

现在我们证明 $\{x_n\}$ 收敛于此极限. 设 L 为方程 $L^2 + L + 1 - c = 0$ 的正根，即 $L = \dfrac{-1 + \sqrt{4c - 3}}{2}$. 此时我们有

$$\begin{aligned}
|x_{n+1} - L| &= \left|\sqrt{c - \sqrt{c + x_n}} - L\right| \\
&= \frac{|c - \sqrt{c + x_n} - L^2|}{\sqrt{c - \sqrt{c + x_n}} + L} \\
&= \frac{|(L + 1) - \sqrt{c + x_n}|}{\sqrt{c - \sqrt{c + x_n}} + L} \leqslant \frac{|(L + 1) - \sqrt{c + x_n}|}{L} \\
&= \frac{|(L + 1)^2 - c - x_n|}{L(L + 1 + \sqrt{c + x_n})} = \frac{|x_n - L|}{L(L + 1 + \sqrt{c + x_n})} \\
&= \frac{|x_n - L|}{L^2 + L + L\sqrt{c}} = \frac{|x_n - L|}{c - 1 + L\sqrt{c}}.
\end{aligned}$$

注意到 $c - 1 + L\sqrt{c} \geqslant 1 + L\sqrt{c} > 1$. 那么有不等式

$$|x_{n+1} - L| \leqslant \frac{|x_n - L|}{c - 1 + L\sqrt{c}},$$

因此存在极限

$$\lim_{n \to \infty} x_n = L = \frac{-1 + \sqrt{4c - 3}}{2}.$$

4.2.44

(1) 我们有

$$\begin{aligned}P_3(x) &= x^3\sin\alpha - x\sin 3\alpha + \sin 2\alpha\\ &= x^3\sin\alpha - x(3\sin\alpha - 4\sin^3\alpha) + 2\sin\alpha\cos\alpha\\ &= \sin\alpha(x+2\cos\alpha)(x^2-2x\cos\alpha+1).\end{aligned}$$

注意到由于 $\alpha \in (0,\pi)$, $f(x) = x^2 - 2x\cos\alpha + 1$ 没有实根. 所以 $f(x)$ 只能是形如 $x^2 + ax + b$ 的二次多项式,才能整除 $P_3(x)$.

进一步,对任意 $n \geqslant 3$,

$$\begin{aligned}P_{n+1}(x) &= x^{n+1}\sin\alpha - x\sin\alpha - x\sin(n+1)\alpha + \sin(n\alpha)\\ &= x^{n+1}\sin\alpha - x[\sin(n-1)\alpha - 2\sin(n\alpha)\cos\alpha] + \sin(n\alpha)\\ &= xP_n(x) + (x^2-2x\cos\alpha+1)\sin(n\alpha).\end{aligned}$$

所以, $f(x) = x^2 - 2x\cos\alpha + 1$ 就是所求的多项式.

(2) 反证法,假定存在线性多项式 $g(x) = x + c$,其中 $c \in \mathbb{R}$,使得对任意 $n \geqslant 3$, $P_n(x)$ 被 $g(x)$ 整除.

由 1 我们有 $P_{n+1}(x) - xP_n(x) = (x^2 - 2x\cos\alpha + 1)\sin(n\alpha) = f(x)\sin(n\alpha)$. 将 $x = x_0$ 代入此等式我们得到

$$0 = P_{n+1}(x_0) - x_0P_n(x_0) = f(x_0)\sin(n\alpha),\ \forall n \geqslant 3,$$

这意味着 $\sin(n\alpha) = 0$ 对任意 $n \geqslant 3$ 成立. 特别地,

$$\sin(4\alpha) = \sin(3\alpha) = 0.$$

而 $\sin(4\alpha) = \sin(3\alpha+\alpha) = \sin(3\alpha)\cos\alpha + \cos(3\alpha)\sin\alpha$,所以我们得到 $\sin\alpha = 0$,这是不可能的,因为 $0 < \alpha < \pi$.

所以不存在这样的的线性函数.

4.2.45

注意到对所有 n 都有 $x_n > 0$. 令 $y_n = \dfrac{2}{x_n}$,我们有

$$y_1 = 3,\ y_{n+1} = 4(2n+1) + y_n,\ \forall n \geqslant 1. \tag{1}$$

由式 (1),归纳可得

$$y_n = (2n-1)(2n+1),\ \forall n \geqslant 1.$$

所以,

$$x_n = \frac{2}{y_n} = \frac{2}{(2n-1)(2n+1)} = \frac{1}{2n-1} - \frac{1}{2n+1},$$

由此得到

$$\sum_{i=1}^{2\,001} x_i = 1 - \frac{1}{4\,003} = \frac{4\,002}{4\,003}.$$

4.2.46

1. 设 $b=1$. 考虑两种情形.

情形一：$a=k\pi$（$k\in\mathbb{Z}$）. 那么对所有 n 有 $x_n=a$，因此 $\{x_n\}$ 收敛且

$$\lim_{n\to\infty} x_n = a.$$

情形二：$a\neq k\pi$（$k\in\mathbb{Z}$）. 那么令 $f(x)=x+\sin x,\ x\in\mathbb{R}$，我们可将 $\{x_n\}$ 改写为

$$x_0=a,\ x_{n+1}=f(x_n),\ \forall n\geqslant 0.$$

注意到 $f'(x)=1+\cos x\geqslant 0,\ \forall x$，所以 $f(x)$ 是单调递增的，这意味着数列 $\{x_n\}$ 是单调的.

对 $x\in\big(2k\pi,(2k+1)\pi\big),\ k\in\mathbb{Z}$：$\sin a>0$，所以 $x_0<x_1$，这说明 $\{x_n\}$ 是单调递增的.

我们来归纳证明 $x_n\in\big(2k\pi,(2k+1)\pi\big)$ 对所有 n 都成立. 显然对 $n=0$ 是成立的，假定此论断对 $n=m$ 成立，即 $x_m\in\big(2k\pi,(2k+1)\pi\big)$，此时，由于 $f(x)$ 是单调递增的，

$$2k\pi=f(2k\pi)<f(x_m)=x_{m+1}<f\big((2k+2)\pi\big)=(2k+1)\pi,$$

这意味着上述结论对 $n=m+1$ 也成立.

因此 $\{x_n\}$ 单调递增且有上界 $(2k+1)\pi$，由魏尔斯特拉斯定理，存在极限 $\lim\limits_{n\to\infty} x_n=L$，进一步，$2k\pi<a\leqslant L\leqslant(2k+1)\pi$ 且 $\sin L=0$，由此得到 $L=(2k+1)\pi$.

对 $x\in\big((2k-1)\pi,2k\pi\big),\ k\in\mathbb{Z}$，这是类似的. 我们可以得到 $\{x_n\}$ 单调递减且有下界 $(2k-1)\pi$，因此存在极限 $\lim\limits_{n\to\infty} x_n=(2k-1)\pi$.

因此，对任意给定的 a，数列 $\{x_n\}$ 总是收敛的，且其极限可以用下面的公式表示：

$$\lim_{n\to\infty} x_n=\left(2\left[\frac{a}{2\pi}\right]+\operatorname{sign}\left(\left\{\frac{a}{2\pi}\right\}\right)\right),$$

其中 $\{x\}=x-[x]$，而 $\operatorname{sign}(x)$ 表示 x 的符号函数.

2. 设 $b>2$ 已经给定，考虑函数

$$g(x)=\frac{\sin x}{x},$$

此函数在 $(0,\pi]$ 上连续，且 $g(x)=0,\ \lim\limits_{x\to 0} g(x)=1$.

那么由 $0<\dfrac{2}{b}<1$ 可知存在 $a_0\in(0,\pi)$ 使得

$$\frac{\sin a_0}{a_0}=\frac{2}{b},$$

即

$$2a_0 = b\sin a_0.$$

取 $a = \pi - a_0$,我们有

$$\begin{aligned}
x_0 &= a = \pi - a_0, \\
x_1 &= x_0 + b\sin x_0 = \pi - a_0 + b\sin(\pi - a_0) \\
&= \pi - a_0 + b\sin a_0 = \pi - a_0 + 2a_0 = \pi + a_0, \\
x_2 &= x_1 + b\sin x_1 = \pi + a_0 + b\sin(\pi + a_0) \\
&= \pi + a_0 - b\sin a_0 = \pi + a_0 - 2a_0 = \pi - a_0,
\end{aligned}$$

由此可得到 $x_0 = x_2 = \cdots = x_{2n} = \pi - a_0, x_1 = x_3 = \cdots = x_{2n+1} = \pi, \forall n \geqslant 0$. 即数列 $\{x_n\}$ 是一个 2 周期数列,因此当 $n \to \infty$ 时,它是发散的.

4.2.47

我们有

$$\frac{(1-x^2)^2}{(1+x^2)^2} f\big(g(x)\big) = (1-x^2) f(x),\ \forall x \in (-1,1). \tag{1}$$

令 $h(x) = (1-x^2) f(x),\ \forall x \in (-1,1)$. 那么我们可以看出 $f(x)$ 在 $(-1,1)$ 上连续,且满足式 (1) 当且仅当 $h(x)$ 在 $(-1,1)$ 上连续且满足

$$h\big(g(x)\big) = h(x),\ \forall x \in (-1,1). \tag{2}$$

注意到 $\varphi(x) = \dfrac{1-x}{1+x},\ x > 0$ 是一个从 $(0,+\infty)$ 到 $(-1,1)$ 的双射. 所以我们可以将式 (2) 改写为

$$h\left(g\left(\frac{1-x}{1+x}\right)\right) = h\left(\frac{1-x}{1+x}\right),\ \forall x > 0,$$

即

$$h\left(\frac{1-x^2}{1+x^2}\right) = h\left(\frac{1-x}{1+x}\right),\ \forall x > 0. \tag{3}$$

考虑函数 $k(x) = h\left(\dfrac{1-x}{1+x}\right)$. 我们可以看出 $h(x)$ 在 $(-1,1)$ 上连续且满足式 (3) 当且仅当 $k(x)$ 在 $(0,+\infty)$ 上连续且满足

$$k(x^2) = k(x),\ \forall x > 0.$$

由归纳法我们可以得到

$$k(x) = k\left(\sqrt[2^n]{x}\right),\ \forall x > 0,\ \forall n \geqslant 1,$$

由于 $\lim\limits_{n\to\infty} \sqrt[2^n]{x} = 1$,且 $k(x)$ 在 $(0,+\infty)$ 上连续,因此 $k(x) = k(1),\ \forall x > 0$.

于是 $h(x)$ 在 $x \in (-1, 1)$ 内为常数,因此

$$f(x) = \frac{C}{1 - x^2}, \ \forall x \in (-1, 1), \tag{4}$$

其中 C 是任意一个实常数.

反过来,所有形如式 (4) 的函数都满足题意,因此这就是我们所寻求的所有解.

4.2.48

将 $y = f(x)$ 和 $y = x^{2\,002}$ 分别代入所给方程,我们有

$$f(0) = f\big(x^{2\,002} - f(x)\big) - 2\,001[f(x)]^2,$$

以及

$$f\big(x^{2\,002} - f(x)\big) = f(0) - 2\,001x^{2\,002}f(x).$$

将这两个等式相加得到

$$f(x)\big(f(x) + x^{2\,002}\big) = 0.$$

那么 $f(0) = 0$,且

$$f(x) = -x^{2\,002} \text{对任意使得 } f(x) \neq 0 \text{ 的 } x \text{ 成立}. \tag{1}$$

我们可以看出函数 $f_1(x) \equiv 0$ 和 $f_2(x) = -x^{2\,002}$ 满足 $f(0) = 0$ 和式 (1).

现在我们来证明,除了 f_1 和 f_2 之外,不存在函数 $f(x)$ 满足上面的等式. 由上述讨论,这样的函数 f 要满足 $f(0) = 0$ 和式 (1). 且由于 $f \neq f_2$,存在 $x_0 \neq 0$ 使得 $f(x_0) = 0$. 再由于 $f \neq f_1$,存在 $y_0 \neq 0$ 使得 $f(y_0) \neq 0$.

将 $x = 0$ 代入所给等式,且考虑到 $f(0) = 0$,我们有 $f(y) = f(-y)$ 对所有的 y 成立. 因此我们可以假定 $y_0 > 0$.

由于 $f(y_0) \neq 0$,由式 (1),

$$f(y_0) = -y_0^{2\,002}. \tag{2}$$

此外,将 $x = x_0$ 和 $y = -y_0$ 代入所给方程,我们得到

$$f(-y_0) = f(x_0^{2\,002} + y_0). \tag{3}$$

由式 (1) (2) 和 (3) 我们得到

$$\begin{aligned} 0 \neq -y_0^{2\,002} &= f(y_0) = f(-y_0) = f(x_0^{2\,002} + y_0) \\ &= -(x_0^{2\,002} + y_0)^{2\,002} < -y_0^{2\,002}, \end{aligned}$$

由于 $y_0 > 0$,这是不可能的.

通过直接验证函数 f_1 和 f_2,我们得到原方程的唯一解是 $f(x) \equiv 0$.

4.2.49

令

$$f(x) = \frac{1}{2x} + \frac{1}{x-1^2} + \frac{1}{x-2^2} + \cdots + \frac{1}{x-n^2}.$$

(1) 我们注意到 $f_n(x)$ 在 $(0,1)$ 内连续且是单调递减的. 且

$$\lim_{x\to 0^+} f_n(x) = +\infty,\ \lim_{x\to 1^-} f_n(x) = -\infty.$$

那么对每个 $n \geqslant 1$,方程 $f_n(x) = 0$ 有唯一解解 $x_n \in (0,1)$.

(2) 我们有

$$\begin{aligned} f_{n+1}\{x_n\} &= \frac{1}{2x_n} + \frac{1}{x_n-1^2} + \frac{1}{x_n-2^2} + \cdots + \frac{1}{x_n-n^2} + \frac{1}{x_n-(n+1)^2} \\ &= \frac{1}{x_n-(n+1)^2} < 0, \end{aligned}$$

因为 $x_n \in (0,1)$.

由于 $\lim\limits_{x\to 0^+} f_{n+1}(x) = +\infty$,上述不等式说明对每个 $n \geqslant 1$,方程 $f_{n+1}(x) = 0$ 在区间 $(0,x_n)$ 有唯一解. 注意到 $(0,x_n) \subset (0,1)$ 对所有 n 成立,那么由 (1) 的结果,$x_{n+1} \in (0,x_n)$ 对所有 n 成立,即对所有 n 有 $x_{n+1} < x_n$.

因此数列 $\{x_n\}$ 是单调递减且下界为 0,由魏尔斯特拉斯定理可知它是收敛的.

4.2.50

令

$$f_n(x) = \frac{1}{x-1} + \frac{1}{2^2x-1} + \cdots + \frac{1}{n^2x-1} - \frac{1}{2}.$$

(1) 对每个 n, 函数 $f_n(x)$ 都在 $(1,+\infty)$ 上连续且单调递减. 且 $\lim\limits_{x\to 1^+} f_n(x) = +\infty$, $\lim\limits_{x\to+\infty} f_n(x) = -\dfrac{1}{2}$. 因此方程 $f_n(x) = 0$ 有唯一解 $x_n > 1$.

(2) 对每个 n 我们有

$$\begin{aligned} f_n(4) &= -\frac{1}{2} + \frac{1}{2^2-1} + \cdots + \frac{1}{(2k)^2-1} + \cdots + \frac{1}{(2n)^2-1} \\ &= \frac{1}{2}\Big(-1 + 1 - \frac{1}{3} + \frac{1}{3} - \frac{1}{5} + \cdots + \\ &\quad \frac{1}{2k-1} - \frac{1}{2k+1} + \cdots + \frac{1}{2n-1} - \frac{1}{2n+1}\Big) \\ &= -\frac{1}{2(n+1)} < 0 = f_n\{x_n\}. \end{aligned}$$

所以函数 $f_n(x)$ 在 $(1,+\infty)$ 上单调递增,因此

$$x_n < 4, \text{对所有 } n. \tag{1}$$

此外, $f_n(x)$ 在 $[x_n,4]$ 上可微,因此由拉格朗日中值定理,存在 $t \in (x_n,4)$ 使得

$$\frac{f_n(4)-f_n(x_n)}{4-x_n} = f_n'(t) = -\frac{1}{(t-1)^2} - \cdots - \frac{1}{(n^2t-1)^2} < -\frac{1}{9},$$

即

$$-\frac{1}{2(2n+1)(4-x_n)} < -\frac{1}{9},$$

这意味着

$$x_n > 4 - \frac{9}{2(2n+1)}, \text{对所有 } n. \tag{2}$$

由式 (1) 和式 (2) 可得

$$4 - \frac{9}{2(2n+1)} < x_n < 4, \text{对所有 } n,$$

这就证明 $\{x_n\}$ 收敛于 4.

4.2.51

所给的方程等价于

$$(x+2)(x^2+x+1)P(x-1) = (x-2)(x^2-x+1)P(x), \forall x. \tag{1}$$

将 $x=-2$ 和 $x=2$ 代入式 (1) 我们得到

$$P(-2) = P(1) = 0.$$

再将 $x=-1$ 和 $x=1$ 代入所给方程我们得到

$$P(-1) = P(0) = 0.$$

由这些事实可得

$$P(x) = (x-1)x(x+1)(x+2)Q(x), \forall x, \tag{2}$$

其中 $Q(x)$ 是一个实系数多项式. 那么

$$P(x-1) = (x-2)(x-1)x(x+1)Q(x-1), \forall x. \tag{3}$$

结合式 (1) (2) 和 (3) 得到

$$(x-2)(x-1)x(x+1)(x+2)(x^2+x+1)Q(x-1)$$

$$= (x-2)(x-1)x(x+1)(x+2)(x^2-x+1)Q(x),\ \forall x,$$

这又意味着

$$(x^2+x+1)Q(x-1) = (x^2-x+1)Q(x),\ \forall x \neq 0, \pm 1, \pm 2.$$

由于等式两边都是关于 x 的多项式,上式必然对任意 $x \in \mathbb{R}$ 成立,即

$$(x^2+x+1)Q(x-1) = (x^2-x+1)Q(x),\ \forall x. \tag{4}$$

考虑到 $(x^2+x+1, x^2-x+1) = 1$,我们得到

$$Q(x) = (x^2+x+1)R(x),\ \forall x, \tag{5}$$

其中 $R(x)$ 是一个实系数多项式,因此

$$Q(x-1) = (x^2-x+1)R(x-1),\ \forall x. \tag{6}$$

结合式 (4) (5) 和 (6) 得到

$$(x^2+x+1)(x^2-x+1)R(x-1) = (x^2-x+1)(x^2+x+1)R(x),\ \forall x,$$

即

$$R(x-1) = R(x),\ \forall x,$$

因为对任意 x 有 $(x^2+x+1)(x^2-x+1) \neq 0$.

上面最后一个等式说明 $R(x)$ 为常数. 因此

$$P(x) = C(x-1)x(x+1)(x+2)(x^2+x+1),\ \forall x,$$

其中 C 是一个任意常数.

反过来,我们可以直接验证上述多项式满足题中的要求,因此它们就是所求的多项式.

4.2.52

(1) 考虑两种情形.

情形一:$\alpha = -1$,那么 $x_n = 0$ 对任意 n 都成立.

情形二:$\alpha = -1$,那么 $x_n \neq -\alpha$ 对任意 n 都成立. 所以我们可以将递推式改写为

$$x_{n+1} = \frac{\alpha+1}{x_n+\alpha},\ \forall n \geqslant 1. \tag{1}$$

由于 $x_1 = 0, x_2 = \dfrac{\alpha+1}{\alpha}$. 令 $u_1 = 0, u_2 = \alpha+1$,且 $v_1 = 1, v_2 = \alpha$,我们可以得到

$$x_1 = 0 = \frac{u_1}{v_1},\ x_2 = \frac{\alpha+1}{\alpha} = \frac{u_2}{v_2}.$$

假定

$$x_k=\frac{u_k}{v_k},\ k\geqslant 1.$$

那么由式 (1),我们可知 x_{k+1} 具有形式

$$x_{k+1}=\frac{u_{k+1}}{v_{k+1}},$$

其中 $\{u_k\},\{v_k\}$ 定义为

$$\begin{cases}u_{k+1}=(\alpha+1)v_k\\ v_{k+1}=\alpha v_k+u_k\end{cases}.$$

由数学归纳法,我们可以断言

$$x_n=\frac{u_n}{v_n},$$

其中 $\{u_n\}$ 和 $\{v_n\}$ 定义为

$$\begin{aligned}&u_1=0,\ u_2=\alpha+1,\ v_1=1,\ v_2=\alpha,\\ &u_{n+1}=(\alpha+1)v_n,\ v_{n+1}=\alpha v_n+u_n,\ \forall n\geqslant 1.\end{aligned}$$

由 $\{u_n\}$ 和 $\{v_n\}$ 的递推方程可知 $\{v_n\}$ 定义为

$$v_1=1,\ v_2=\alpha,\ v_{n+1}=\alpha v_n+(\alpha+1)v_{n-1}.$$

注意到 $\{v_n\}$ 的特征方程为 $x^2-\alpha x-(\alpha+1)=0$,它有两个根 $x_1=-1,x_2=\alpha+1$. 此时我们有:

如果 $\alpha=-2$,那么 $v_n=(-1)^{n-1}(n-1),\ \forall n\geqslant 1.$

如果 $\alpha\neq-2$,那么 $v_n=\dfrac{(-1)^{n-1}+(\alpha+1)^n}{\alpha+2},\ \forall n\geqslant 2.$

由此得到:

如果 $\alpha=-2$,那么 $u_1=0,u_n=-[(-1)^{n-2}+(-1)^{n-2}(n-2)],\ \forall n\geqslant 2.$

如果 $\alpha\neq-2$,那么 $u_=0,u_n=\dfrac{(-1)^{n-2}+(\alpha+1)^{n-1}}{\alpha+2}(\alpha+1),\ \forall n\geqslant 2.$

最后,我们得到

$$x_n=\begin{cases}\dfrac{n-1}{n},\ \forall x\geqslant 1, & \alpha=-2\\ \dfrac{[(-1)^{n-2}+(\alpha+1)^{n-1}](\alpha+1)}{(-1)^{n-1}+(\alpha+1)^n},\ \forall n\geqslant 1, & \alpha\neq-2\end{cases}.$$

(2) 我们可以看出:

如果 $\alpha=-1$,那么 $\lim\limits_{n\to\infty}x_n=0.$

如果 $\alpha=-2$,那么 $\lim\limits_{n\to\infty}x_n=1.$

对 $\alpha\neq-2$ 的情形,我们有

$$\begin{cases} x_{2k-1} = \dfrac{(\alpha+1)^{2k-1}-(\alpha+1)}{1+(1\alpha+1)^{2k-1}},\ \forall k \geqslant 1 \\ x_{2k} = \dfrac{(\alpha+1)+(\alpha+1)^{2k}}{(\alpha+1)^{2k}-1},\ \forall k \geqslant 1 \end{cases}.$$

所以，

如果 $|\alpha+1|>1$，那么 $\lim\limits_{k\to\infty} x_{2k-1}=1$, $\lim\limits_{k\to\infty} x_{2k}=1$，因此 $\lim\limits_{n\to\infty} x_n=1$.

如果 $|\alpha+1|<1$，那么 $\lim\limits_{k\to\infty} x_{2k-1}=-(\alpha+1)$, $\lim\limits_{k\to\infty} x_{2k}=-(\alpha+1)$，因此 $\lim\limits_{n\to\infty} x_n=-(\alpha+1)$.

4.2.53

我们有

$$\begin{aligned} f(\cot x) = \sin 2x + \cos 2x &= \frac{2\cot x}{\cot^2 x+1} + \frac{\cot^2 x - 1}{\cot^2 x+1} \\ &= \frac{\cot^2 x + 2\cot x - 1}{\cot^2 x + 1}. \end{aligned}$$

注意到 $t=\cot x$ 对 $x\in(0,\pi)$ 和 $t\in\mathbb{R}$ 是一个一一映射，我们有

$$f(t)=\frac{t^2+2t-1}{t^2+1},\ t\in\mathbb{R}.$$

那么

$$g(x)=f(\sin^2 x)\cdot f(\cos^2 x)=\frac{\sin^4 2x+32\sin^2 x-32}{\sin^4 2x-8\sin^2 2x+32},\ x\in\mathbb{R}. \tag{1}$$

令 $u=\dfrac{1}{4}\sin^2 2x$，那么 $u\in\left[0,\dfrac{1}{4}\right]$，所以 $g(x)$ 变为

$$h(u)=\frac{u^2+8u-2}{u^2-2u+2}.$$

由式 (1) 我们得到

$$\min_{x\in\mathbb{R}} g(x) = \min_{u\in[0,\frac{1}{4}]} h(u),\ \max_{x\in\mathbb{R}} g(x) = \max_{u\in[0,\frac{1}{4}]} h(u),$$

由于

$$h'(u)=\frac{2(-5u^2+4u+6)}{(u^2-2u+2)^2}>0,\ \forall u\in\left[0,\frac{1}{4}\right],$$

$h(u)$ 在此区间上单调递增. 所以 $\min h(u)=h(0)=-1$, $\max h(u)=h\left(\dfrac{1}{4}\right)=\dfrac{1}{25}$.

因此 $\min g(x)=-1$ 在 $x=0$ 处取到，$\max g(x)=\dfrac{1}{25}$ 在 $x=\dfrac{\pi}{4}$ 处取到.

4.2.54

注意到 $f(x)=\frac{1}{2}x\in\mathcal{F}$,因此 $a\leqslant\frac{1}{2}$.

进一步,由题设条件

$$\begin{cases} f(3x)\geqslant f\big(f(2x)\big)+x,\ \forall x>0\\ f(x)>0,\ \forall x>0\end{cases}$$

可得

$$f(x)\geqslant\frac{1}{3}x,\ \forall x>0. \tag{1}$$

定义数列 $\{a_n\}$ 为

$$a_1=\frac{1}{3},\ a_{n+1}=\frac{2a_n^2+1}{3},\ \forall n\geqslant 1.$$

显然对所有 n 都有 $a_n>0$. 那么我们可以归纳证明

$$f(x)\geqslant a_n x,\ \forall x>0. \tag{2}$$

显然,根据式 (1) 可知当 $n=1$ 时显然成立. 假定式 (2) 对 $n=k\geqslant 1$ 成立,那么对任意 $x>0$ 我们有

$$\begin{aligned} f(x)&\geqslant f\left(f\left(\frac{2x}{3}\right)\right)+\frac{x}{3}\geqslant a_k\cdot f\left(\frac{3x}{2}\right)+\frac{x}{3}\\ &\geqslant a_k\cdot a_k\frac{2x}{3}+\frac{x}{3}=\frac{2a_k^2+1}{3}x=a_{k+1}.\end{aligned}$$

由数学归纳原理可知,式 (2) 是成立的.

进一步,很容易归纳证明 $\{a_n\}$ 是有下界的,且下界为 $\frac{1}{2}$. 那么

$$a_{n+1}-a_n=\frac{1}{3}(a_n-1)(2a_n-1)>0,$$

这说明 $\{a_n\}$ 是单调递增的. 由魏尔斯特拉斯定理,存在极限 $\lim\limits_{n\to\infty}a_n=L$,它满足方程 $(L-1)(2L-1)=0$,且 $L\leqslant\frac{1}{2}$. 因此 $L=\frac{1}{2}$.

所以 $f(x)\geqslant\frac{1}{2}x,\ \forall x>0,\ \forall f\in\mathcal{F}$,即最大的 $a=\frac{1}{2}$.

4.2.55

注意到对所有的 n 有 $x_n>0$. 我们有

$$\begin{aligned} 2x_{n+1}+1&=\frac{(4+2\cos 2\alpha+2-2\cos 2\alpha)x_n+2\cos^2\alpha+2-\cos 2\alpha}{(2-2\cos 2\alpha)x_n+2-\cos 2\alpha}\\ &=\frac{3(2x_n+1)}{(2-2\cos 2\alpha)+2-\cos 2\alpha},\end{aligned}$$

于是

$$\frac{1}{2x_{n+1}+1}=\frac{(1-\cos 2\alpha)(2x_n+1)+1}{3(2x_n+1)}=\frac{1}{3}\left(2\sin^2\alpha+\frac{1}{2x_n+1}\right).$$

由此得到

$$\frac{1}{2x_{n+1}+1}-\sin^2\alpha=\frac{1}{3}\left(\frac{1}{2x_n+1}-\sin^2\alpha\right),$$

即

$$z_{n+1}=\frac{1}{3}z_n,$$

其中 $z_n=\dfrac{1}{2x_n+1}-\sin^2\alpha$.

因此 $\{z_n\}$ 是一个等比数列,首项 $z_1=\dfrac{1}{3}-\sin^2\alpha$,公比 $q=\dfrac{1}{3}$. 那么

$$\sum_{k=1}^{n}z_k=\left(\frac{1}{3}-\sin^2\alpha\right)\cdot\frac{1-\frac{1}{3^n}}{1-\frac{1}{3}}=\frac{3}{2}\left(\frac{1}{3}-\sin^2\alpha\right)\left(1-\frac{1}{3^n}\right).$$

那么

$$\begin{aligned}y_n&=\sum_{k=1}^{n}\frac{1}{2x_k+1}=\sum_{k=1}^{n}(z_k+\sin^2\alpha)\\&=\frac{3}{2}\left(\frac{1}{3}-\sin^2\alpha\right)\left(1-\frac{1}{3^n}\right)+n\sin^2\alpha\\&=\frac{1}{2}(1-3\sin^2\alpha)\left(1-\frac{1}{3^n}\right)+n\sin^2\alpha.\end{aligned}$$

由于数列 $\left\{\dfrac{1}{3^n}\right\}$ 收敛, 那么数列 $\{y_n\}$ 收敛当且仅当数列 $\{n\sin^2\alpha\}$ 收敛, 即 $\sin^2\alpha=0$,即 $\alpha=k\pi$(k 是一个整数). 那么

$$\lim_{n\to\infty}y_n=\lim_{n\to\infty}\frac{1}{3}\left(1-\frac{1}{3^n}\right)=\frac{1}{2}.$$

4.2.56

记 $f(0)=k$. 将 $x=y=0$ 代入所给方程,我们得到

$$f(k)=k^2. \tag{1}$$

然后再将 $x=y$ 代入原方程,考虑到式 (1),我们有 $f(k)=[f(x)]^2-x^2$,即

$$[f(x)]^2=x^2+k^2. \tag{2}$$

这就说明 $[f(-x)]^2=[f(x)]^2$,即

$$[f(x)+f(-x)]\cdot[f(x)-f(-x)]=0,\ \forall x\in\mathbb{R}. \tag{3}$$

假定存在 $x_0 \neq 0$ 使得 $f(x_0) = f(-x_0)$. 那么将 $y = 0$ 代入所给方程,我们得到

$$f\big(f(x)\big) = kf(x) - f(x) + k,\ \forall x \in \mathbb{R}.$$

再代入 $x = 0, y = -x$ 我们得到

$$f\big(f(x)\big) = kf(-x) + f(-x) - k,$$

综合这两个式子可得

$$k[f(-x) - f(x)] + f(-x) + f(x) = 2k, \tag{4}$$

由此,代入 $x = x_0$,我们有

$$f(x_0) = k. \tag{5}$$

此外,由式 (2) 可知如果 $f(x) = f(y)$,那么 $x^2 = y^2$. 再由式 (5),等式 $f(x_0) = k = f(0)$ 说明 $x_0 = 0$,这与 $x_0 \neq 0$ 矛盾,

因此对任意 $x \neq 0$,均有 $f(-x) \neq f(x)$. 那么由式 (3) 说明 $k[f(x) - 1] = 0,\ \forall x \neq 0$,这意味着 $k = 0$（否则 $f(x) = 1,\ \forall x \neq 0$,这与 $f(-1) \neq f(1)$ 矛盾）.

于是我们得到 $[f(x)]^2 = x^2$.

现在假定存在 $x_0 \neq 0$ 使得 $f(x_0) = x_0$. 那么

$$x_0 = f(x_0) = -f\big(f(x_0)\big) = -f(x_0) = -x_0,$$

这说明 $x_0 = 0$,矛盾. 因此 $f(x) \neq x,\ \forall x \neq 0$.

那么由 $[f(x)]^2 = x^2$ 可得 $f(x) = -x,\ \forall x \in \mathbb{R}$.

反过来,可以直接验证函数 $f(x) = -x^2$ 满足题目的要求,因此唯一解为 $f(x) = -x$.

4.2.57

将 $x = \frac{t}{2}, y = -\frac{t}{2}, z = 0$（$t \in \mathbb{R}$）代入所给方程,我们有

$$f(t) \cdot f^2\left(-\frac{t}{2}\right) + 8 = 0,$$

这说明对任意 t 都有 $f(t) < 0$. 于是我们可以令 $f(x) = -2^{g(x)}$,其中 $g(x)$ 是我们待求的函数.

现在所给的方程变为

$$g(x - y + g(y - z) + g(z - x) = 3. \tag{1}$$

令 $u = x - y, v = y - z$,那么 $x - z = -(u + v)$. 再记 $h(x) = g(x) - 1$,我们得到

$$h(u) + h(v) = -h(-u - v). \tag{2}$$

注意到对 $u=v=0$ 和 $u=x, v=0$ 我们分别有 $h(0)=0$ 且 $h(-x)=-h(x)$，因此式 (2) 可以改写为

$$h(u)+h(v)=h(u+v).$$

上述函数方程是柯西方程，其所有解为 $h(t)=Ct, C\in\mathbb{R}$. 于是 $g(x)=Cx+1$, $f(x)=-2^{Cx+1}$.

反过来，可以直接验证函数 $f(x)=-2^{Cx+1}$ 满足题目中的要求. 因此我们得到问题的解为

$$f(x)=-2^{Cx+1},$$

其中 C 是任意一个实常数.

4.2.58

首先原方程组的定义域为 $x,y,z<6$. 于是方程组等价于

$$\begin{cases}\dfrac{x}{\sqrt{x^2-2x+6}}=\log_3(6-y)\\ \dfrac{y}{\sqrt{y^2-2y+6}}=\log_3(6-z)\\ \dfrac{z}{\sqrt{z^2-2z+6}}=\log_3(6-x)\end{cases}.$$

考虑函数

$$f(x)=\frac{x}{\sqrt{x^2-2x+6}},\ x<6,$$

其导数为

$$f'(x)=\frac{6-x}{(x^2-2x+6)^{\frac{3}{2}}}>0,\ \forall x<6,$$

因此 $f(x)$ 是单调递增的，而函数 $g(x)=\log_3(6-x)$, $\forall x<6$ 是单调递减的.

设 (x,y,z) 是方程组的一个解，我们来证明 $x=y=z$.

不失一般性，我们可以假定 $x=\max\{x,y,z\}$. 有两种情形：

情形一：$x\geqslant y\geqslant z$. 此时，由于 $f(x)$ 单调递增，$f(x)\leqslant f(y)\leqslant f(z)$，即

$$\log_3(6-y)\geqslant\log_3(6-z)\geqslant\log_3(6-x).$$

再由 $g(x)$ 单调递减可得 $x\geqslant z\geqslant y$. 于是 $y\geqslant z$ 且 $z\geqslant y$，那么 $y=z$，进一步得 $x=y=z$.

情形二：$x\geqslant z\geqslant y$. 类似地，我们可以得到 $x\geqslant z$ 以及 $z\geqslant x$，这说明 $x=z$，进一步得到 $x=y=z$.

于是方程组变为 $g(x)=g(x)=6,\ x<6$. 注意到 $f(x)$ 单调递增，$g(x)$ 单调递减，于是方程组 $f(x)=g(x)$ 至多只有一个解. 显然可以看出 $x=3$ 是一个解，那么原方程组的唯一解就是 $(3,3,3)$.

4.2.59

我们有

$$f(x+y)+b^{x+y}=[f(x)+b^{x}]\cdot 3^{b^{y}+f(y)-1},\ \forall x,y\in\mathbb{R}. \tag{1}$$

令 $g(x)=f(x)+b^{x}$. 那么式 (1) 变为

$$g(x+y)=g(x)\cdot 3^{g(y)-1},\ \forall x,y\in\mathbb{R}. \tag{2}$$

将 $y=2$ 代入式 (2),我们得到

$$g(x)=g(x)\cdot 3^{g(0)-1},\ \forall x\in\mathbb{R},$$

这说明要么 $f(x)=0,\ \forall x\in\mathbb{R}$,要么 $g(0)=1$.

如果 $g(x)=0,\ \forall x$,那么 $f(x)=-b^{x}$.

如果 $g(0)=1$,那么将 $x=0$ 代入式 (2) 得

$$g(y)=g(0)\cdot 3^{g(y)-1}=3^{g(y)-1},$$

即

$$3^{g(y)1-1}-g(y)=0,\ \forall y\in\mathbb{R}.$$

考虑函数 $h(t)=3^{t-1}-t$,其导数为 $h'(t)=3^{t-1}\ln 3-1$. 注意到 $h'(t)=0\Leftrightarrow t=\log_3(\log_3 \mathrm{e}+1)<1$. 由此得到 $h(t)=0$ 有两个解 $t_1=1$ 和 $t_2=c$, 其中 $0<c<1$（因为 $h(0)=\dfrac{1}{3}$）. 因此 $g(y)=3^{g(y)-1}$ 说明 $g(y)=1,\ \forall y\in\mathbb{R}$, 或者 $g(y)=c\in(0,1),\ \forall y\in\mathbb{R}$.

我们来证明第二种情形是不可能的. 如果存在 $y_0\in\mathbb{R}$ 使得 $g(y_0)=c$,那么

$$1=g(0)=g(y_0-y_0)=g(-y_0)\cdot 3^{g(y_0)-1}=c\cdot g(-y_0),$$

这说明 $g(-y_0)=\dfrac{1}{c}\neq c$,矛盾.

于是 $g(y)=1,\ \forall y\in\mathbb{R}$,因此 $f(x)=1-b^{x},\ \forall x\in\mathbb{R}$.

可以直接验证这两个函数满足题中的条件，于是我们得到了两个解：$f(x)=-b^{x}$ 和 $f(x)=1-b^{x}$.

4.2.60

对每个 n,令 $g_n(x)=f_n(x)-a$,这是一个在 $[0,+\infty)$ 上连续且单调递增的函数. 注意到 $g_n(0)=1-a<0,\ g_n(1)=a^{10}+n+1-a>0$,因此方程 $g_n(x)=0$ 有唯一解 $x_n\in(0,+\infty)$.

进一步,

$$g_n\Big(1-\frac{1}{a}\Big)=a^{10}\Big(1-\frac{1}{a}\Big)^{n+10}+\frac{1-\big(1-\frac{1}{a}\big)^{n+1}}{\frac{1}{a}}-a$$

$$= a\left(1-\frac{1}{a}\right)^{n+1}\left[a^9\left(1-\frac{1}{a}\right)^9 - 1\right]$$
$$= a\left(1-\frac{1}{a}\right)^{n+1}[(a-1)^9 - 1] > 0,$$

这说明

$$x_n < 1 - \frac{1}{a},\ \forall n \geqslant 1.$$

我们还有

$$g_n\{x_n\} = a^{10}x_n^{n+10} + x_n^n + \cdots + 1 - a = 0,$$

于是

$$x_n g_n\{x_n\} = a^{10}x_n^{n+11} + x_n^{n+1} + \cdots + x_n - x_n a = 0,$$

即

$$g_{n+1}\{x_n\} = x_n g_n\{x_n\} + 1 + ax_n - a = ax_n + 1 - a < 0,$$

这是因为 $x_n < 1 - \dfrac{1}{a}$.

由于 $g_{n+1}(x)$ 单调递增,且 $0 = g_{n+1}(x_{n+1}) > g_{n+1}\{x_n\}$,那么 $x_n < x_{n+1}$. 因此 $\{x_n\}$ 是单调递增且有上界,进而它是收敛的.

注 我们可以进一步证明这个极限是 $1 - \dfrac{1}{a}$.

4.2.61

注意到如果 (x, y) 是一个解,那么 $x, y > 1$. 令 $t = \log_3 x > 0$,即 $x = 3^t$,那么第二个方程组变为 $y = 2^{\frac{1}{t}}$. 于是第一个方程具有形式

$$9^t + 8^{\frac{1}{t}} = a. \tag{1}$$

所给方程组解的数目和式 (1) 的解的数目相同.

考虑函数 $f(t) = 9^t + 8^{\frac{1}{t}} - a, t \in (0, +\infty)$. 我们有

$$f(t) = 9^t \cdot \ln 9 - \frac{8^t \cdot \ln 8}{t^2}.$$

注意到在区间 $(0, +\infty)$ 上,函数 $8^{\frac{1}{t}} \cdot \ln 8$ 和 $\dfrac{1}{t^2}$ 都是单调递减的正值函数. 所以

$$-\frac{8^{\frac{1}{t}} \cdot \ln 8}{t^2}$$

是单调递增的,因此 $f'(t)$ 也是单调递增的. 再由于

$$f\left(\frac{1}{2}\right) \cdot f'(1) = 18(\ln 9 - \ln 2^{256})(\ln 27 - \ln 16) < 0,$$

存在 $t_0 \in \left(\dfrac{1}{2}, 1\right)$ 使得 $f'(t_0) = 0$.

由以上所有的讨论可知 $f(t)$ 在 $(0,t_0)$ 内单调递增，在 $(t_0,+\infty)$ 内单调递减，$\lim\limits_{t\to0^+} f(t)=+\infty$ $\lim\limits_{t\to+\infty} f(t)=+\infty$，且 $f(1)=17-a\leqslant 0$. 因此式 (1) 恰有两个正根.

4.2.62

考虑函数

$$f(x)=2^{-x}+\frac{1}{2},\ x\in\mathbb{R}.$$

对每个 n，我们有

$$x_{n+4}=f(x_{n+2})=f\big(f(x_n)\big),$$

或者写为 $x_{n+4}=g(x_n)$，其中 $g(x)=f\big(f(x)\big),\ x\in\mathbb{R}$.

注意到 $f(x)$ 是单调递减的，因此 $g(x)$ 是单调递增的. 所以对每个 $k=1,2,3,4$，序列 $\{x_{4n+k}\}$ 都是单调的. 且由 $\{x_n\}$ 的定义可知 $0\leqslant x_n\leqslant 2$ 对所有的 n 都成立. 因此对每个 $k=1,2,3,4$，序列 $\{x_{4n+k}\}$ 都收敛.

令 $\lim\limits_{n\to\infty} x_{4n+k}=L_k,\ k=1,2,3,4$，那么 $0\leqslant L_k\leqslant 2$. 由于 $g(x)$ 在 $\mathbb{R}$ 上连续，我们有 $g(L_k)=L_k$.

考虑函数 $h(x)=g(x)-x,\ x\in[0,2]$. 我们可得

$$h'(x)=2^{-(f(x)+x)}\cdot\ln^2 2-1<0$$

在 $[0,2]$ 上成立（因为 $f(x)+x>0$ 在 $[0,2]$ 上成立）. 于是 $h(x)$ 在 $[0,2]$ 上单调递增，那么方程 $h(x)=0$ 至多只有一个解，即 $g(x)=x$. 注意到 $g(1)=1$，因此我们得到 $L_k=1$ 对 $k=1,2,3,4$ 成立.

最后，由于 $\{x_n\}$ 是四个子列 $\{x_{4n+k}\}$ 的并集，于是 $\{x_n\}$ 收敛，且极限为 1.

4.3 数论

4.3.1

我们需要找到一个数

$$\overline{xxyy}=10^3x+10^2+10y+y=11(100x+y). \tag{1}$$

这个数被 11 整除，而由于它是完全平方数，那么它被 11^2 整除. 所以 $100x+y$ 被 11 整除，这意味着 $x+y$ 被 11 整除，其中 $0<x\leqslant 0, 0\leqslant y\leqslant 9$.

由于此数为完全平方数，末位数字 y 只能是 $\{0,1,4,5,6,9\}$. 那么 $x=11-y$ 的可能值就是 $\{11,10,7,6,5,2\}\backslash\{11,10\}$.

于是我们有数对 $(x,y)=(7,4),(6,5),(5,6),(2,9)$，这意味着此数只可能是 7 744, 6 655, 5 566, 2 299. 在这些数中，只有 7 744 是完全平方数，这就是所求的答案.

4.3.2

通过素因子分解,我们有 $1\,890 = 2\cdot 3^3\cdot 5\cdot 7, 1\,930 = 2\cdot 5\cdot 193, 1\,970 = 2\cdot 5\cdot 197$. 那么

$$N = 1\,890\cdot 1\,930\cdot 1\,970 = 2^3\cdot 3^3\cdot 5^3\cdot 7\cdot 193\cdot 197,$$

这说明 N 的每个因子都形如 $2^{k_1}3^{k_2}5^{k_3}7^{k_4}193^{k_5}197^{k_6}$,其中 $k_1, k_2, k_3 \in \{0, 1, 2, 3\}$, 而 $k_4, k_5, k_6 \in \{0, 1\}$.

所求的数不被 $45 = 3^2\cdot 5$ 整除,这意味着 $k_2 \geqslant 2$ 和 $k_3 \geqslant 1$ 不可能同时成立,即要么 $k_2 \leqslant 1$,要么 $k_3 = 0$. 由此可推出所求的数是 N 的所有因子中使得 k_1, k_4, k_5, k_6 可以是上述任意值,而 $k_2 \in \{0, 1\}, k_3 \in \{0, 1, 2, 3\}$ 或 $k_3 = 0, k_2 \in \{0, 1, 2, 3\}$.

所以 k_1 有四个可能值,数对 (k_2, k_3) 有 10 个可能值,而 k_4, k_5, k_6 各有两个可能值. 因此整除 N 而不被 45 整除的正整数的个数为 $4\cdot 10\cdot 2\cdot 2\cdot 2 = 320$.

4.3.3

(1) 我们有 $\tan(\alpha+\beta) = \tan 45^\circ = 1$,或 $\dfrac{\tan\alpha + \tan\beta}{1 - \tan\alpha\tan\beta} = 1$. 由此得到

$$\tan\beta = \frac{1-\tan\alpha}{1+\tan\alpha}, \text{或} \frac{p}{q} = \frac{1-\frac{m}{n}}{1+\frac{m}{n}} = \frac{n-m}{n+m}.$$

考虑两种情形:

m, n 的奇偶性不同,那么 $n-m$ 和 $n+m$ 都是奇数,因此它们只能有奇数公因子. 那么这些公因子也整除 $(n-m)+(n+m) = 2n$ 和 $(n+m)-(n-m) = 2m$, 即它们同时整除 m 和 n. 这是不可能的,因为 $(m, n) = 1$,即分数 $\dfrac{n-m}{n+m}$ 是不可约的. 因此我们必有 $p = n-m, q = n+m$. 为了使 $p > 0$,我们必须有 $n > m$.

m, n 都是奇数. 那么 $n-m$ 和 $n+m$ 都是偶数,于是 $(n-m, n+m) = (2n, 2m) = 2$. 由此我们得出 $\dfrac{n-m}{2}$ 和 $\dfrac{n+m}{2}$ 是互素的,因此 $p = \dfrac{n-m}{2}, q = \dfrac{n+m}{2}$,且 $n > m$.

因此,如果 $n > m$,那么总是存在唯一解,即

$$\text{如果 } n-m \text{ 是奇数,那么 } p = n-m, q = n+m, \tag{1}$$

而

$$\text{如果 } n-m \text{ 是偶数,那么 } p = \frac{n-m}{2}, q = \frac{n+m}{2}. \tag{2}$$

(2) 我们按照上面的两种情形讨论.

当式 (1) 成立时,我们有

$$m = q-n,\ p = 2n-q. \tag{3}$$

由于 $m, p > 0$,我们必有 $n < q < 2n$. 进一步,由于 $p = 2n - q$ 和 q 是互素的,q 必为奇数,且 $(q, n) = 1$. 此时,由 (1),$(m, n) = 1$. 因此为了使式 (3) 成立,我们必有 $n < q < 2n$,q 为奇数,且 $(q, n) = 1$.

当式 (2) 成立时,我们有

$$m = 2q - n,\ p = n - q. \tag{4}$$

由于 $m, p > 0$,我们必有 $q < n < 2q$. 进一步,由于 $m = 2q - n$ 和 n 是互素的,n 必为奇数,且 $(q, n) = 1$. 此时,由式 (2),$(p, q) = 1$. 因此为了使式 (4) 成立,我们必有 $q < n < 2q$,n 为奇数,且 $(q, n) = 1$.

即如果 $(n, q) = 1$,且较大的数小于另一个数的两倍,那么存在唯一解,即

$$\text{如果 } n < q\text{,那么 } m = q - n,\ p = 2n - q,$$

而

$$\text{如果 } n > q\text{,那么 } m = 2q - n,\ p = n - q.$$

(3) 类似地,在第一种情形中,我们有 $n = q - m > 0$, $p = q - 2m > 0$,这说明 $q > 2m$. 那么当 q 为奇数且 $(q, m) = 1$ 时有唯一解.

在第二种情形中,我们有 $n = 2q - m > 0$, $p = q - m > 0$,这说明 $q > m$,因此当 m 为奇数且 $(m, q) = 1$ 时有唯一解.

因此.

- 若 $m < q < 2m$,m 为奇数,则存在一个解 $n = 2q - m$, $p = q - m$.
- 若 $2m < q$,m 为偶数,q 为奇数,则存在一个解 $n = q - m$, $p = q - 2m$.
- 若 $2m < q$,m 为奇数,q 为偶数,则存在一个解 $n = 2q - m$, $p = q - m$.
- 若 $2m < q$,m 为奇数,q 为奇数,则存在两个解 $n = q - m$, $p = q - 2m$ 和 $n = 2q - m$, $p = q - m$.

4.3.4

(1) 我们有 $f(2) = (-1)^1$,且 $f(2) = f(2^r) = 1 \cdot f(p) = 1 + (-1)^{\frac{p-1}{2}}$,因为 2 和 2^r 的唯一奇数公因子为 1.

(2) 如果素数 p 具有形式 $p = 4k + 1$,那么它只有两个因子,1 和 $4k + 1$. 于是 $f(p) = 1 + (-1)^{2k} = 2$. 另一方面,如果一个素数具有形式 $p = 4k - 1$,那么 $f(p) = 1 + (-1)^{2k-1} = 0$.

进一步,由于 p^r 有 $r + 1$ 个奇数因子 $1, p, p^2, \cdots, p^r$,我们有

$$f(p^r) = 1 + (-1)^{\frac{p-1}{2}} + (-1)^{\frac{p^2-1}{2}} + \cdots + (-1)^{\frac{p^r-1}{2}}.$$

所以如果 $p = 4k + 1$,那么 $f(p^r) = r + 1$;而如果 $p = 4k - 1$,那么

$$f(p^r) = \begin{cases} 1, \text{如果 } r \text{ 为偶数} \\ 0, \text{如果 } r \text{ 为奇数} \end{cases}.$$

(3) 乘积 $f(N)\cdot f(M)$ 由形如

$$(-1)^{\frac{n-1}{2}}\cdot(-1)^{\frac{m-1}{2}}=(-1)^{\frac{n+m-2}{2}}$$

的数组成,其中 n 和 m 分别是 N 和 M 的奇数因子.

此外,$f(N\cdot M)$ 由形如 $(-1)^{\frac{mn-1}{2}}$. 注意到 m,n 都是奇数,因此

$$(-1)^{\frac{mn-1}{2}}:(-1)^{\frac{n+m-2}{2}}=(-1)^{\frac{(n-1)(m-1)}{2}}=1.$$

这意味着 $f(N)\cdot f(M)$ 和 $f(N\cdot M)$ 所对应的和是相同的,因此

$$f(N\cdot M)=f(N)\cdot f(M).$$

由此可得

$$\begin{aligned}f(5^4\cdot 11^{28}\cdot 19^{19})&=f(5^4)\cdot f(11^{28})\cdot f(17^{19})\\&=(1+4)\cdot 1\cdot(1+19)=5\cdot 20=100,\end{aligned}$$

且

$$\begin{aligned}f(1\,980)&=f(2^2\cdot 3^2\cdot 5\cdot 11)\\&=f(2^2)\cdot f(3^2)\cdot f(5)\cdot f(11)=1\cdot 1\cdot 1\cdot 0=0,\end{aligned}$$

这是因为 11 是形如 $4k-1$ 的数.

最后,我们可以得到如下计算 $f(N)$ 的公式:将 N 因式分解为 3 种素因子的乘积,即 $2,p_i=4k+1,q_j=4k-1$,我们可将 N 写为

$$N=2^r p_1^{\alpha_1}\cdots p_r^{\alpha_r}q_1^{\beta_1}\cdots q_s^{\beta_s},$$

由此得到

$$f(N)=\begin{cases}(1+\alpha_1)\cdots(1+\alpha_r),\text{如果所有的 }\beta_j\text{ 全为偶数}\\0,\text{如果有一个 }\beta_j\text{ 是奇数}\end{cases}.$$

4.3.5

(1) 我们有

$$\begin{aligned}A&=\underbrace{11\cdots 1}_{2n\text{个}}-\underbrace{77\cdots 7}_{2n\text{个}}\\&=\frac{10^{2n}-1}{10-1}-7\cdot\frac{10^n-1}{10-1}\\&=\frac{10^{2n}-7\cdot 10^n+6}{9}.\end{aligned}$$

对 $n=1$: $A=4=2^2$.

对 $n\geqslant 2$: $(10^n-4)<10^{2n}-7\cdot 10^n+6<(10^n-3)^2$,这说明 A 的分子不可能是一个完全平方数,那么 A 也不是完全平方数.

(2) 类似地，

$$B=\frac{10^{2n}-b\cdot 10^n+(b-1)}{9}.$$

用 C 表示 B 的分子. 由于 $C=9B$，如果 B 是一个完全平方数，那么 C 也是完全平方数. 由于 $n>0$，$(b-1)$ 应该是 C 的最后一个数字，因此 $b\in\{1,2,5,6,7\}$.

$b=7$ 的情形已经考虑过了. 将 $b=1,2,5,6$ 代入 B 的表达式中，我们发现唯一可能的情形是 $b=2$，此时 $C=(10^n-1)^2$. 在这种情形下，由于

$$10^n-1=\underbrace{99\cdots 9}_{n\text{个}}$$

被 3 整除，$B=\left(\frac{10^n-1}{3}\right)^2$ 是一个完全平方数.

4.3.6

(1) 从 $n=9u, n+1=25v$ 可得 $25v=9u+1$，可得 $u=11+25t, v=4+9t$，其中 t 是一个整数. 所以存在无穷多对 $(99+225t, 100+225t)$，$t\in\mathbb{Z}$，满足题中的要求.

(2) 由于 21 和 165 都被 3 整除，且 $(n,n+1)=1$，因此无解.

(3) 我们有 $n=9u, n+1=25v, n+2=4w$. 根据前面两个方程，由 (1) 我们可得到 n 的形式. 所以为了满足第三个方程，我们必须有

$$(99+225t)+2=4w\Rightarrow 4w=225t+101,$$

由此得到 $t=3+4s, w=194+225s$，其中 s 是任意一个整数. 因此存在无穷多个三元数组 $(774+990s, 775+900s, 776+900s)$，$s\in\mathbb{Z}$ 满足题中的要求.

4.3.7

数列首项为 $a_1=-1$，公差 $d=19$，于是通项为 $a_n=a_1+(n-1)d=19n-20$，$n\geqslant 1$. 我们要求出所有的 n 使得

$$19n-20=\underbrace{55\cdots 5}_{k\text{个}}=5\cdot\frac{10^k-1}{9}, \text{对某个 } k\geqslant 1 \text{ 成立}.$$

此方程等价于 $5\cdot 10^k\equiv -4 \pmod{19}$，即 $5\cdot 10^k\equiv 15 \pmod{19}$，这可以约化为 $10^k\equiv 3 \pmod{19}$.

现在考虑一列同余式 $10^k \pmod{19}$. 我们有

$$10^0\equiv 1,\ 10^1\equiv 10,\ 10^2\equiv 5,\ 10^3\equiv 12,\ 10^4\equiv 6,\ 10^5\equiv 3.$$

进一步，

$$10^6\equiv 11,\ 10^7\equiv 15,\cdots,10^{18}\equiv 1.$$

所以我们得到 $10^{18\ell+5} \equiv 3 \pmod{19}$,这意味着 $k = 18\ell + 5, \ell \geqslant 0$.

反过来,如果 $k = 18\ell + 5, \ell \geqslant 0$,那么 $10^k \equiv 3 \pmod{19}$. 这意味着 $5 \cdot 10^k \equiv -4 \pmod{19}$,即 $5 \cdot 10^k \equiv 19s - 4$ 对某个 s 成立,这等价于 $5(10^k - 1) = 19s - 9$. 左边是被 9 整除的,因此 s 也被 9 整除,即 $s = 9r$. 于是我们有

$$19r - 1 = 5 \cdot \frac{10^k - 1}{9} = \underbrace{55\cdots5}_{k\text{个}}.$$

因此答案为所有的形如 $\underbrace{55\cdots5}_{18\ell+5\text{个}}, \ell \geqslant 0$ 的项.

4.3.8

注意到 n 必被 3 整除,因此最小和最大的可能为 102 和 999. 注意到

$$102 \leqslant n \leqslant 999 \Leftrightarrow 68 \leqslant \frac{2}{3}\overline{abc} \leqslant 666 \Leftrightarrow 68 \leqslant a!b!c! \leqslant 666. \tag{1}$$

由 $a!b!c! \leqslant 666$ 可知没有数字超过 5,因为 $6! = 720 > 666$. 再由 $a!b!c! \geqslant 68$,那么要么每个数字不小于 2,或者至少有一个不小于 4(如果有两个数字是 1 和 2,或者两个都不是 1),或者有两个数字不小于 3(那么第三个数字必然为 2). 所有的情况都说明 $a!b!c!$ 被 8 整除,即 n 被 4 整除.

那么 $n = \overline{abc}$ 被 3 和 4 整除,且它的数字必须满足条件 $0 < a, b, c \leqslant 5$. 由于 n 是整数,因此 c 也是偶数,即 $c \in \{2, 4\}$.

如果 $c = 2$: 由于 $\overline{abc}$ 被 4 整除,所以 $\overline{bc}$ 也被 4 整除. 那么 $b \in \{1, 3, 5\}$,且 $\overline{bc} \in \{12, 32, 52\}$.

如果 $c = 4$:类似地,$b \in \{2, 4\}$,且 $\overline{bc} \in \{24, 44\}$.

然而,n 被 3 整除,那么 $a + b + c$ 也被 3 整除,结合这些事实,以及 $a!b!c!$ 是被 8 整除的,可以得到下面的数:

$$312\,(a = 3),\ 432\,(a = 4),\ 252\,(a = 2),\ 324\,(a = 3),\ 144,\,(a = 1).$$

在这些候选的数中满足题目要求的只有 432.

4.3.9

考虑 $P(x) = ax^3 + bx^2 + cx + d$. 对 $x = 0, 1, -1, 2$,我们有 $a, a + b + c + d, -a + b - c + d, 8a + 4b + 2c + d$ 都是整数. 因此得到下面的整数:

$$\begin{aligned}
&a + b + c = (a + b + c + d) - d,\\
&2b = (a + b + c + d) + (-a + b - c + d) - 2d,\\
&6a = (8a + 4b + 2c + d) + 2(-a + b - c + d) - 6b - 3d.
\end{aligned}$$

因此 $P(x)$ 是整数就意味着 $6a, 2b, a + b + c, d$ 都是整数.

反过来,我们可以将 $P(x)$ 写为

$$P(x) = 6a\frac{(x-1)x(x+1)}{6} + 2b\frac{x(x-1)}{2} + (a+b+c)x + d.$$

且注意到对任意整数 x,我们总有 $(x-1)x(x+1)$ 被 6 整除,且由于 $x(x-1)$ 被 2 整除,因此 $P(x)$ 为整数.

于是答案为 $6a, 2b, a+b+c, d$ 都是整数.

4.3.10

我们有

$$\begin{aligned} 2(100a + 10b + c) &= (100b + 10c + a) + (100c + 10a + b) \\ &\Leftrightarrow 7a = 3b + 4c. \end{aligned} \tag{1}$$

显然有九组解 $a = b = c \in \{1, 2, \cdots, 9\}$. 若 a, b, c 中任意有两个是相等的,则式 (1) 说明它们全部都是相等的.

现在考虑所有数都不同的情形. 将式 (1) 写为

$$\frac{a-b}{c-a} = \frac{4}{3},$$

我们得到 $a - b = 4k$, $c - a = 3k$, $k \in \mathbb{Z}$,因此 $c - b = 7k$. 注意到 $c - b < 10$,所以 $k = \pm 1$.

对 $k = 1$:$a - b = 4$, $c - a = 3 \Rightarrow b = a - 4 \geqslant 0$, $a = c - 3 \leqslant 6 \Rightarrow 4 \leqslant a \leqslant 6$. 因此 $a = 4, 5, 6$ 分别对应 $b = 0, 1, 2$ 和 $c = 7, 8, 9$. 因此我们有 407,518,629.

类似地,对 $k = -1$,我们得到 370,481,592.

因此共有 15 组解.

4.3.11

利用长除法我们有

$$f(x) = g(x) \cdot h(x) + r(x),$$

其中余项 $r(x) = (m^3 + 6m^2 - 32m + 15)x^2 + (5m^3 - 24m^2 + 16m + 33)x + (m^4 - 6m^3 + 4m^2 + 5m + 30) = Ax^2 + Bx + C$. 为了得到 $r(x) = 0$ 对任意 x 成立,我们应有 $A = B = C = 0$,由此得到 $m = \pm 1, \pm 3$. 在这些数中,只有 $m = 3$ 是满足条件的.

4.3.12

我们有

$$2^x(1 + 2^{y-x} + 2^{z-x}) = 2^5 \cdot 73.$$

令 $M = 1 + 2^{y-x} + 2^{z-x}$,我们可以发现 M 是奇数,因此 $2^x = 2^5, M = 73$. 所以 $x = 5$ 且 $2^{y-x} + 2^{z-x} = 72 \Leftrightarrow 2^{y-x}(1 + 2^{z-y}) = 2^3 \cdot 9$. 由上述讨论,我们有 $2^{y-x} = 2^3, 1 + 2^{z-y} = 9$,这说明 $y - x = z - y = 3$,因此 $y = 8, z = 11$.

所以最后的答案为 $x = 5, 7 = 8, z = 11$.

4.3.13

注意到如果 $b > 2$,那么 $2^b - 2^{b-1} = 2^{b-1} > 2$,即 $2^{b-1} + 1 < 2^b - 1$. 所以如果 $a < b$,即 $a \leqslant b - 1$ 时,$2^a \leqslant 2^{b-1}$,这意味着

$$2^a + 1 < 2^b - 1. \tag{1}$$

此时,$2^a + 1$ 不可能被 $2^b - 1$ 整除.

现在假定 $a = b$,那么我们有

$$\frac{2^a + 1}{2^b - 1} = 1 + \frac{2}{2^b - 1},$$

这也说明 $2^a + 1$ 不可能被 $2^b - 1$ 整除.

最后,在 $a > b$ 的情形下,我们记 $a = bq + r$,其中 q 是一个正数,r 或为 0,或为一个小于 b 的正数. 那么

$$\frac{2^a + 1}{2^b - 1} = \frac{2^a - 2^r}{2^b - 1} + \frac{2^r + 1}{2^b - 1} = \frac{2^a - 2^{a-qb}}{2^b - 1} + \frac{2^r + 1}{2^b - 1}.$$

对第一个分式,由于 $2^a - 2^{a-qb} = 2^{a-qb}(2^{qb} - 1)$,它是被 $2^{qb-1} = (2^b)^q - 1$ 整除的,也就被 $2^b - 1$ 整除. 对第二个分式,由式 (1),它是小于 1 的.

将以上所有结果综合起来,我们的结论是这样的 a 和 b 是不存在的.

4.3.14

(1) 我们可以发现 1 是不能写成这样的形式的,显然对前面六个最大的分数有

$$\frac{1}{3} + \frac{1}{5} + \frac{1}{7} + \frac{1}{9} + \frac{1}{11} + \frac{1}{13} < 0.34 + 0.2 + 0.15 + 0.12 + 0.1 + 0.08 = 0.99 < 1.$$

(2) 在这种情形下是可能的:

$$1 = \frac{1}{3} + \frac{1}{5} + \frac{1}{7} + \frac{1}{9} + \frac{1}{11} + \frac{1}{15} + \frac{1}{35} + \frac{1}{45} + \frac{1}{231}.$$

一般地,对任意奇数 $k \geqslant 9$,我们有

$$1 = \frac{1}{a_1} + \frac{1}{a_2} + \cdots + \frac{1}{a_k}.$$

显然,注意到

$$\frac{1}{3} = \frac{1}{5} + \frac{1}{9} + \frac{1}{45}.$$

那么由 (2) 我们作替换

$$\frac{1}{231} = \frac{1}{3 \cdot 77} = \frac{1}{5 \cdot 77} + \frac{1}{9 \cdot 77} + \frac{1}{45 \cdot 77},$$

就能得到 $k=11$. 那么将最小的分数 $\frac{1}{3m}$（这里 $m=15\cdot 77$）替换为

$$\frac{1}{3m}=\frac{1}{5m}+\frac{1}{9m}+\frac{1}{45m},$$

就得到了 $k=13$ 的情形,依此类推即可.

4.3.15

令 $\alpha=\min|f(x,y)|$,其中 $f(x,y)=5x^2+11xy-5y^2$,由于方程 $f(x,y)=0$ 没有实根,α 是一个正整数. 此外,$\alpha\leqslant|f(1,0)|=5$,因此有 $\alpha=1,2,3,4,5$.

注意到如果 $x=2k$ 且 $y=2m$, 那么 $f(2k,2m)=4f(k,m)$. 此时, 数对 $(2k,2m)$ 不可能使所求的式子最小. 所以只需考虑 x,y 不同为偶数的情形. 如果这样的话,$f(x,y)$ 为奇数,且 $\alpha=1,3,5$.

我们来证明 $\alpha\neq 1,\alpha\neq 3$.

假定 $\alpha=1$,即存在一对 (x_0,y_0) 使得 $|f(x_0,y_0)|=1$. 考虑 $f(x_0,y_0)=1$ 的情形（$f(x_0,y_0)=-1$ 是类似的）. 我们有

$$(10x_0+11y_0)^2-221y_0^2=20.$$

令 $t=10x_0+11y_0$,那么上面的等式可以改写为 $t^2-7=13+13\cdot 17y_0^2$. 这是不可能的,因为 t^2-7 是不可能被 13 整除的.

类似的,$\alpha=3$ 的情形也不可能发生,因为 $t^2-8=52+13y_0^2$ 和 t^2-8 也不可能被 13 整除.

所以 $\alpha=5$ 是所求的值,因为 $f(1,0)=5$.

4.3.16

如果 $x=0$,那么 $y=-2$;如果 $y=0$,那么 $x=2$.

考虑 $x,y\neq 0$,有两种情形.

(1) 情形一:$xy<0$.

(a) 如果 $x>0,y<0$,那么 $x^3=y^3+2xy+8<8$,这意味着 $x=1$,且方程变为 $y^3+2y+7=0$,它没有整数解.

(b) 如果 $x<0,y>0$,那么 $y^3-x^3=-2xy-8<-2xy$. 且

$$y^3-x^3=y^3+(-x)^3\geqslant y^2+(-x)^2\geqslant -2xy,$$

这是不可能的.

(2) 情形二:$xy>0$.

我们注意到 $2xy+8>0$,因此 $x^3-y^3=(x-y)[(x-y)^2+3xy]>0$,这意味着 $x-y>0$.

(a) 如果 $x-y=1$,那么我们有 $y^2+y-7=0$,没有整数解.

(b) 如果 $x-y\geqslant 2$,那么我们得到

$$2xy+8=(x-y)[(x-y)^2+3xy]\geqslant 2(4+3xy)=8+6xy,$$

这意味着 $xy \leqslant 0$,矛盾.

因此只有两组解 $(0,-2)$ 和 $(2,0)$.

4.3.17

令 $(b,m)=d$,我们有 $b=b_1d, m=m_1d$,其中 $(b_1,m_1)=1$. 所以 $(a^n-1)b$ 被 m 整除当且仅当 a^n-1 被 m_1 整除. 我们来研究这种情形.

首先我们注意到必要性是 $(a,m_1)=1$,也就是说如果 a 和 m_1 有一个公共的素因子 p 的话,那么 a^n-1 不被 p 整除,而 m_1 被 p 整除.

我们来证明这个条件也是充分的. 考虑一列有 m_1+2 项的数列

$$a, a^2, \cdots, a^{m_1+1}, a^{m_1+2},$$

由鸽巢原理,存在两项 a^k, a^ℓ 使得 $a^k \equiv a^\ell(\mathrm{mod}\, m_1)=1$,即 $a^k-a^\ell=a^\ell(a^{k-\ell}-1)$ 被 m_1 整除. 由于 $(a,m_1)=1$,所以 $a^{k-\ell}-1$ 被 m_1 整除. 因此取 $n=k-\ell$,我们得到 a^n-1 被 m_1 整除.

所以 $(a^n-1)b$ 被 m 整除当且仅当 $(a,m_1)=1$. 但 $(b_1,m_1)=1$,所以

$$(a,m_1)=1 \Leftrightarrow (ab_1,m_1)=1 \Leftrightarrow (ab_1d,m_1d)=d \Leftrightarrow (ab,m)=d.$$

这意味着 $(ab,m)=(b,m)=d$.

4.3.18

首先注意到 (x_n) 和 (y_n) 都是正整数列.

我们有

$$y_1-y_0=y_0^4-1\,953=63584=32\cdot 1\,987,$$

所以 $y_1 \equiv y_0(\mathrm{mod}\, 1\,987)$.

接下来考虑

$$y_2-y_1=y_1^4-1\,952 \equiv (\mathrm{mod}\, 1\,987) \equiv 0(\mathrm{mod}\, 1\,987).$$

因此 $y_2 \equiv y_1(\mathrm{mod}\, 1\,987)$,这意味着 $y_2 \equiv y_0(\mathrm{mod}\, 1\,987)$.

类似地,我们得到

$$y_k \equiv y_0(\mathrm{mod}\, 1\,987) \equiv 16(\mathrm{mod}\, 1\,987),\ \forall k \geqslant 1.$$

此外,

$$x_1-x_0=x_0^{1\,987}+1\,622=(365^{1\,987}-365)+1\,987.$$

但由费马(Fermat)小定理,$365^{1\,987}-365 \equiv 0(\mathrm{mod}\, 1\,987)$,因此 $x_1 \equiv x_0(\mathrm{mod}\, 1\,987)$.

而且我们还有

$$x_2-x_1=x_1^{1\,987}+1622=x_0^{1\,987}+1\,622 \equiv 0(\mathrm{mod}\, 1\,987),$$

即 $x_2 \equiv x_1 \pmod{1\,987}$，这意味着 $x_2 \equiv x_0 \pmod{1\,987}$.

类似地，我们得到

$$x_n \equiv x_0 \pmod{1\,987} \equiv 365 \pmod{1\,987},\ \forall n \geqslant 1.$$

因此，对任意 $k, n \geqslant 1$，由于 365 和 16 模 1 987 不同余，我们总有 $|y_k - x_n| > 0$.

4.3.19

(1) 令 $g(n) = 4n^2 + 33n + 29$，那么 $g(n) = 1\,989(n^2 + n + 1) - f(n)$，因此 $f(n)$ 被 1 989 整除当且仅当 $g(n)$ 也被 1 989 整除. 考虑序列 $-1, 1, 0, 1, 1, 2, \cdots$（即增加三项 $-1, -1, 0$ 到斐波那契数列 $\{F_n\}$, $n \geqslant 0$）. 对这个数列我们仍有 $F_{n+1} = F_n + F_{n-1}$, $n \geqslant 1$.

设 r_i 是 F_i 模 1 989 的余数，那么 $0 \leqslant r_i \leqslant 1\,988$. 由鸽巢原理，在前 $1\,989^2 + 1$ 组 $(r_0, r_1), (r_1, r_2), \cdots$ 中，至少存在两组数是相同的，不妨设为 $(r_p, r_{p+1}) = (r_{p+\ell}, r_{p+\ell+1})$，即 $r_p = r_{p+\ell}, r_{p+1} = r_{p+\ell+1}$. 注意到 $F_{n-1} = F_{n+1} - F_n$，我们得到

$$r_{p-1} = r_{p+\ell-1},\ r_{p-2} = r_{p+\ell-2}, \cdots,\ r_2 = r_{\ell+2},\ r_1 = r_{\ell+1},\ r_0 = r_\ell,$$

由此可知 $r_i = r_{i+\ell}$ 对任意 $i \geqslant 0$ 成立.

于是 $r_0 = r_\ell = r_{2\ell} = \cdots = r_{k\ell}$ 对任意 $k \geqslant 1$ 成立. 因此我们有

$$F_{k\ell} = 1\,989t + r_0 = 1\,989t - 1,\ t \in \mathbb{Z},$$

这说明

$$\begin{aligned} g(F_{k\ell}) &= g(1\,989t - 1) \\ &= 4(1\,989t - 1)^2 + 33(1\,989t - 1) + 29 = 1\,989A,\ A \in \mathbb{Z}. \end{aligned}$$

另一方面，对任意 $k \geqslant 1$，$F_{k\ell}$ 是斐波那契数，因此有无穷多个这样的数 F 使得 $f(F)$ 被 1 989 整除.

(2) 我们证明不存在斐波那契数 G 使得 $f(G) + 2$ 被 1 989 整除.

注意到

$$f(n) + 2 = 1\,989(n^2 + n + 1) - 26(n + 1) - (4n^2 + 7n + 1),$$

且 1 989 和 26 都被 13 整除. 所以我们只需证明对所有的 $n \in \mathbb{N}$，$4n^2 + 7n + 1$ 不被 13 整除.

自然，$16(4n^2+7n+1) = (8n+7)^2 - 7 - 13 \cdot 2$. 令 $3n+7 = 13t \pm r\ (0 \leqslant r \leqslant 6)$，$t, r$ 为整数. 我们有

$$(8n + 7)^2 = (13 \pm r)^2 = (13t)^2 \pm 2 \cdot 13tr + r^2 = 13(13t^2 \pm 2tr) + r^2,$$

所以存在整数 m 使得 $16(4n^2+7n+1)=r^2-7+13m$. 可以直接计算验证对任意 $r\in\{0,1,2,3,4,5,6\}$, r^2-7 不被 13 整除.

4.3.20

注意到下面的等式

$$100=9^2+19\cdot 1^2, \tag{1}$$

$$1\,980=21^2+19\cdot 9^2, \tag{2}$$

且

$$(x^2+19y^2)(a^2+19b^2)=(xa-19yb)^2+19(xb+ya^2) \tag{3}$$

对任意实数 x,y,a,b 成立.

我们用归纳法证明对每二个 $m\in\mathbb{N}$, 100^m 都使得存在两个整数 x,y, 满足 $x-y$ 不被 5 整除, 且 $100^m=x^2+19y^2$.

显然, 由式 (1) 可知 $m=1$ 是成立的. 假定对 $m=k$ 结论成立, 即

$$100^k=x^2+19y^2$$

对某个满足 $x-y$ 不被 5 整除的整数 x,y 整除. 那么对 $m=k+1$, 由式 (3) 我们有

$$\begin{aligned}10^{k+1}&=100\cdot 100^k=(9^2+19\cdot 1)(x^2+19y^2)\\&=(9x-19y)^2+19(x+9y)^2.\end{aligned}$$

且由于 $x-y$ 不被 5 整除, 那么 $(9x-19y)-(x+9y)=8(x-y)-20y$ 也不被 5 整除. 结论得证.

现在 $10^{1988}=100^{994}$ 具有这样的性质. 假定 $100^{994}=A^2+19B^2$, 其中 $A-B$ 不被 5 整除. 由式 (2) 和式 (3) 可得

$$\begin{aligned}198\cdot 100^{1\,989}&=1980\cdot 100^{994}=(21^2+19\cdot 9^2)(A^2+19B^2)\\&=(21A-171B)^2+19(21B+9A)^2=x^2+19y^2,\end{aligned} \tag{4}$$

其中 $x=21A-171B$, $y=21B+9A$. 进一步, $x-y=(21A-171B)-(21B+9A)=12(A-B)-180B$ 也不被 5 整除.

且由式 (4) 可知, x,y 同时被 5 整除, 或同时不被 5 整除. 由于 $x-y$ 不被 5 整除, 那么 x 和 y 都不被 5 整除.

4.3.21

设 S 表示所有被移除的数的和, 那么问题等价于求 S 的最小值.

设 $a_1<\cdots<a_p\in[1,2n-1]$ 是被移除的数. 注意到根据假设有 $p\geqslant n-1$.

如果 $a_1=1$, 那么 2 倍移除, 于是 $1+2=3, 1+3=4,\cdots$ 都必须被移除. 此时 S 是最大的, 或者剩下的数的和为 0.

如果 $a_1 > 1$，那么 $a_1 + a_p \geqslant 2n$，否则 $a_1 + a_p \leqslant 2n - 1$ 就会被移除，而 $a_p < a_1 + a_p$. 这就和 a_p 是被移除的最大数相矛盾.

接下来我们还有 $a_{p-1} + a_2 \geqslant 2n$. 注意到 $a_{p-1} + a_1 \geqslant a_p$，否则 $a_{p-1} + a_1$ 就要被移除，但它在两个连续被移除的数 a_{p-1} 和 a_p 之间，这是不可能的. 所以 $a_{p-1} + a_2 \geqslant a_p$,因此 $a_{p-1} + a_2 > a_{p-1} + a_1 \geqslant a_p$. 这意味着 $a_{p-1} + a_2 \geqslant 2n$（否则,这个数就要被移除,但它比 a_p 更大,再次得到矛盾）.

持续此过程,我们有

$$a_{p+1-i} + a_i \geqslant 2n,\ \forall 1 \leqslant i \leqslant \frac{p+1}{2}. \tag{1}$$

由此式立刻得到

$$\begin{aligned} 2S &= (a_1 + a_p) + (a_2 + a_{p-1}) + \cdots + (a_p + a_1) \\ &\geqslant 2n \cdot 2p \geqslant 2n(n-1), \end{aligned}$$

即

$$S = \sum_{i=1}^{p} a_i \geqslant n(n-1).$$

等号成立当且仅当式 (1) 中的等号成立. 即 $a_{p+1-i} + a_i = 2n$ 对任意 $1 \leqslant i \leqslant \dfrac{p+1}{2}$ 成立. 此时,$a_p = a_1 + a_{p-1} = 2a_1 + a_{p-2} = \cdots = pa_1$,这意味着 $2n = a_1 + a_p = (p+1)a_1 \geqslant na_1$（因为我们已经得到了 $p \geqslant n-1$）,也就是 $a_1 \leqslant 2$.

结合 $a_1 > 1$ 和 $a_1 \leqslant 2$ 可知 $a_1 = 2$ 且 $p = n-1$,因此 $a_i = 2i (1 \leqslant i \leqslant n-1)$.

综上所述，需要被移除的数为 $2, 4, \cdots, 2n-2$，且剩下的数的和的最大值为 $1 + 3 + \cdots + (2n-1) = n^2$.

4.3.22

注意到每个正整数 A 可以写为 $A = 2^r B$ 的形式,其中 B 为奇数. 由题目要求，我们需要找到一个 $f(n)$ 的表示形式 $k^n - 1 = 2^{f(n)} B$,其中 B 为奇数.

记 $n = 2^t m$, m 为奇数，且 $k - 1 = 2^r u, k + 1 = 2^s v$，其中 u, v 为奇数，而 $r, s \geqslant 1$（因为 $k > 1$）. 那么

$$\begin{aligned} k^n - 1 &= (2^r u + 1)^n - 1 = \sum_{i=0}^{n} \binom{n}{i} (2^r u)^i - 1 = \sum_{i=1}^{n} \binom{n}{i} (2^r u)^i \\ &= \binom{n}{1} 2^r u + \sum_{i=2}^{n} \binom{n}{i} (2^r u)^i = 2^r nu + 2^{2r} M. \end{aligned} \tag{1}$$

如果 $n = m$,那么式 (1) 说明 $k^m - 1 = 2^r(mu + 2^r M)$,所以 $f(m) = r$. 如果 $n = 2p$ 为偶数,那么 $k^{2p} - 1 = (k^p - 1)(k^p + 1)$. 注意到

$$
\begin{aligned}
k^p+1=(2^s v-1)^p+1 &= \sum_{i=0}^{p}\binom{p}{i}(2^s v)^i(-1)^{p-i}+1 \\
&= \binom{p}{0}(-1)^p+\binom{p}{1}(2^s v)(-1)^{p-1}+\sum_{i=2}^{p}\binom{p}{i}(2^s v)^i(-1)^{p-i}+1 \qquad (2)\\
&= 2^{2s}N+(-1)^{p-1}2^s pv+(-1)^p+1.
\end{aligned}
$$

(a) 如果 p 为奇数,由式 (2),$k^p+1=2^{2s}N+2^s pv=2^s(2^s N+pv)$. 那么由式 (1) 我们有

$$k^{2p}-1=(k^p-1)(k^p+1)=2^r(2^r M+pu)\cdot 2^s(2^s N+pv),$$

因为 $r,s\geqslant 1$ 且 p,u,v 都是奇数,这意味着 $f(2p)=r+s$.

(b) 如果 p 为偶数,由式 (2),$k^p+1=2^{2s}N-2^s pv+2=4P+2=2(2P+1)$, 那么

$$k^{2p}-1=(k^p-1)(k^p+1)=2^{f(p)}Q\cdot 2(2P+1)=2^{f(p)+1}Q(2P+1),$$

由于 Q 是奇数,这意味着 $f(2p)=1+f(p)$.

所以,对 $n=2^t m$,其中 $r\geqslant 1$,而 m 为奇数我们有

$$f(n)=f(2^t m)=(t-1)f(2m)=r+s+t-1.$$

因此,

$$\begin{cases} f(m)=r, m\text{ 为奇数} \\ f(2^t m)=r+s+t-1, t\geqslant 1\text{ 且 } m\text{ 为奇数} \end{cases}.$$

进一步,$k-1$ 和 $k+1$ 是两个连续的偶数,那么 $k\equiv 1(\bmod 4)\Leftrightarrow r>1, s=1$,而 $k\equiv 3(\bmod 4)\Leftrightarrow r=1, s>1$. 所以最后的答案为

$$\begin{cases} f(m)=r, m\text{ 为奇数} \\ f(2^t m)=r+t, t\geqslant 1, r\geqslant 2\text{ 且 } k\equiv 1(\bmod 4) \\ f(2^t m)=s+t, t\geqslant 1, s\geqslant 2\text{ 且 } k\equiv 3(\bmod 4) \end{cases}.$$

4.3.23

设 A 和 B 是两个数集,其中 A 中数字的末尾数字为 1 或 9, B 中数字的末尾数字为 3 或 7. 我们注意到对每个 $n\in\mathbb{N}$,如果 $a\in A$,那么 $a^n\in A$;如果 $b\in B$,那么 $b^{2n}\in A$,而 $b^{2n+1}\in B$.

现在令 $n=2^\alpha 5^\beta k$,其中 k 是不被 5 整除的奇数. 我们可以证明 $f(n)=f(k)$ 和 $g(n)=g(k)$. 那么只需要证明 $f(k)\geqslant g(k)$.

对 $k=1$,结论是显然的.

对 $k>1$, 我们对 s 归纳证明, 其中 s 是 k 的素因子个数如果 $s=1$, 那么 $k=p^{\ell}$ ($p\notin\{2,5\},\ell\in\mathbb{N}$). 由上面的结论我们有

(a) 如果 $p\in A$,那么 $f(k)=\ell+1>g(k)=0$.

(b) 如果 $p\in B$,那么 $f(k)=\left[\dfrac{\ell}{2}\right]+1$,且

$$g(k)=\begin{cases}\left[\dfrac{\ell}{2}\right],\ell\text{ 为偶数}\\ \left[\dfrac{\ell}{2}\right]+1,\ell\text{ 为奇数}\end{cases},$$

其中 $[x]$ 是 x 的取整函数. 此时,$f(k)\geqslant g(k)$.

假定结论对 $s\geqslant 1$ 成立, 那么在 $s+1$ 的情形时, $k=p_1^{\ell_1}\cdots p_s^{\ell_s}\cdot p_{s+1}^{\ell_{s+1}}$, 其中 $p_i\in\{2,5\},\ell_i\in\mathbb{N}$. 记 $k'=p_1^{\ell_1}\cdots p_s^{\ell_s}$, 我们可知 k' 是不被 5 整除的奇数, 且 $k=k'p_{s+1}^{\ell_{s+1}}$.

注意到 d 是 k 的因子当且仅当 $d=d'p_{s+1}^{\ell}$, 其中 d' 是 k' 的一个因子, 且 $0\leqslant\ell\leqslant\ell_{s+1}$. 我们有

$$f(k)=f(k')f(p_{s+1}^{\ell_{s+1}})+g(k')g(p_{s+1}^{\ell_{s+1}}),$$
$$g(k)=f(k')g(p_{s+1}^{\ell_{s+1}})+g(k')k(p_{s+1}^{\ell_{s+1}}).$$

所以 $f(k)-g(k)=[f(k')-g(k')]\cdot[f(p_{s+1}^{\ell_{s+1}})-g(p_{s+1}^{\ell_{s+1}})]\geqslant 0$,即 $f(k)\geqslant g(k)$,证毕.

4.3.24

(1) 对每个 n,分别记 $b_n\in[0,3]$, $c_n\in[0.4]$ 为 a_n 模 4 和 5 的余数. 那么

$$b_0=1,\ b_1=3,\ b_{n+1}\equiv b_{n+1}+b_n(\bmod 4),$$

且

$$c_0=1,\ c_1=3,\ c_{n_2}\equiv\begin{cases}c_{n+1}-c_n\equiv(\bmod 5),n\text{ 为偶数}\\ -c_{n+1}(\bmod 5),n\text{ 为奇数}\end{cases}.$$

直接的计算可得

$$b_0=1,\ b_1=3,\ b_2=0,\ b_3=3,\ b_4=3,\ b_5=2,\ b_6=1,\cdots,$$

且

$$c_0=1,\ c_1=3,\ c_2,\ c_3=3,\ c_4=1,\ c_5=4,\ c_6=3,\cdots,$$

这说明 $b_k=b_{k+6\ell}$, $c_k=c_{k+8\ell}$ 对任意 $k\geqslant 2$ 和 $\ell\geqslant 1$ 成立.

注意到 $1\,995 = 3+6\cdot 332 = 3+8\cdot 249$,且 $1\,996 = 4+6\cdot 332 = 4+8\cdot 249$,那么我们有

$$b_{1\,995} = b_3 = 3,\ b_{1\,996} = b_4 = 3,$$

且

$$c_{1\,995} = c_3 = 3,\ c_{1\,996} = c_4 = 1.$$

所以 $b_{1\,997} = 2,\ b_{1\,998} = 3,\ b_{2\,000} = 0$ 且 $c_{1\,997} = 4,\ c_{1\,998} = 3,\ c_{1\,999} = 2,\ c_{2\,000} = 4$.

因此

$$\sum_{k=1\,995}^{2\,000} a_k^2 \equiv \sum_{k=1\,995}^{2\,000} c_k^2 \equiv 0 \pmod 5.$$

由于 $(4,5)=1$,我们得到 $\sum\limits_{k=1\,995}^{2000} a_k^2 \equiv 0 \pmod{20}$.

(2) 注意到 $2n+1$ 具有形式 $5k+1$ 或 $6k+3$ 或 $6k+5$. 由 (1),或者 $a_{2n+1} \equiv 3 \pmod 4$,或者 $a_{2n+1} \equiv 2 \pmod 4$.

此外,当 a 是完全平方数时,$a \equiv 0 \pmod 4$,或 $a \equiv 1 \pmod 4$. 由此可知对任意的 n,a_{2n+1} 都不是完全平方数.

4.3.25

由题设第二个条件可知对任意 $n \in \mathbb{Z}$,

$$f\big(f(n)\big) = n, \tag{1}$$

$$f\big(f(n)+3)\big) = n-3.. \tag{2}$$

那么由式 (2) 有

$$f(n-3) = f\big(f(f(n)+3)\big),$$

且由式 (1) 有

$$f\big(f(f(n)+3)\big) = f(n)+3,$$

由此得到 $f(n) = f(n-3)-3$.

由归纳法我们可以证明

$$f(3k+r) = f(r)-3k,\ 0 \leqslant r \leqslant 2,\ k \in \mathbb{Z}. \tag{3}$$

由题设第一个条件和式 (3) 可得

$$1\,996 = f(1\,995) = f(3\cdot 665+0) = f(0)-1\,995 \Rightarrow f(0) = 3\,991. \tag{4}$$

由 (1) 和 (3) 可得

$$0 = f\big(f(0)\big) = f(3\,991) = f(3\cdot 1\,330+1) = f(1)-3\,990 \Rightarrow f(1) = 3\,990. \tag{5}$$

令 $f(2) = 3s + r$,其中 $0 \leqslant r \leqslant 2,\ s \in \mathbb{Z}$,由式 (1) 和式 (3) 得

$$2 = f\big(f(2)\big) = f(3s + r) = f(r) - 3s \Rightarrow f(r) = 3s + 2, \tag{6}$$

这意味着 $r = 2$,且 s 是任意一个整数,因为由式 (4) 和式 (5) 可得 $f(0) = 3 \cdot 1330 + 1,\ f(1) = 3 \cdot 1330$,这两个数都不是 $3s + 2$ 的形式.

将式 (4) (5) 和式 (6) 代入式 (3) 我们得到

$$f(n) = \begin{cases} 3991 - n, n \neq 3k + 2,\ k \in \mathbb{Z} \\ 3s + 4 - n, n = 3k + 2,\ k \in \mathbb{Z} \end{cases}.$$

我们可以直接验证这个函数满足题中的要求.

4.3.26

(1) 通过直接验证我们可以猜出下面的关系

$$a_{n+1}^2 - a_n a_{n+2} = 7^{n+1}, \tag{1}$$

这个可以由归纳法证明.

由式 (1) 可知 $a_{n+1}^2 - a_n a_{n+2}$ 的正因子个数为 $n + 2$.

(2) 由式 (1) 我们可得

$$\begin{aligned} & a_{n+1}^2 - a_n(45a_{n+1} - 7a_n) - 7^{n+1} = 0 \\ \Leftrightarrow & a_{n+1}^2 - 45a_n a_{n+1} + 7a_n^2 - 7^{n+1} = 0. \end{aligned}$$

这说明方程 $x^2 - 45a_n x + 7a_n^2 - 7^{n+1} = 0$ 有一个整数解. 因此 $\Delta = (45a_n)^2 - 4(7a_n^2 - 7^{n+1}) = 1\,997a_n^2 + 4 \cdot 7^{n+1}$ 必为完全平方数.

4.3.27

对 $n = 1, 2$,我们取 $k = 2$. 考虑 $n \geqslant 3$,我们声明

$$19^{2^{n-2}} - 1 = 2^n t_n,\ t_n \text{ 为奇数}. \tag{1}$$

自然,这可以由归纳法证明. 对 $n = 3$ 这是显然的,如果上述结论对 $n \geqslant 3$ 成立,那么

$$\begin{aligned} 19^{2^{n-1}} - 1 &= \big(19^{2^{n-2}} + 1\big) \cdot \big(19^{2^{n-2}} - 1\big) \\ &= (2^n t_n + 2) \cdot 2^n t_n = 2s_n \cdot 2^n t_n = 2^{n+1}(s_n t_n), \end{aligned}$$

其中 s_n 和 t_n 是奇数. 上述声明得证.

下面我们将再用归纳法解决原命题. 对 $n = 3$ 命题成立,假定存在 $k_n \in \mathbb{N}$ 使得 $19^{k_n} - 97 = 2^n A$.

如果 A 为偶数,那么 $19^{k_n} - 97$ 被 2^{n+1} 整除. 如果 A 为奇数,那么令 $k_{n+1} = k_n + 2^{n-2}$,由上述声明,我们有

$$\begin{aligned}19^{k_{n+1}-97} &= 19^{2^{n-2}}\big(19^{k_n}-97\big)+97\big(19^{2^{n-2}}-1\big)\\ &= 2^n\big(19^{2^{n-2}}A+97t_n\big)\end{aligned}$$

被 2^{n+1} 整除，于是原命题得证.

4.3.28

我们有

$$\begin{aligned}x_{n+2} &= 22y_{n+1}-15x_{n+1}=22(17y_n-12x_n)-15x_{n+1}\\ &= 17(x_{n+1}+15x_n)-22\cdot 12x_n-15x_{n+1},\end{aligned}$$

由此得到

$$x_{n+2}=2x_{n+1}-9x_n,\ \forall n. \tag{1}$$

类似地，

$$y_{n+2}=2y_{n+1}-9y_n,\ \forall n. \tag{2}$$

(1) 由式 (1) 可得 $x_{n+2}\equiv 2x_{n+1}(\bmod 3)$. 结合 $x_1=1, x_2=29$ 可知 x_n 不被 3 整除，所以

$$x_n\neq 0,\ \forall n. \tag{3}$$

进一步，

$$x_{n+3}=2x_{n+2}-9x_{n+1}=-5x_{n+1}-18x_n,$$

即

$$x_{n+3}+5x_{n+1}+18x_n=0,\ \forall n. \tag{4}$$

假定在 $\{x_n\}$ 中只有有限个正（或负）数. 那么当 n 充分大时，所有 (x_n) 的项都是正（或负）的，这与式 (3) 和 (4) 矛盾.

类似的讨论对 (y_n) 也成立.

(2) 由式 (1) 我们有

$$x_{n+4}=-28x_{n+1}+45x_n,$$

这说明

$$x_n\equiv 0(\bmod 7)\Leftrightarrow x_{n+4}\equiv 0(\bmod 7)\Leftrightarrow x_{4k+n}\equiv 0(\bmod 7).$$

由于 $1\,999^{1\,945}\equiv(-1)^{1\,945}(\bmod 4)\equiv 3(\bmod 4)$ 且 $x_3=49=7^2$，那么 $x_{1\,999^{1\,945}}$ 被 7 整除.

类似地，y_n 不被 7 整除当且仅当 y_{4k+n} 不被 7 整除. 由于 $y_3=26$ 不被 7 整除，那么 $y_{1\,999^{1\,945}}$ 也不被 7 整除.

4.3.29

令 $f(2\,000)=a\in T$，且 $b=2\,000-a$，那么 $1\leqslant b\leqslant 2\,000$. 我们有下面两条结论：

结论一：对任意 $0\leqslant r<b$，恒有 $f(2\,000+r)=a+r$.

自然，如果 $0\leqslant r<b$，那么 $a+r<a+b=2\,000$，因此

$$f(2\,000+r)=f\big(f(2\,000)+f(r)\big)=f(a+r)=a+r.$$

结论二：对任意 $k\geqslant 0, 0\leqslant r<b$，恒有 $f(2\,000+kb+r)=a+r$.

这个由归纳法很容易证明.

由这两条结论可知，如果 f 是一个满足条件的函数，那么

$$\begin{cases} f(n)=n,\ \forall n\in T \\ f(2\,000)=a \\ f(2\,000+m)=a+r \end{cases}. \tag{1}$$

对 $r\equiv m(\bmod(2\,000-a))$ 且 $0\leqslant r<2\,000-a$，其中 a 是 T 中任意一个元素.

反过来，给定 $a\in T$. 考虑定义在非负整数上且满足 (1) 的函数 f，我们来证明 f 满足题中的要求.

首先，显然 $f(n)\in T,\ \forall n\geqslant 0$，且 $f(t)=t,\ \forall t\in T$.

接下来，我们可以很容易验证下面的关系：

$$f(n+b)=f(n),\ \forall n\geqslant a,\ \text{其中 } b=2\,000-a. \tag{2}$$

且

$$n\equiv f(n)(\bmod b),\ \forall n\geqslant 0. \tag{3}$$

由此得到 $f(n)\in T,\ \forall n\geqslant 0$ 且 $f(n)=n,\ \forall n\in T$. 我们再证明

$$f(m+n)=f\big(f(m)+f(n)\big),\ \forall m,n\geqslant 0.$$

只需要对 m,n 有一个不属于 T 的情形验证这个等式即可. 假定 $m\geqslant 2\,000$，那么 $m+n\geqslant 2\,000>a$ 且 $f(m)+f(n)\geqslant a$（因为 $f(m)\geqslant a$）.

此外，由式 (3)，

$$m+n=f(n)+f(m)(\bmod b),$$

由式 (2) 可知这意味着 $f(m+n)=f\big(f(m+f(n)\big)$.

因此所有函数都是由式 (1) 所定义，共有 2 000 个这样的函数.

4.3.30

我们首先证明下面两个结论.

结论一：如果 d 是 $a^{6^n}+b^{6^n}$ 的素因子，且 $(a,b)=1$，那么 $d\equiv 1(\bmod 2^{n+1})$.

令 $a^{6^n}+b^{6^n}=kd$, $k\in\mathbb{N}$. 我们记 $d=2^m t+1$,其中 $m\in\mathbb{N}$, t 是一个正的奇数. 假定 $m\leqslant n$. 由于 $(a,b)=1$,那么 $(a,d)=(b,d)=1$. 由费马小定理,

$$\left(a^{3^n\cdot 2^{n-m}}\right)^{d-1}\equiv\left(b^{3^n\cdot 2^{n-m}}\right)^{d-1}\equiv 1(\bmod d),$$

即

$$\left(a^{6^n}\right)^t\equiv\left(b^{6^n}\right)^t\equiv 1(\bmod d).\tag{1}$$

此外,

$$(a^{6^n})^t=\left(kd-b^{6^n}\right)^t=rd-\left(b^{6^n}\right)^t\equiv-\left(b^{6^n}\right)^t(\bmod d).$$

将此式与式 (1) 结合得到 $(b^{b^n})^t\equiv-(b^{6^n})^t(\bmod d)$,那么就得到了矛盾. 因此必有 $m\geqslant n+1$,这意味着 $d\equiv 1(\bmod 2^{2n+1})$.

结论二:如果 $\ell\equiv 1(\bmod r^k)$,那么 $\ell^{r^m}\equiv 1(\bmod r^{m+k})$.

令 $\ell=tr^k+1$, $t\in\mathbb{Z}$. 那么

$$\ell^{r^m}=(tr^k+1)^{r^m}=sr^{m+k}+1\equiv(\bmod r^{m+k}),\ s\in\mathbb{Z}.$$

我们回到原问题. 由于 p,q 是 $a^{6^n}+b^{6^n}$ 的奇数因子,由结论一,我们有 $p^{3^n}\equiv q^{3^n}\equiv 1(\bmod 2^{n+1})$. 那么有结论二,我们得到

$$p^{6^n}\equiv q^{6^n}\equiv 1(\bmod 2^{2n+1}).\tag{2}$$

且由于 $(a,b)=1$, $p^{6^n}\equiv q^{6^n}\not\equiv 0(\bmod 3)$,我们可知 $(p,3)=(q,3)=1$. 此时, $p^{2^n}\equiv q^{2^n}\equiv 1(\bmod 3)$. 由结论二,我们得到

$$p^{6^n}\equiv q^{6^n}\equiv 1(\bmod 3^{n+1}).\tag{3}$$

由式 (2) 和 (3),由于 $(2,3)=1$,可知 $p^{6^n}\equiv q^{6^n}\equiv 1(\bmod 6\cdot 12^n)$,由此得到

$$p^{6^n}+q^{6^n}\equiv 2(\bmod 6\cdot 12^n).$$

4.3.31

显然

$$|\mathcal{T}|=2^{2\,002}-1.$$

对每个 $k\in\{1,2,\cdots,2\,002\}$,令 $m_k=\sum m(X)$,其中的求和是对所有满足 $|X|=k$ 的集合 $X\in\mathcal{T}$ 进行. 那么我们需要计算

$$\sum m(X)=\sum_{k=1}^{2\,002}m_k.$$

设 a 是 $\mathcal{S}$ 中的任意一个数. 容易看出 a 属于 $\binom{2\,001}{k-1}$ 个满足 $|X|=k$ 的集合 $X\in\mathcal{T}$. 那么

$$k\cdot m_k=(1+2+\cdots+2\,002)\cdot\binom{2\,001}{k-1}=1\,001\cdot 2\,003\cdot\binom{2\,001}{k-1},$$

由此得到

$$\begin{aligned}\sum m(X)&=\sum_{k=1}^{2\,002}m_k=1\,001\cdot 2\,003\cdot\sum_{k=1}^{2\,002}\frac{\binom{2\,001}{k-1}}{k}\\&=\frac{2\,003}{2}\cdot\sum_{k=1}^{n}\binom{2\,002}{k}=\frac{2\,003(2^{2\,002}-1)}{2}.\end{aligned}$$

因此

$$m=\frac{\sum m(X)}{|\mathcal{T}|}=\frac{2\,003}{2}.$$

4.3.32

假定 p 是 $\binom{2n}{n}$ 的一个 m 重素因子,我们来证明 $p^m\leqslant 2n$.

假定此结论不正确,即 $p^m>2n$. 此时,整数部分 $\left[\frac{2n}{p^m}\right]=0$. 因此,

$$m=\left(\left[\frac{2n}{p}\right]-2\left[\frac{n}{p}\right]\right)+\left(\left[\frac{2n}{p^2}\right]-2\left[\frac{n}{p^2}\right]\right)+\cdots+\left(\left[\frac{2n}{p^{m-1}}\right]-2\left[\frac{n}{p^{m-1}}\right]\right).\quad(1)$$

注意到对任意 $x\in\mathbb{R}$,恒有

$$2[x]+2>2x\geqslant[2x]\Rightarrow[2x]-2[x]\leqslant 1.$$

那么由式 (1) 可得 $m\leqslant m-1$,矛盾.

因此 $p^m\leqslant 2n$,且

$$\binom{2n}{n}=(2n)^k\Leftrightarrow k=1,$$

且

$$\binom{2n}{n}=2n\Leftrightarrow n=1.$$

4.3.33

所给方程等价于

$$(x+y+u+v)^2=n^2xyuv.$$

即

$$x^2+2(y+u+v)x+(y+u+v)^2=n^2xyuv.\quad(1)$$

设 n 是一个满足条件的数. 用 (x_0, y_0, z_0, w_0) 表示式 (1) 的一组解，且其和有最小值,不失一般性我们可以假设 $x_0 \geqslant y_0 \geqslant u_0 \geqslant v_0$. 很容易证明下面的结论:

结论一:$(y_0 + u_0 + v_0^2$ 被 x_0 整除.

结论二:x_0 是二次函数

$$f(x) = x^2 + [2(y_0 + u_0 + v_0) - n^2 y_0 u_0 v_0]x + (y_0 + u_0 + v_0)^2$$

的一个正整数零点.

由上述结论,根据韦达定理,我们可以发现除 x_0 之外, $f(x)$ 还有正整数零点

$$x_1 = \frac{(y_0 + u_0 + v_0)^2}{x_0}.$$

这说明 (x_1, y_0, u_0, v_0) 也是式 (1) 的一个解. 由对 (x_0, y_0, u_0, v_0) 的假设,我们有

$$x_1 \geqslant x_0 \geqslant y_0 \geqslant u_0 \geqslant v_0. \tag{2}$$

由于 y_0 在二次方程 $f(x) = 0$ 的根区间 $[x_0, x_1]$ 之外,那么必有 $f(y_0) \geqslant 0$.

此外,由式 (2) 得

$$\begin{aligned} f(y_0) &= y_0^2 + 2(y_0 + u_0 + v_0)y_0 + (y_0 + u_0 + v_0)^2 - n^2 y_0^2 u_0 v_0 \\ &\leqslant y_0^2 + 2(y_0 + y_0 + y_0)y_0 + (y_0 + y_0 + y_0)^2 - n^2 y_0^2 u_0 v_0 \\ &= 16y_0^2 - n^2 y_0^2 u_0 v_0. \end{aligned}$$

因此我们得到

$$16y_0^2 - n^2 y_0^2 u_0 v_0 \geqslant 0 \Rightarrow n^2 u_0 v_) \leqslant 16.$$

然而 $n^2 \leqslant n^2 u_0 v_0$,所以 $n^2 \leqslant 16 \Rightarrow n \in \{1, 2, 3, 4\}$.

我们可以很容易验证对每个 $n = 1, 2, 3, 4$，式 (1) 恰有一组解，即分别为 $(4, 4, 4, 4)$, $(2, 2, 2,)$, $(1, 1, 2, 2)$ 和 $(1, 1, 1, 1)$.

4.3.34

我们来证明所给方程组对 $n = 4$ 没有整数解,因此当 $n \geqslant 4$ 时都没有整数解.

注意到如果 $k \in \mathbb{Z}$,那么

$$k^2 \equiv \begin{cases} 1(\bmod 8), & k \equiv \pm 1(\bmod 4) \\ 0(\bmod 8), & k \equiv 0(\bmod 4) \\ 4(\bmod 8), & k \equiv 2(\bmod 4) \end{cases}.$$

这意味着对任意两个整数 k, ℓ,我们有

$$k^2 + \ell^2 = \begin{cases} 2, 1, 5(\bmod 8), & k \equiv \pm 1(\bmod 4) \\ 1, 0, 4(\bmod 8), & k \equiv 0(\bmod 4) \\ 5, 4, 0(\bmod 8), & k \equiv 2(\bmod 4) \end{cases}.$$

假定存在整数 x, y_1, y_2, y_3, y_4 满足

$$(x+1)^2 + y_1^2 = (x+2)^2 + y_2^2 = (x+3)^2 + y_3^2 = (x+4)^2 + y_4^2.$$

由于 $x+1, x+2, x+3, x+4$ 构成了一个模 4 的完系，存在整数 m 使得

$$m \in \{2,1,5\} \cap \{1,0,4\} \cap \{5,4,0\} = \varnothing,$$

这是不可能的. 因此当 $n \geqslant 4$ 时没有整数解.

当 $n = 3$ 时，我们可以发现 $(-2,0,1,0)$ 是一组解，因此 $n_{\max} = 3$.

4.3.35

注意到如果 $(x,y,z) = (a,b,c)$ 是一组解，那么 (b,a,c) 也是一组解. 因此我们只需要找到满足 $x \leqslant y$ 的解 (x,y,z).

此时，x, y 为奇数，$z \geqslant 2$，且存在正整数 $m < z$ 使得

$$x + y = 2^m, \tag{1}$$

以及

$$1 + xy = 2^{z-m}. \tag{2}$$

我们注意到

$$(1+xy) - (x+y) + (x-1)(y-1) \geqslant 0,$$

这说明 $2^{z-m} \geqslant 2^m$，即 $m \leqslant \dfrac{z}{2}$.

考虑两种情形：

情形一：如果 $x = 1$，那么由式 (1) 和 (2) 可得

$$\begin{cases} y = 2^m - 1 \\ z = 2m \end{cases}.$$

通过直接验证，我们可以得到 $(1, 2^m - 1, 2m), m \in \mathbb{N}$ 满足所给的方程.

情形二：如果 $x > 1$，由于 x 是奇数，那么 $x \geqslant 3$. 这意味着

$$2^m = x + y \geqslant 6 \Rightarrow m \geqslant 3.$$

再注意到

$$x^2 - 1 = x(x+y) - (1+xy) = 2^m x - 2^{z-m} = 2^m(x - 2^{z-2m}),$$

所以 $x^2 - 1$ 被 2^m 整除. 由于 $(x-1, x+2) = 2$，那么 $x \pm 1$ 中至少有一个被 2^{m-1} 整除.

进一步，由于 $x \leqslant y$，我们有

$$0 < x-1 \leqslant \frac{x+y}{2}-1 = 2^{m-1}-1 < 2^{m-1}.$$

所以，$x-1$ 不被 2^{m-1} 整除，那么 $x+1$ 被 2^{m-1} 整除.

注意到 $1 < x \leqslant y$，因此 $x+1 < x+y = 2^m$，那么必有 $x+1 = 2^{m-1}$，即 $x = 2^{m-1}-1$，这意味着 $y = 2^m - x = 2^{m-1}+1$. 将这些 x, y 的值与式 (2) 结合得到 $2^{2(m-1)} = 2^{z-m}$，这说明 $z = 3m-2$.

通过直接验证，我们可得 $(2^{m-1}-1, 2^{m-1}+1, 3m-2), m \in \mathbb{N}, m \geqslant 3$ 是一组解.

综上所述，我们有

$$(x,y,z) = \begin{cases} (1, 2^m-1, 2m), m \in \mathbb{N} \\ (2^m-1, 1, 2m), m \in \mathbb{N} \\ (2^{m-1}-1, 2^{m-1}+1, 3m+2), m \in \mathbb{N}, m \geqslant 3 \end{cases}.$$

4.3.36

设 $M = \{1,2,\cdots,16\}$. 我们可以很容易验证由 8 个偶数构成的子集 $S = \{2,4,6,\cdots,14,16\}$ 不可能是一个解. 因为如果 $a, b \in S$，那么 a^2+b^2 总是合数，因此 k 是大于 8 的.

通过对任意的 $a, b \in M$，直接计算所有的和 a^2+b^2，我们可以得到 M 的一个由 8 个子集构成的划分，每一个子集都含有两个元素，且其平方和是一个素数：

$$M = \{1,4\} \cup \{2,3\} \cup \{5,8\} \cup \{6,11\} \cup \{7,10\} \cup \{9,16\} \cup \{12,13\} \cup \{14,15\}.$$

由鸽巢原理，在 M 的任意 9 个元素中，必然存在两个元素属于同一个子集. 换句话说，在 M 的任意 9 元子集中，总是存在两个不同的数 a, b 使得 a^2+b^2 为素数，所以 $k_{\min} = 9$.

注 上述划分是不唯一的.

4.3.37

我们有下面的结论：

结论一：满足 $10^m \equiv 1 \pmod{2\,003}$ 的最小正整数是 1 001.

由于 $1\,001 = 7 \cdot 11 \cdot 13$，那么 1 001 的正因子为 1, 7, 11, 13, 77, 91, 143 和 1 001. 注意到 $10^{1\,001} \equiv 1 \pmod{2\,003}$，因此，如果 k 是满足 $10^k \equiv 1 \pmod{2\,003}$ 的最小正整数，那么 k 必然是 1 001 的一个因子. 通过直接计算，我们可得 $10^1, 10^7, \cdots, 10^{143}$ 模 2 003 的余数均不为 1，结论得证.

结论二：任意形如 $10^k+1, k \in \mathbb{N}$ 的数不可能是 2 003 的倍数.

否则，假定存在 $k \in \mathbb{N}$ 使得 $10^k+1 \equiv 0 \pmod{2\,003}$，那么 $10^{2k} \equiv 1 \pmod{2\,003}$，由结论一，$2k$ 是 1 001 的倍数，由此立刻得到 k 可被 1 001 整除. 这又进一步说明 $10^k \equiv 1 \pmod{2\,003}$，矛盾.

结论三:存在形如 $10^k + 10^h + 1, k, h \in \mathbb{N}$ 的数是 2 003 的倍数.

考虑 2 002 个不同的正整数 $a_1, \cdots, a_{1\,001}, b_1, \cdots, b_{1\,001}$，其中 a_k, b_k 分别是 10^k 和 $-10^k - 1$ 模 2 003 的余数.

对任意 $k = 1, \cdots, 1\,001$，有 $a_k \neq 0, b_k \neq 2\,002$，且由结论二还有 $a_k \neq 2\,002, b_k \neq 0$. 因此所有的 a_k, b_k 都属于集合 $\{1, 2, \cdots, 2\,001\}$. 由鸽巢原理,存在两个相等的数.

进一步有 $a_i \neq a_j, b_i \neq a_j$,否则如果对 $1 \leqslant i < j \leqslant 1\,001$ 有 $a_i = a_j$ 或 $b_i = b_j$ 成立的话,那么 $1 \leqslant j - i \leqslant 1\,000$ 且 $10^j - 10^i \equiv 10^i(10^{j-i} - 1) \equiv 0 \pmod{2\,003}$，即 $10^{j-i} \equiv 1 \pmod{2\,003}$. 这与结论一矛盾.

所以存在 $k, h \in \{1, \cdots, 1\,001\}$ 使得 $a_k = b_h$,即 $10^k + 10^h + 1 \equiv 0 \pmod{2\,003}$.

接下来我们回到原问题. 设 m 是 2 003 的一个正整数倍,容易知道 m 不可能形如 10^k 或 $2 \cdot 20^k, k \in \mathbb{N}$. 由结论二,我们有 $S(m) \geqslant 3$.

此外,如果 $h, k \in \mathbb{N}$,那么 $S(10^k + 10^h + 1) = 3$,且由结论三,存在 2 003 的一个正整数倍 m_0 使得 $S(m_0) = 3$.

因此 $\min S(m) = 3$.

4.3.38

将方程改写为

$$\frac{x!}{n!} + \frac{y!}{n!} = 3. \tag{1}$$

设 (x, y, n) 是一组解. 不失一般性,我们可以假定 $x \leqslant y$. 我们有下面的结论,其中前两个是显然的.

结论一:如果 $x < n$ 且 $y < n$,那么

$$\frac{x!}{n!} + \frac{y!}{n!} < 2.$$

结论二:如果 $x < n$ 且 $y > n$,那么

$$\frac{x!}{n!} + \frac{y!}{n!} \notin \mathbb{N}.$$

结论三:如果 $x > n$,那么

$$\frac{x!}{n!} + \frac{y!}{n!} \geqslant 4.$$

显然,如果 $x > n$,我们有 $x \geqslant n + 1$,因此 $y \geqslant n + 1$ (因为 $y \geqslant x$). 所以有

$$\frac{x!}{n!} \geqslant n + 1 \geqslant 2$$

以及

$$\frac{y!}{n!} \geqslant n + 1 \geqslant 2,$$

这就得到了待证的不等式.

由上述结论,根据式 (1) 可得 $x = n$. 此时式 (1) 说明

$$\frac{y!}{n!} = 2. \tag{2}$$

那么 $y \geqslant n + 1$,且 $\frac{y!}{n!} \geqslant n + 1 \geqslant 2$. 所以,式 (2) 等价于

$$\begin{cases} \frac{y!}{n!} = n + 1 \\ n + 1 = 2 \end{cases} \Leftrightarrow y = 2, n = 1,$$

因此 $x = 1$. 所以我们得到了一组解 $(1, 2, 1)$. 进一步,轮换 x 和 y 我们还可以得到一组解 $(2, 1, 1)$.

反过来,容易验证上述两组数满足题中的方程.

4.3.39

将方程改写为

$$x! + y! = 3^n \cdot n!. \tag{1}$$

设 (x, y, n) 是一组解. 我们应有 $n \geqslant 1$,不失一般性,可以假定 $x \leqslant y$. 有两种可能:

情形一:$x \leqslant n$. 式 (1) 等价于

$$1 + \frac{y!}{x!} = 3^n \frac{n!}{x!}, \tag{2}$$

这意味着 $1 + \frac{y!}{x!} \equiv 0 \pmod 3$. 这首先说明 $x < y$,进一步,$\frac{y!}{x!}$ 不被 3 整除,而连续三个整数的乘积必然被 3 整除,且 $n \geqslant 1$,我们必有 $y \leqslant x + 2$. 那么 $y = x + 1$ 或者 $y = x + 2$.

(a) 如果 $y = x + 2$,那么由式 (2) 可得

$$1 + (x + 1)(x + 2) = 3^n \frac{n!}{x!}. \tag{3}$$

注意到两个连续整数的乘积被 2 整除, 因此式 (3) 的左边是一个奇数, 这说明式 (3) 的右边也不可能被 2 整除. 因此, 我们必有 $n \leqslant x + 1$, 那么 $n = x$ 或 $n = x + 1$.

如果 $n = x$,那么由式 (3) 可得

$$1 + (x + 1)(x + 2) = 3^x \Leftrightarrow x^2 + 3x + 3 = 3^x.$$

由于 $x \geqslant 1$,这意味着 $x \equiv 0 \pmod 3$. 所以 $x \geqslant 3$,并且我们可由此得到

$$-3 = x^2 + 3x - 3^x \equiv 0 \pmod 9,$$

这是不可能的.

如果 $n = x + 1$,那么由式 (3) 可得

$$1 + (x + 1)(x + 2) = 3^n(x + 1).$$

这意味着 $x + 1$ 必然是 1 的一个正因子,即 $x = 0$,于是 $y = 2, n = 1$. 所以我们得到一组解 $(0, 2, 1)$.

(b) 如果 $y = x + 1$,那么式 (2) 说明

$$x + 2 = 3^n \frac{n!}{x!}, \tag{4}$$

由于 $n \geqslant 1$,这意味着 $x \geqslant 1$. 此时,我们可写成 $x + 2 \equiv 1(\bmod(x + 1))$. 那么由式 (4) 可得 $n = x$(否则,式 (4) 的右边被 $x + 1$ 整除),且我们有

$$x + 2 = 3^x.$$

容易验证对 $x \geqslant 2$, 总有 $3^x > x + 2$ 成立,所以 $x = 1$ 是上述方程的唯一解,于是我们又得到一组解 $(1, 2, 1)$.

因此对第一种情形有两组解 $(0, 2, 1)$ 和 $(1, 2, 1)$.

情形二:$x > n$. 我们有

$$\frac{x!}{n!} + \frac{y!}{n!} = 3^n. \tag{5}$$

注意到 $n + 1$ 和 $n + 2$ 不可能同时为 3 的幂,那么由式 (5) 我们必有 $x = n + 1$. 那么

$$n + 1 + \frac{y!}{n!} = 3^n. \tag{6}$$

由于 $y \geqslant x, y \geqslant n + 1$. 令 $M = \dfrac{y!}{(n + 1)!}$,我们可将式 (6) 改写为

$$n + 1 + M(n + 1) = 3^n \Leftrightarrow (n + 1)(M + 1) = 3^n.$$

由于连续三个整数的乘积被 3 整除,那么当 $y \geqslant n + 4$ 时,显然有 $M \equiv 0(\bmod 3)$,因此 $M + 1$ 不可能是 3 的幂. 所以我们必有 $y \leqslant n + 3$,且 $y \in \{n + 1, n + 2, n + 3\}$.

(a) 如果 $y = n + 3$,那么 $M = (n + 2)(n + 3)$,因此式 (6) 说明

$$(n + 1)[(n + 2)(n + 3) + 1] = 3^n \Leftrightarrow (n + 2)^3 - 1 = 3^n.$$

这意味着 $n > 2$ 且 $n + 2 \equiv 1(\bmod 3)$. 由于 $n + 2 > 4, n + 2 = 3k + 1, k \geqslant 2$,且我们有

$$9k(3k^2 + 3k + 1) = 3^{3k-1},$$

这说明 $3k^2+3k+1$ 是 3 的幂,这是不可能的.

(b) 如果 $y=n+2$,那么 $M=n+2$. 此时我们有

$$n+1+(n+2)(n+1)=3^n \Leftrightarrow (n+1)(n+3)=3^n.$$

然而,$n+1$ 和 $n+3$ 不可能同时为 3 的幂,所以这种情形也是不可能的.

(c) 如果 $y=n+1$,那么 $M=1$. 这说明 $2(n+1)=3^n$,这也不可能发生. 因此如果 $x\leqslant y$,那么 $x>n$ 的情形是不可能的.

综合两种情形,再考虑到 x 和 y 的轮换对称性,我们有四组数 $(0,2,1)$, $(2,0,1)$, $(1,2,1)$ 和 $(2,1,1)$,可以直接验证他们都是满足题中的条件的.

4.3.40

(1) 设 $T=\{a_1,\cdots,a_n\}$,且 $a_1<\cdots<a_n$. 那么 $M=\{a_2-a_1,a_3-a_1,\cdots,a_n-a_1\}$ 是 S 的一个 $n-1$ 元的子集. 由 T 的性质,可知 $T\cap M=\varnothing$. 否则的话,存在 $a_p-a_1\in T$ 对某个 $1\leqslant p\leqslant n$ 成立. 此时,a_1 和 a_p-a_1 都属于 T,但它们的和 $a_1+a=a_1+(a_p-a_1)=a_p$ 也属于 T,这是不可能的.

因此 $T\cap M=\varnothing$,所以 $|T|+|M|=n+(n-1)\leqslant 2\,006$,即 $n\leqslant 1\,003$.

(2) 设 $S=\{a_1,\cdots,a_{2006}\}$. 记 P 为 $\prod_{k=1}^{2\,006}a_k$ 的所有奇数因子的乘积. 显然存在形如 $p=3q+2,q\in\mathbb{N}$ 的素数,它是 $3P+2$ 的一个因子. 注意到 $(p,a_k)=1$ 对任意 k 成立.

对每个 $a_k\in S$,序列 $\big(a_k,2a_k,\cdots,(p-1)a_k\big)$ 模 p 以后是 $(1,2,\cdots,p-1)$ 的一个置换. 所以,存在一个包含 $q+1$ 个整数 $x\in\{1,2,\cdots,p-1\}$ 的集合 A_k,使得 xa_k 在模 p 意义下属于 $A=\{q+1,\cdots,2q+1\}$.

对每个 $x\in\{1,2,\cdots,p-1\}$,记 $S_x=\{a_k\in S:xa_k\in A\}$. 那么我们有

$$|S_1|+|S_2|+\cdots+|S_{p-1}|=\sum_{a_k\in S}|A_k|=2\,006(q+1).$$

因此存在 x_0 使得

$$|S_{x_0}|\geqslant\frac{2\,006(q+1)}{3q+1}>668.$$

现在我们取 S_{x_0} 的一个包含 669 个元素的子集 T,这就是一个满足题意的子集. 自然,如果 $u,v,w\in T$ (u,v 可以相等),那么 $x_0u,x_0v,x_0w\in A$. 且我们可以验证 $x_0u+x_0v\neq x_0w \pmod p$,因此 $u+v\neq w$.

4.3.41

首先我们注意到

$$x^4y^{44}-1=x^4(y^{44}-1)+x^{44}-1,$$

其中 $x^{44}-1$ 被 $x+1$ 整除，而 $y^{44}-1$ 被 y^4-1 整除. 由此可知我们只需证明 y^4-1 被 $x+1$ 整除，即可证明原命题.

令

$$\frac{x^4-1}{y+1}=\frac{a}{b},\ \frac{y^4-1}{x+1}=\frac{c}{d},$$

其中 $a,b,c,d\in\mathbb{Z},(a,b)=1,(c,d)=1,b>0,d>0$.

由题设可得

$$\frac{a}{b}+\frac{c}{d}=\frac{ad+bc}{bd}=k\Leftrightarrow ad+bc=kbd$$

对某个整数 k 成立. 这个式子说明 b 被 d 整除，且 d 被 b 整除，即意味着 $b=d$.

此外，由于

$$\frac{a}{b}\cdot\frac{c}{d}=\frac{x^4-1}{x+x}\cdot\frac{y^4-1}{y+1}=(x^2+1)(x-1)(y^2+1)(y-1)$$

是一个整数，且 $(a,b)=(c,d)=1$，我们得到 $b=d=1$. 因此 y^4-1 被 $x+1$ 整除，证毕.

4.3.42

注意到 $(m,10)=1$，因此

$$n(2n+1)(5n+2)\equiv 0(\bmod m)$$

等价于

$$100n(2n+1)(5n+2)\equiv 0(\bmod m).$$

即

$$10n(10n+4)(10n+5)\equiv 0(\bmod m).\tag{1}$$

由于 $m=3^{4\,016}\cdot 223^{2\,008}$，令 $10n=x,3^{4\,016}=\ell_1.223^{2\,008}=\ell_2$，且注意到 $(\ell_1,\ell_2)=1$，因此我们有

$$(1)\Leftrightarrow\begin{cases}x(x+4)(x+5)\equiv 0(\bmod \ell_1)\\ x(x+4)(x+5)\equiv 0(\bmod \ell_2)\end{cases}.$$

我们可以看出

(a) $x(x+4)(x+5)\equiv 0(\bmod \ell_1)$ 当且仅当 $x\equiv 0(\bmod \ell_1)$，或 $x\equiv -5(\bmod \ell_1)$，或 $x\equiv -4(\bmod \ell_1)$.

(b) $x(x+4)(x+5)\equiv 0(\bmod \ell_2)$ 当且仅当 $x\equiv 0(\bmod \ell_2)$，或 $x\equiv -5(\bmod \ell_2)$，或 $x\equiv -4(\bmod \ell_2)$.

由这些结果,结合 $x \equiv 0 \pmod{10}$,可知 n 是问题的一个解当且仅当 $n = \dfrac{x}{10}$,其中 x 满足下面的方程组

$$\begin{cases} x \equiv 0 \pmod{10} \\ x \equiv r_1 \pmod{\ell_1}, 0 \leqslant x \leqslant 10\ell_1\ell_2, \\ x \equiv r_2 \pmod{\ell_2} \end{cases} \tag{2}$$

其中 $r_1, r_2 \in \{0, -4, -5\}$.

接下来,我们证明对上面每一对 (r_1, r_2),方程组都有唯一解.

考虑任意一对 (r_1, r_2),令 $m_1 = 10\ell_1, m_2 = 10\ell_2$,我们有 $(m_1, \ell_1) = (m_2, \ell_2) = 1$. 所以存在整数 s_1, s_2 使得

$$s_1 m_1 \equiv 1 \pmod{\ell_1},\ s_2 m_2 \equiv 1 \pmod{\ell_2}.$$

那么 $M = r_1 s_1 m_1 + r_2 s_2 m_2$ 满足条件

$$\begin{aligned} M &\equiv 0 \pmod{10}, \\ M &\equiv r_1 \pmod{\ell_1}, \\ M &\equiv r_2 \pmod{\ell_2}. \end{aligned}$$

此时,我们可以取一个整数 $x \in [0, 10\ell_1\ell_2)$ 使得 $x \equiv M \pmod{10\ell_1\ell_2}$,这就是一个解.

现在假设式 (2) 有两个解 $x' > x''$. 由于 $x', x'' \in [0, 10\ell_1\ell_2)$ 且 $x' \equiv x'' \pmod{10\ell_1\ell_2}$,我们可知 $0 < x' - x'' < 10\ell_1\ell_2$,而 $x' - x'' \equiv 0 \pmod{10\ell_1\ell_2}$,矛盾.

因此,方程组 (2) 有唯一解. 容易知道不同的 (r_1, r_2) 对应不同的解,有 $3^2 = 9$ 对不同的 (r_1, r_2),这意味着有 9 个不同的 x 的值恰好满足 9 个对应的方程组. 由于在 x 和 n 之间存在一个一一对应,我们得到共有 9 个数满足题中的要求.

注 式 (2) 事实上就是中国剩余定理.

4.4 组合学

4.4.1

记 A 与 B 的顶点之间的边数为 s. 假定不存在 B 的顶点能与 A 的所有顶点相连,则 $s \leqslant k(n-1)$.

此外,由于 A 的每个顶点至少与 B 中的 $k-p$ 个顶点相连,则 $s \geqslant n(k-p)$. 进一步们根据假设有 $np < k$,这个不等式说明 $n(k-p) = nk - np > nk - k = k(n-1)$,矛盾.

4.4.2

记 n 个圆将平面所分的区域数为 $P(n)$. 我们有 $P(1)=2, P(2)=4, P(3)=8, P(4)=14, \cdots$. 由此我们注意到

$$\begin{aligned}
&P(1)=2,\\
&P(2)=P(1)+2,\\
&P(3)=P(2)+4,\\
&P(4)=P(3)+6,\\
&\vdots\\
&P(n)=P(n-1)+2P(n-1).
\end{aligned}$$

将这些等式相加可得

$$\begin{aligned}
P(n)&=2+2+4+\cdots+2(n-1)\\
&=2+2[1+2+\cdots+(n-1)]\\
&=2+2\cdot\frac{n(n-1)}{2}=2+n(n-1).
\end{aligned}$$

我们现在来归纳证明这个公式.

对 $n=1$ 这是显然成立的.

假定此式对 $n=k\geqslant 1$ 成立,即 $P(k)=2+k(k+1)$. 考虑 $k+1$ 个圆,那么第 $k+1$ 个圆与其他 k 个圆交于 $2k$ 个点,这意味着这个圆被分成了 $2k$ 段弧,其中每一段弧将它所经过的区域分成两个子区域. 所以我们就增加了 $2k$ 个区域,因此

$$P(k+1)=P(k)+2k=2+k(k-1)+2k=2+k(k+1).$$

4.4.3

对每条射线 Ox_i,用 π_i 表示被经过点 O 且垂直于 Ox_i 的平面所分成的不包含 Ox_i 的半空间($i=1,\cdots,5$).

假定任意两条射线之间的夹角都大于 $90°$. 那么射线 Ox_2, Ox_3, Ox_4, Ox_5 都在半空间 π_1 中. 类似地,所有的射线 Ox_3, Ox_4, Ox_5 都在半空间 π_2 中. 这意味着 Ox_3, Ox_4, Ox_5 都在二面角 $\pi_1\cap\pi_2$ 中,其平面角小于 $90°$.

同理,射线 Ox_4, Ox_5 必然在交集 $\pi_1\cap\pi_2\cap\pi_3$ 中. 这个交集或者为空,或者是一个三面角,且其面角之和小于 $90°$. 由此可知 Ox_4, Ox_5 之间的夹角小于 $90°$,矛盾.

4.4.4

设 X 和 Y 表示两个相邻的小孩,并且 X 会将糖果给 Y. 在时刻 n, X 要给 Y 的糖果数为 a_n,剩下 x_n 个糖果(即 Y 还没有收到糖果,因此 a_n 既不对 X 也不对 Y 计数),假定 X, Y 分别有 x_n, y_n 个糖果. 分别用 M_n, m_n 表示在时刻 n 时,所有小孩手上的糖果数的最大值和最小值(不算 a_n).

在时刻 $n+1$,当 Y 要给 a_{n+1} 个糖果到下一个小孩时,由题设可知 Y 的糖果数为

$$y_{n+1}=a_{n+1}=\begin{cases}\dfrac{a_n+y_n}{2}, \text{如果 } a_n+y_n \text{ 为偶数} \\ \dfrac{a_n+y_n+1}{2}, \text{如果 } a_n+y_n \text{ 为奇数}\end{cases}.$$

注意到在此时,挨着 Y 的下一个小孩还没有收到糖果,除了 Y 之外,相对于时刻 n,其他小孩手上的糖果数都是常数.

如果 $x_n=a_n=y_n$:此时 $y_{n+1}=y_n=x_n$,由上述说明,$M_{n+1}=M_n, m_{n+1}=m_n$.

如果 $x_n=a_n\neq y_n$:分别考虑 M_{n+1} 和 m_{n+1}.

对 M_{n+1},我们有

$$y_{n+1}\leqslant\frac{a_n+y_n+1}{2}\leqslant\frac{M_n+M_n+1}{2}=M_n+\frac{1}{2},$$

由于 M_n, y_{n+1} 都是整数,这意味着这 $y_{n+1}\leqslant M_n$. 再由上述说明,我们得到 $M_{n+1}\leqslant M_n$. 因此 (M_n) 是一个非递增的自然数列.

对 m_{n+1}:如果 $a_n<y_n$,那么 $y_n\geqslant a_n+1=x_n+1\geqslant m_n+1$,而如果 $a_n>y_n$,那么 $a_n\geqslant y_n+1\geqslant m_n+1$. 在两种情形下,我们总有

$$y_{n+1}\geqslant\frac{a_n+y_n}{2}\geqslant\frac{m_n+m_n+1}{2}=m_n+\frac{1}{2},$$

由于 m_n, y_{n+1} 都是整数,这意味着 $y_{n+1}\geqslant m_n+1$. 由此结合上述说明,可知或者在时刻 n 时,只有一个 $y_n=m_n$,则 $m_{n+1}>m_n$;或者除了 Y 之外还有一个小孩有 m_n 个糖果,则 $m_{n+1}=m_n$.

总之,$\{m_n\}$ 是一个非递减的自然数列. 进一步,如果 $y_n=m_n<x_n$,那么到时刻 $n+1$,我们有 $y_{n+1}\geqslant m_n+1$,这意味着 m_n 会减少一次(即拥有 m_n 个糖果的小孩会变少),如果糖果转移的过程持续下去,通过有限次操作,不会有小孩再有 m_n 个糖果,即存在一种 $\{m_n\}$ 会严格递增的情形.

因此自然数列 $\{M_n\}$ 是非递增的,而自然数列 $\{m_n\}$ 是非递减的,且存在一个时刻是严格递增的. 这说明在某个时刻 i,必然有 $M_i=m_i$,于是所有孩子手上的糖果数(不包括在传输中的糖果)都是相等的.

4.4.5

考虑两种情形:

情形一:有 3^n 个学生坐在一个圆上,那么经过第一轮报数后,还剩下 3^{n-1} 个学生,第一轮中报数 1 的学生 B 在第二轮报数中仍然报 1,因此 B 将是最后留下来的学生.

情形二：有 1 991 个学生. 由于 $3^6 = 729 < 1\,991 < 3^7 = 2\,187$，我们将这种情形约化第一种只有 3^6 个学生的情形，那么当只有 3^6 个学生时，第一个报数 1 的学生 C 就是最后剩下的学生.

如果我们需要移除 $1\,991 - 729 = 1\,262$ 个学生，相当于是 631 组（每一组三个学生中有两个要离开）. 所以我们需要有 $631 \cdot 3 = 1\,893$ 个学生坐在 C 前面，即胜利者需要坐在从 A 开始顺时针数的第 1 894 个位置.

4.4.6

我们按照以下规则在每个正方形中写下一个自然数：在每一行，从左到右，从 1 到 1 992 写数. 那么在一行中连续的正方形里写下的三个数字是连续的数，而在同一列的连续三个正方形中写的数字是相等的. 当我们给正方形着色时，写在这个正方形里的数字会被擦掉. 因此，从第二步开始，我们总是会擦掉和被 3 整除的三个数. 进一步，在正方形 $(r, s), (r+1, s+1), (r+2, s+1)$ 中写的数为 $s, s+1, s+1$，其和模 3 的余数为 2.

如果我们可以将矩形中的所有正方形着色，则写在所有正方形中数的和 S 必然是一个形如 $3a+2$ 的数. 然而，$S = 1\,991\cdot(1+2+\cdots+1\,992) = 1\,991\cdot 1\,993\cdot 996$ 是被 3 整除的，这个矛盾就说明了问题的答案是否定的.

4.4.7

我们将符号 (+) 换成 1，将 (–) 换成 -1. 那么符号的改变就变成了数字变换：赋给顶点 A_i 的数变成了赋给 A_i 和 A_{i+1} 的数的乘积. 记 a_i 表示最开始赋给 A_i 的数，$f_j(a_i)$ 表示经过连续 j 次变数之后赋给 A_i 的数. 问题就化简为证明存在整数 $k \geqslant 2$ 使得 $f_k(a_i) = f_1(a_i)$ 对所有的 $i = 1, \cdots, 1\,993$ 成立.

注意到数字变换是一个从 1 993 个顶点的集合到集合 $\{\pm 1\}$ 的映射，只有有限个不同的数字变换. 那么由鸽巢原理，存在两个整数 $m > n \geqslant 1$ 使得 $f_m(a_i) = f_n(a_i)$ 对所有 i 都成立.

如果 $n = 1$：结论直接成立.

如果 $n \geqslant 2$：那么由 $f_m(a_i) = f_n(a_i)$ 可得

$$f_{m-1}(a_i) \cdot f_{m-1}(a_{i+1}) = f_{n-1}(a_i) \cdot f_{n-1}(a_{i+1}),\ i = 1, \cdots, 1\,993,$$

则或者

$$\frac{f_{m-1}(a_i)}{f_{n-1}(a_i)} = 1,\ \forall i \leqslant 1\,993,$$

或者

$$\frac{f_{m-1}(a_i)}{f_{n-1}(a_i)} = -1,\ \forall i \leqslant 1\,993,$$

进一步，容易验证 $f_j(a_1)\cdot f_j(a_2) f_j(a_{1\,993}) = 1,\ \forall j = 1, \cdots, m$. 则 $\dfrac{f_{m-1}(a_i)}{f_{n-1}(a_i)} = 1$，即 $f_{m-1}(a_i) = f_{n-1}(a_i)$ 对 $i = 1, \cdots, 1\,993$ 都成立. 持续此过程，由于 $m-n+1 \geqslant$

2, 我们得到 $f_{m-n+1}(a_i) = f_1(a_i)$ 对 $i = 1, \cdots, 1\,993$ 成立, 证毕.

4.4.8

设 S 是一个有序 k 元组 $(a_1, \cdot, a_k)$, 其中 $k \leqslant n, a_i \in \{1, \cdots, n\}, i = 1, \cdots, k$. 记 S_1 表示所有满足题中 (1) 或 (2) 的 k 元组的集合. 考虑下面的 k 元组的集合

$$S_2 = \{(a_1, \cdots, a_k): a_i < a_{i+1} (i = 1, \cdots, k-1), a_i \equiv i \pmod 2 (i = 1, \cdots, k)\}.$$

显然 $S_2 \subset S$ 且 $S_1 = S \setminus S_2$. 则

$$|S_1| = |S| - |S_2| = \frac{n!}{(n-k)!} - |S_2|.$$

对每个 $(a_1, \cdots, a_k) \in S_2$, 我们有 $a_i + i \neq a_j + j$ 对任意 $i \neq j \in \{2, \cdots, k\}$ 成立, 且 $a_i + i$ 为偶数, $a_i + i \in \{2, \cdots, n+k\}$ 对任意 $i = 1, \cdots, k$ 成立. 记

$$T = \big\{(b_1, \cdots, b_k): b_i \in \{2, \cdots, n+k\},\ b_i \text{ 为偶数 } (i = 1, \cdots, k)\ 1 + b_i < b_{i+1}\ (i = 1, \cdots, k-1)\big\}.$$

考虑映射 $f: S_2 \to T$ 为

$$(a_1, \cdots, a_k) \in S_2 \mapsto (b_1, \cdots, b_k) = (a_1 + 1, \cdots, a_k + k) \in T.$$

显然如果 $a, a' \in S_2$ 且 $a \neq a'$, 那么 $f(a) \neq f(a')$, 即 f 是单射.

我们来证明 f 是满射. 设 $\{b_1, \cdots, b_k\} \in T$, 考虑元组 $(b_1 - 1, \cdots, b_k - k)$. 只需要证明这个元素属于 S_2, 因为显然在此时有 $f(b_1 - 1, \cdots, b_k - k) = (b_1, \cdots, b_k)$.

由假设 b_i 都是偶数, 由此得

$$b_i - i \equiv i \pmod 2.$$

进一步, 假设 $1 + b_i < b_{i+1}\ (i = 1, \cdots, k-1)$ 意味着

$$b_i - i < b_{i+1} - (i+1), i = 1, \cdots, k-1.$$

最后, 显然 $b_1 < b_2 < \cdots < b_k$. 则由 $2 \leqslant b_1$ 和 $b_k \leqslant n + k$ 分别可以得到 $i + 1 \leqslant b_i$ 和 $b_i \leqslant n + i$ 对任意 $i = 1, \cdots, k$ 成立, 即

$$1 \leqslant b_i - i \leqslant n\ (i = 1, \cdots, k).$$

所有这些结果说明 $(b_1 - 1, \cdots, b_k - k) \in S_2$.

因此 f 是从 S_2 到 T 的双射. 则

$$|S_2| = |T| = \binom{\left[\frac{n+k}{2}\right]}{k},$$

因此

$$|S_1| = |S| - |S_2| = \frac{n!}{(n-k)!} - \binom{\left[\frac{n+k}{2}\right]}{k}.$$

4.4.9

我们首先证明下面的结论.

引理 4.1 如果 $\triangle MNP$ 包含在一个尺寸为 $a \times b \times c$ 的长方体 $ABCD-A'B'C'D'$ 内,则它的面积满足不等式

$$S \leqslant \frac{1}{2}\sqrt{a^2b^2 + b^2c^2 + c^2a^2}.$$

分别用 S_1, S_2, S_3 表示 $\triangle MNP$ 到平面 $(ABCD), (ABB'A'), (DAA'D')$ 的投影面积,用 α, β, γ 表示平面 (MNP) 与 $(ABCD), (ABB'A'), (DAA'D')$ 间的夹角. 则

$$\begin{aligned} S_1^2 + S_2^2 + S_3^2 &= S^2\cos^2\alpha + S^2\cos^2\beta + S^2\cos^2\gamma \\ &= S^2(\cos^2\alpha + \cos^2\beta + \cos^2\gamma) \\ &= S^2. \end{aligned}$$

再注意到在尺寸为 $x \times y$ 的矩形内的任意三角形的面积不可能超过 $\frac{xy}{2}$. 因此

$$S^2 = S_1^2 + S_2^2 + S_3^2 \leqslant \frac{a^2b^2 + b^2c^+c^2a^2}{4},$$

由此即证明了待证的结果.

现在将正方体分成 36 个尺寸为 $\frac{1}{6} \times \frac{1}{3} \times \frac{1}{2}$ 的长方体. 那么由鸽巢原理,存在一个长方体至少包含所给 75 个点中的 3 个点 M, N, P. 由引理可得

$$S_{\triangle MNP} \leqslant \frac{1}{2}\sqrt{\left(\frac{1}{18}\right)^2 + \left(\frac{1}{6}\right)^2 + \left(\frac{1}{12}\right)^2} = \frac{7}{12}.$$

注 如果我们将正方体分成 $3^3 = 27$ 个尺寸为 $\frac{1}{3} \times \frac{1}{3} \times \frac{1}{3}$ 的小正方体,那么我们仍然有 $S_{\triangle MNP} < \frac{7}{12}$,但是只需要给定 55 个点即可.

4.4.10

由于 $1 \leqslant |a_{i+1} - a_i| \leqslant 2n-1$,由形如 $|a_{i+1} - a_i|$ 的数构成的集合恰好就是集合 $\{1, \cdots, 2n-1\}$. 令

$$S = \sum_{i=1}^{2n-1} |a_{i+1} - a_i| + a_1 - a_{2n}.$$

我们可以将 S 写为

$$S = \sum_{i=1}^{n} \varepsilon_i a_i,$$

其中 $\varepsilon_i \in \{-2,0,2\}$, $\forall i$. 特别地, $\varepsilon_1 \in \{0,2\}$. 容易验证 (1) $\sum_{i=1}^{2n} \varepsilon_i = 0$; (2) 如果我们删除序列 $\varepsilon_1,\cdots,\varepsilon_{2n}$ 中的所有 0,那么我们可得到一个 $-2,2$ 的交错序列.

现在分别用 $b_1,\cdots,b_n$ 和 $c_1,\cdots,c_n$ 表示序列 $a_1,\cdots,a_{2n}$ 中大于 n 和不大于 n 的项. 由 (1),我们有

$$\begin{aligned} S &= \sum_{i=1}^{2n}(a_i-n) \leqslant 2\sum_{i=1}^{n}(b_i-n) - 2\sum_{i=1}^{n}(c_i-n) \\ &= 2\sum_{i=1}^{n} b_i - 2\sum_{i=1}^{n} c_i = 2n^2. \end{aligned}$$

因此,

$$a_1 - a_{2n} = S - \sum_{i=1}^{2n-1} |a_{i+1}-a_i| \leqslant 2n^2 - [1+\cdots+(2n-1)] = n.$$

因此 $a_{i+1}-a_i = n$ 当且仅当 $\varepsilon_i = 2$ 对所有满足 $a_i > n$ 的 i 成立, $\varepsilon_i = -2$ 对所有满足 $a_i \leqslant n$ 的 i 成立. 由于 $\varepsilon_{2n} \in \{-2,0\}$,再结合 (1),这等价于条件 $\varepsilon_i = -2$ 对 $i = 2,4,\cdots,2n$ 成立,这意味着 $1 \leqslant a-2k \leqslant n$ 对所有 $k = 1,\cdots,n$ 成立.

4.4.11

我们对 $n \geqslant 2$ 归纳证明.

对 $n = 2$ 是显然成立的. 假定结论对 $n = m \geqslant 2$ 成立,那么当 $n = m+1$ 时,我们需要对每个满足 $2m-1 \leqslant k \leqslant \dfrac{m(m+1)}{2}$ 的 k 证明存在 $m+1$ 个不同的实数 $a_1,\cdots,a_{m+1}$,使得在所有形如 a_i+a_j ($1 \leqslant i < j \leqslant m+1$) 的数中恰好有 k 个不同的数.

显然有两种情形:

情形一:如果 $3m-2 \leqslant k \leqslant \dfrac{m(m+1)}{2}$,那么 $2m-3 \leqslant k-m \leqslant \dfrac{m(m-1)}{2}$,且由归纳假设,存在 m 个不同的实数 $a_1,\cdots,a_m$ 使得所有形如 a_i+a_j ($1 \leqslant i < j \leqslant m$) 的数中恰有 $k-m$ 个不同的实数. 令

$$a_{m+1} = \max_{1 \leqslant i < j \leqslant m} (a_i+a_j) + 1.$$

我们可以发现 $a_1+a_{m+1},\cdots,a_m+a_{m+1}$ 是不同的,且不在集合 $\{a_i+a_j, 1 \leqslant i < j \leqslant m\}$.

所以 $a_1,\cdots,a_{m+1}$ 是 $m+1$ 个不同的实数,且满足在所有和式 $a_i+a_j, 1 \leqslant i < j \leqslant m+1$ 中恰有 $(k-m)+m = k$ 个不同的数.

情形二:如果 $2m-1 \leqslant k \leqslant 3m-3$,此时实数 $1,\cdots,m,k-m+2$ 是 $m+1$ 个满足条件的数. 这是因为

(a) 由于 $k \geqslant 2m-1, k > 2m-2 \Rightarrow k-m+2 > m$,因此上述 $m+1$ 个数是不同的.

(b) 令 $M = \{1, \cdots, m, k-m+2\}$. 我们可以发现如果 $a, b \in M, a \neq b$, 则 $3 \leqslant a+b \leqslant k+2$. 反过来,对每个整数 $c \in [3, k+2]$,存在 $a, b \in M, a \neq b$ 使得 $c = a+b$. 因此在所有满足 $a \neq b, a, b \in M$ 的和式 $a+b$ 中,有 $(k+2)-3+1 = k$ 个不同的数.

这就完成了证明.

4.4.12

设 T 是一个这样的子集,s 表示所有 $S(i,j)$ 的公共值. 由于有 $\binom{8}{2}$ 对 (i,j) 满足 $1 \leqslant i < j \leqslant 8$,如果允许重复,所有这样的四边形对角线的交点个数为 $\binom{8}{2}s$. 由于对每个点 $P \in T$,有 $\binom{4}{2}$ 对八边形的顶点,它们也是以 P 作为对角线交点的四边形的顶点,我们有

$$|T| = \frac{\binom{8}{2}}{\binom{4}{2}}s = \frac{14s}{3}.$$

则 $|T| \geqslant 14$. 如果我们取以下顶点指标构成的 14 个四边形:

1 234, 1 256, 1 278, 1 357, 1 368, 1 458, 1 467,
2 358, 2 367, 2 457, 2 468, 3 456, 3 478, 5 678,

令 T 为这些四边形对角线交点的集合,则我们可以直接验证 $S(,i,j) = 3$ 对所有的 $1 \leqslant i < j \leqslant 8$ 成立,因此 14 就是 $|T|$ 的最小可能值.

4.4.13

注意到在一个 4×2 的表格中,我们可以按最后两种形式放两组 4 个球使得每一个正方形中恰有一个球. 由于我们可以将 $2\,004 \times 2\,006$ 的表格分成多个 4×2 表格,这个时候用最后的两种形式放球,可使得每个正方形恰有一个球,满足题意.

我们现在证明对 $2\,005 \times 2\,006$ 的表格是不可能的. 如果我们将奇数行涂成黑色,将偶数行涂成白色,那么我们得到 $1\,003 \times 2\,006$ 个黑色正方形和 $1\,002 \times 2\,006$ 个白色正方形. 进一步,当每放一组 4 个球时,2 个黑色正方形和 2 个白色正方形都会被放入球. 所以,在黑色正方形和白色正方形中的球的数目总是一样的. 假定我们能够实现题中的要求,并且每个正方形中球的数目为 k. 则我们必有 $1\,003 \cdot 2\,006 \cdot k = 1\,002 \cdot 2\,006 \cdot k$,这是不可能的.

4.4.14

设 $A_1, \cdots, A_{2\,007}$ 是所给多边形的顶点. 注意到一个四边形能满足题中的条件当且仅当它的四个顶点是此多边形的相邻顶点.

记 $M=\{A_1,A_2,A_3,A_5,A_6,A_7,\cdots,A_{2\,005},A_{2\,006}\}$,即移除所有的顶点 $A_{4i},i=1,\cdots,501$ 和 $A_{2\,007}$. 显然,$|A|=1\,505$ 且 M 不包含此多边形的任意四个相邻的顶点. 且 M 的任意子集都具有同样的性质,因此 $k\geqslant 1\,506$.

我们证明对任意选取的 1 506 个顶点中,必有四个相邻的顶点. 设 A 是包含 1 506 个顶点的集合,我们考虑下面对多边形顶点的划分:

$$
\begin{aligned}
&B_1=\{A_1,A_2,A_3,A_4\};\\
&B_2=\{A_5,A_6,A_7,A_8\};\\
&\vdots\\
&B_{501}=\{A_{2\,001},A_{2\,002},A_{2\,003},A_{2\,004}\};\\
&B_{502}=\{A_{2\,005},A_{2\,006},A_{2\,007}\}.
\end{aligned}
$$

假定 A 不包含任意四个相邻的顶点. 此时,对每个 $i=1,\cdots,501$,集合 B_i 不包含于 A,即每个 B_i 至少有一个顶点不属于 A,则 $|A|\leqslant 3\cdot 502=1\,506$. 由于 $|A|=1\,506,B_{502}\subset A$ 且每个 B_i 恰有三个元素在 A 中.

我们有 $A_{2\,005},A_{2\,006},A_{2\,007}\in A$,这意味着

$$
\begin{aligned}
A_1\notin A\Rightarrow A_2,A_3,A_4\in A\Rightarrow A_5\notin A\Rightarrow A_6,A_7,A_8\in A\\
\Rightarrow\cdots\Rightarrow A_{2002},A_{2003},A_{2\,004}\in A.
\end{aligned}
$$

则有四个相邻的顶点 $A_{2\,002},A_{2\,003},A_{2\,004},A_{2\,005}\in A$,矛盾.

因此 $k=1\,506$.

4.4.15

设 X 是满足题意的一个数集. 记

$$
\begin{aligned}
&A^*=\{a\in\mathbb{N}:a\text{ 不超过 }2\,008\text{ 位数}\},\\
&A=\{a\in A^*:a\equiv 0(\bmod 9)\},\\
&A_k=\{a\in A:\text{在 }a\text{ 的所有数字中恰有 }k\text{ 个 }9\},\ 0\leqslant k\leqslant 2\,008.
\end{aligned}
$$

考虑任意 $a\in A^*$. 假定 a 有 m 位数,在 a 的前面 $2\,008-a$ 位数中补 $2\,008-m$ 个 0(这完全不改变 a 的值),我们得到了 a 的一个 2 008 位数表示,记为 $\overline{a_1a_2\cdots a_{2\,008}}$. 此时 A_k 可以写成

$$
A_k=\left\{\overline{a_1a_2\cdots a_{2\,008}}:\text{在数字 }a_{1,2},\cdots,a_{2\,008}\text{ 中恰有 }k\text{ 个 }9,\text{且}\ \sum_{i=1}^{2\,008}a_i\equiv 0(\bmod 9)\right\},\ 0\leqslant k\leqslant 2\,008.
$$

现在我们有 $X=A\backslash(A_0\cup A_1)$. 注意到 $A_0,A_1\subset A$ 且 $A_0\cap A_1=\varnothing$,我们可以推出

$$
|X|=|A|-(|A_0|+|A_1|).\tag{1}
$$

且还有下面的结论.

结论一:$|A_0| = 9^{2\,007}$.

显然,由 A_0 的定义可知 $\overline{a_1a_2\cdots a_{2\,008}} \in A_0$ 当且仅当 $a_i \in \{0,1,\cdots,8\}$, $\forall i = 1,\cdots,2\,007$, 且 $a_{2\,008} = 9-r$, 其中 r 是一个区间 $[1,9]$ 内任意整数, 且 $r = \sum_{i=1}^{2\,007} a_i \pmod 9$. 所以 $|A_0|$ 恰好等于由数字 $\{0,1,\cdots,8\}$ 组成的长度为 2 007 的序列的个数,即 $|A_0| = 9^{2\,007}$.

结论二:$|A_1| = 2\,008 \cdot 9^{2\,006}$.

上述来自 A_1 的形如 $\overline{a_1a_2\cdots a_{2\,008}}$ 的数可以通过两个连续的步骤来得到:

第一步,从 $\{0,1,\cdots,8\}$ 中组成一个长度为 2 007 的序列,使得它的所有数字的和被 9 整除.

第二步,对这样的一个序列,在第一个数字前面或者最后一个数字后面,或者中间两个连续的数字间补一个 9.

通过类似结论一的证明中类似的讨论,我们发现第一步操作有 $9^{2\,006}$ 种方法. 第二第二步操作有 2 008 种方法. 因此共有 $2\,008 \cdot 9^{2\,006}$ 种方法来进行这两个步骤. 每一种方法都对应一个 A_1 中的数,且两种不同方法对应不同的数. 因此, $|A_1| = 2\,008 \cdot 9^{2\,006}$.

由这些结论,考虑到 $|A| = 1 + \dfrac{10^{2\,008}-1}{9}$,因此由式 (1) 可得

$$|X| = \frac{10^{2\,008} - 2\,017 \cdot 9^{2\,007} + 8}{9}.$$

4.5 几何

4.5.1

由正弦定理,我们有

$$\begin{aligned}\frac{a}{\sin A} = \frac{b}{\sin B} = \frac{c}{\sin C} &= \frac{a+b+c}{\sin A + \sin B + \sin C} \\ &= \frac{2p}{\sin A + \sin B + \sin c}.\end{aligned}$$

考虑到

$$\begin{aligned}&\sin A = 2\sin\frac{A}{2}\cos\frac{A}{2}, \\ &\sin A + \sin B + \sin C = 4\cos\frac{A}{2}\cos\frac{B}{2}\cos\frac{C}{2},\end{aligned}$$

我们得到

$$a = \frac{2p\sin A}{\sin A + \sin B + \sin C} = \frac{p\sin\frac{A}{2}}{\cos\frac{B}{2}\cos\frac{C}{2}} = \frac{p\sin\frac{A}{2}}{\cos\frac{B}{2}\sin\frac{A+B}{2}}. \tag{1}$$

三角形的面积 S 可以表示为

$$S=\frac{1}{2}ca\sin B=\frac{1}{2}\sin B\cdot\frac{a\sin C}{\sin A}=\frac{a^2\sin B\sin C}{2\sin A}. \tag{2}$$

将式 (1) 中的 a 代入式 (2) 中,我们可得

$$\begin{aligned}S&=\left(\frac{p\sin\frac{A}{2}}{\cos\frac{B}{2}\sin\frac{A+B}{2}}\right)^2\cdot\frac{\sin B\sin(A+B)}{2\sin A}\\&=\left(\frac{p\sin\frac{A}{2}}{\cos\frac{B}{2}\sin\frac{A+B}{2}}\right)^2\cdot\frac{2\sin\frac{B}{2}\cos\frac{B}{2}\cdot 2\sin\frac{A+B}{2}\cos\frac{A+B}{2}}{4\sin\frac{A}{2}\cos\frac{A}{2}}\\&=p^2\tan\frac{A}{2}\tan\frac{B}{2}\cot\frac{A+B}{2}.\end{aligned}$$

因此数值结果 $S\approx 101$ 平方单位.

4.5.2

(1) 假定在时刻 t,军舰在 O',而敌舰在 A'. 则军舰已经行进的距离 $OO'=ut$,而敌舰行进的距离 $AA'=vt$. 两艘舰之间的距离 $O'A'=d$. 我们有(见图 4.1)

$$\begin{aligned}d^2&=O'N^2+NA'^2=(OA-OM)^2+(AA'-AN)^2\\&=(a-ut\cos\varphi)^2+(vt-ut\sin\varphi)^2\\&=(u^2+v^2-2uv\sin\varphi)t^2-(2au\cos\varphi)t+a^2.\end{aligned}$$

由于 $d>0$,d 取最小值当且仅当 d^2 取最小值.

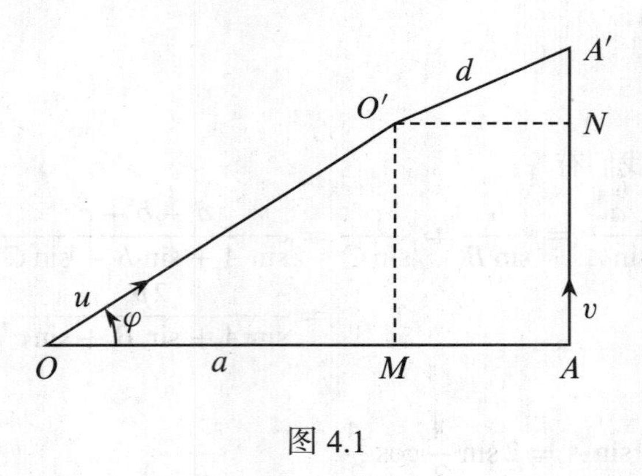

图 4.1

注意到 d^2 是一个 t 的二次函数, 且 t^2 的系数为 $u^2+v^2-2uv\sin\varphi=(u-v)^2+2uv(1-\sin\varphi)\geqslant 2uv(1-\sin\varphi)>0$(因为 $0<\varphi<\frac{\pi}{2}$),于是 d^2 在

$$t=\frac{au\cos\varphi}{u^2+v^2-2uv\sin\varphi}$$

时取到最小值,且此时最小值

$$d_{\min}^2 = \frac{-\Delta'}{u^2+v^2-2uv\sin\varphi} = \frac{a^2(u\sin\varphi - v)^2}{u^2+v^2-2uv\sin\varphi} = (d_{\min})^2,$$

这意味着

$$d_{\min} = \frac{a|u\sin\varphi - v|}{\sqrt{u^2+v^2-2uv\sin\varphi}}.$$

由此可知 $d = 0 \Leftrightarrow u\sin\varphi - v = 0$. 由于 $\sin\varphi < 1$,我们必有 $v < u$,即军舰的速度必须要大于敌舰的速度. 这个条件也是充分的,因为在这种情形下,我们只需要取 $\sin\varphi = \frac{v}{u}$ 即可.

(2) 如果 d 不能为 0,则有 $u \leqslant v$.

如果 $u = v$,在这种情形下,

$$(d_{\min})^2 = \frac{a^2}{2}(1-\sin\varphi) = \frac{a^2}{2}\left[1-\cos\left(\frac{\pi}{2}-\varphi\right)\right]$$
$$= a^2 s\sin^2\left[\frac{1}{2}\left(\frac{\pi}{2}-\varphi\right)\right].$$

因此,

$$d_{\min} = a\sin\left[\frac{1}{2}\left(\frac{\pi}{2}-\varphi\right)\right].$$

显然 $d_{\min}$ 不可能是 0,但只要取 φ 接近 $\frac{\pi}{2}$,则 $d_{\min}$ 可以任意小.

如果 $u < v$,在这种情形下,

$$[(d_{\min})^2]'_\varphi = \frac{2a^2u^2\cos\varphi(v-u\sin\varphi)}{(u^2+v^2-2uv\sin\varphi)^2}(u-v\sin\varphi).$$

由于 $0 < \varphi < \frac{\pi}{2}$ 且 $v > u > u\sin\varphi$, $[(d_{\min})^2]'_\varphi \Leftrightarrow v\sin\varphi - u = 0$,即 $\sin\varphi = \frac{u}{v}$,或者说 $\varphi = \arcsin\frac{u}{v} = \varphi_0$.

我们可以发现 $(d_{\min})^2$ 在 $\varphi = \varphi_0$ 处取到其最小值. 于是

$$t_{\min} = \frac{au\cos\varphi_0}{u^2+v^2-2uv\sin\varphi_0} = \frac{au\sqrt{1-\frac{u^2}{v^2}}}{u^2+v^2-2u^2} = \frac{au}{v\sqrt{v^2-u^2}}.$$

此时,$AA' = vt_{\min} = \frac{au}{\sqrt{v^2-u^2}} = a\tan\varphi_0$. 这说明敌舰的位置 A' 在直线 OC' 上.

4.5.3

(1) 设 AB 切 (I,r) 于 F. 对 $\mathrm{Rt}\triangle AFI$,我们有

$$IA = \frac{IF}{\sin\frac{\alpha}{2}} = \frac{r}{\sin\frac{\alpha}{2}} = \text{const}.$$

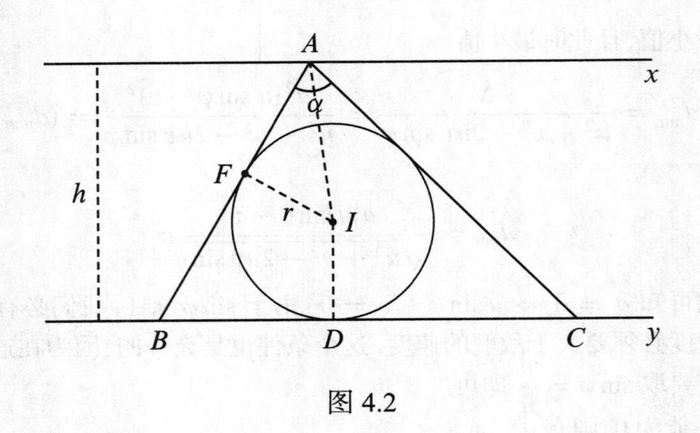

图 4.2

所以 A 是直线 x 与圆心在原点，半径为 $\dfrac{r}{\sin\frac{\alpha}{2}}$ 的圆的交点，因此构造方法如下（见图 4.2）

以 I 为圆心，$\dfrac{r}{\sin\frac{\alpha}{2}}$ 为半径作一段弧，与直线 x 交于点 A.

从 A 作圆 (I,r) 的两条切线，与直线 y 交于 B 和 C.

这个解存在，当且仅当圆 $(I,\dfrac{r}{\sin\frac{\alpha}{2}})$ 与直线 x 相交，即 $\dfrac{r}{\sin\frac{\alpha}{2}} > h-r$，即 $\sin\dfrac{\alpha}{2} \leqslant \dfrac{r}{h-r}$，且 $h > 2r$.

(2) 我们有 $2S = ah = 2pr$，其中 $BC = a$，p 是 $\triangle ABC$ 的半周长. 则

$$\frac{2p}{a} = \frac{h}{r} \Leftrightarrow \frac{a+b+c}{a} = \frac{h}{r} \Leftrightarrow \frac{b+c}{a} = \frac{h-r}{r}.$$

进一步，由正弦定理可知

$$\frac{b+c}{a} = \frac{\sin B + \sin C}{\sin A}.$$

因此，

$$\begin{aligned}\frac{b+c}{a} = \frac{h-r}{r} \Longleftarrow & \frac{\sin B + \sin C}{\sin A} = \frac{h-r}{r} \\ & \Leftrightarrow \sin B + \sin C = \frac{h-r}{r}\sin A \\ & \Leftrightarrow \sin\frac{B+c}{2}\cos\frac{B-C}{2} = \frac{h-r}{r}\sin\frac{A}{2}\cos\frac{A}{2} \\ & \Leftrightarrow \cos\frac{B-C}{2} = \frac{h-r}{r}\sin\frac{A}{2}.\end{aligned}$$

即

$$\cos\frac{B-C}{2} = \frac{h-r}{r}\sin\frac{\alpha}{2}.$$

令 $\cos\dfrac{B-C}{2}=\cos\varphi$,其中 $0\leqslant\varphi\leqslant 90^\circ$,我们得到 $\dfrac{B-C}{2}=\pm\varphi$. 考虑到 $B+C=180^\circ-A=180^\circ-\alpha$,我们有 $B=90^\circ-\dfrac{\alpha}{2}\pm\varphi, C=90^\circ-\dfrac{\alpha}{2}\mp\varphi$.

(3) 容易发现 $DB=p-b, DC=p-c$,因此

$$DB\cdot DC=(p-b)(p-c).$$

注意到 $\triangle ABC$ 的面积 S 可以用海伦公式计算,于是有

$$S^2=p(p-a)(p-b)(p-c)=p^2r^2,$$

由此得到

$$DB\cdot DC=\frac{pr^2}{p-a}=r^2\frac{p}{p-a}.$$

此外,由于 $2S=ah$,我们有

$$ah=2pr\Leftrightarrow\frac{p}{h}=\frac{a}{2r}=\frac{p-a}{h-2r},$$

这说明

$$\frac{p}{p-a}=\frac{h}{h-2r}.$$

因此

$$DB\cdot DC=r^2\frac{h}{h-2r},$$

这是一个常数.

4.5.4

(1) 注意到(见图 4.3)四边形 $HMQS$ 和 $HMRP$ 都是共圆的,因为 $\angle HMS=\angle HQS=90^\circ$ 且 $\angle HMR=\angle HPR=90^\circ$,所以 $\angle HSQ=\angle HRP$.

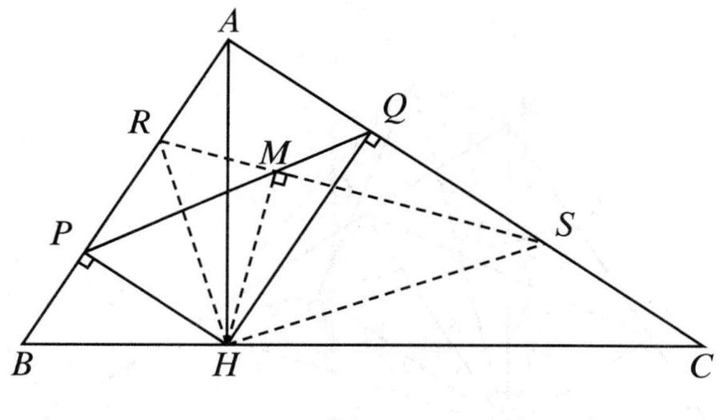

图 4.3

因此四边形 $ARHS$ 共圆,结论成立.

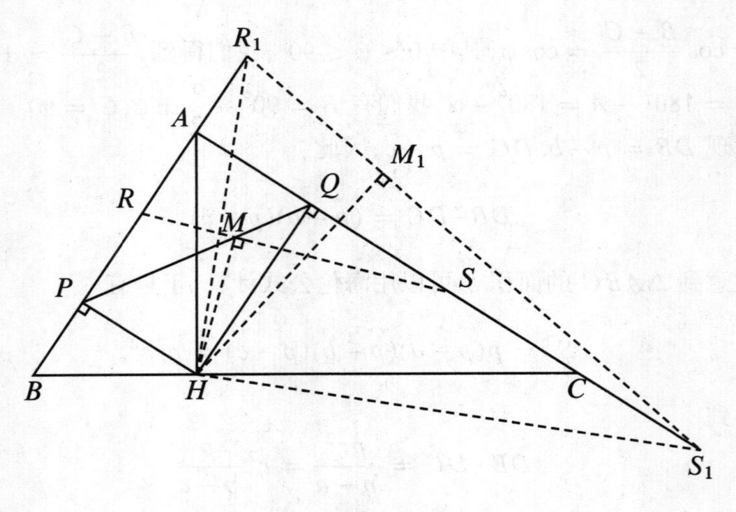

图 4.4

(2) AR_1HS_1 四点共圆（见图 4.4），因此 $\angle AR_1H = \angle AS_1H$.

考虑两个相似的 $\mathrm{Rt}\triangle HPR_1$ 和 $\mathrm{Rt}\triangle HQS_1$，我们有

$$\frac{PR_1}{QS_1} = \frac{HP}{HQ}.$$

因此，

$$\frac{HP}{HQ} = \frac{PR_1}{QS_1} = \frac{PR}{QS} = \frac{PR_1 - PR}{QS_1 - QS} = \frac{RR_1}{SS_1}.$$

注意到 $\angle BAC = 90^\circ$ 且 $\triangle ABC$ 是固定的，则 H, P, Q 也是固定的，所以比值 $\dfrac{HP}{HQ}$ 是常数，即比值 $\dfrac{RR_1}{SS_1}$ 是常数.

(3) 由对称性，我们有 $\angle RKS = \angle RHS$（见图 4.5）.

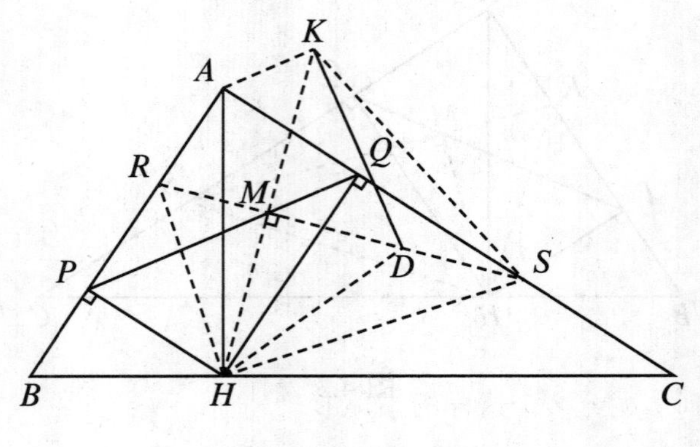

图 4.5

注意到在共圆四边形 $ARHS$ 中，我们有 $\angle RHS = \angle RAS = 90^\circ$，这说明 K 在四边形 $ARHS$ 的外接圆上，因此四边形 $ARHK$ 是共圆的. 这时我们有 $\angle PRH = \angle AKH$，又 $\angle PRH = \angle PMH$，因此 $\angle PMH = \angle AKH$，这说明 $AK \parallel PM$.

根据假设，$KD \perp PQ$，而 $Q \in PM$，因此 $KD \perp AK$，即 $\angle AKD = 90^\circ$，那么 $\angle DKR + \angle AKR = 90^\circ$. 我们还有 $\angle BHR + \angle AHR = 90^\circ$. 四边形 $ARHK$ 共圆，因此 $\angle AKR = \angle AHR$，所以 $\angle DKR = \angle BHR$. 注意到 K 与 H 关于直线 RS 对称，所以 $\angle DKR = \angle DHR$，于是 $\angle DHR = \angle BHR$.

类似地，由 $\angle BHR + \angle CHS = 90^\circ$，所以 $\angle DHR + \angle CHS = 90^\circ$. 考虑到四边形 $ARHS$ 共圆，有 $\angle DHR + \angle DHS = 90^\circ$，因此 $\angle DHS = \angle CHS$.

4.5.5

我们有

$$\frac{\sin A + \sin B + \sin C}{\cos A + \cos B + \cos C} = \frac{4\cos\frac{A}{2}\cos\frac{B}{2}\cos\frac{C}{2}}{1 + 4\sin\frac{A}{2}\sin\frac{B}{2}\sin\frac{C}{2}} = \frac{12}{7}$$

以及

$$\sin A \sin B \sin C = 8\sin\frac{A}{2}\sin\frac{B}{2}\sin\frac{C}{2}\cos\frac{A}{2}\cos\frac{B}{2}\cos\frac{C}{2} = \frac{12}{25}.$$

这两个等式说明

$$\begin{cases} \sin\dfrac{A}{2}\sin\dfrac{B}{2}\sin\dfrac{C}{2} = 0.1 \\ \cos\dfrac{A}{2}\cos\dfrac{B}{2}\cos\dfrac{C}{2} = 0.6 \end{cases}.$$

进一步，由于

$$\sin\frac{C}{2} = \cos\frac{A+B}{2} = \cos\frac{A}{2}\cos\frac{B}{2} - \sin\frac{A}{2}\sin\frac{B}{2},$$

将两边乘以 $\sin\dfrac{C}{2}\cos\dfrac{C}{2}$，我们得到

$$\sin^2\frac{C}{2}\cos\frac{C}{2} = 0.6\sin\frac{C}{2} - 0.1\cos\frac{C}{2},$$

即

$$(1-t^2)t = 0.6\sqrt{1-t^2} - 0.1t \Leftrightarrow 11t - 10t^3 = 6\sqrt{1-t^2},$$

其中 $t = \cos\dfrac{C}{2}$. 这个等式解出 $\cos\dfrac{C}{2}$ 的三个值：$\sqrt{\dfrac{1}{2}}, \sqrt{\dfrac{4}{5}}, \sqrt{\dfrac{3}{10}}$，那么相应的 $\sin C$ 分别为 $1, 0.8, 0.6$.

因此我们得到了无穷多个这样的三角形.

4.5.6

设 AX 是所求的线段（见图 4.6）. 我们有

$$\frac{S_1}{S_2}=\frac{2p_1}{2p_2},$$

其中 S_1, p_1 和 S_2, p_2 分别是 $\triangle ABX$ 和 $\triangle ACX$ 的面积和半周长. 由公式 $S=pr$

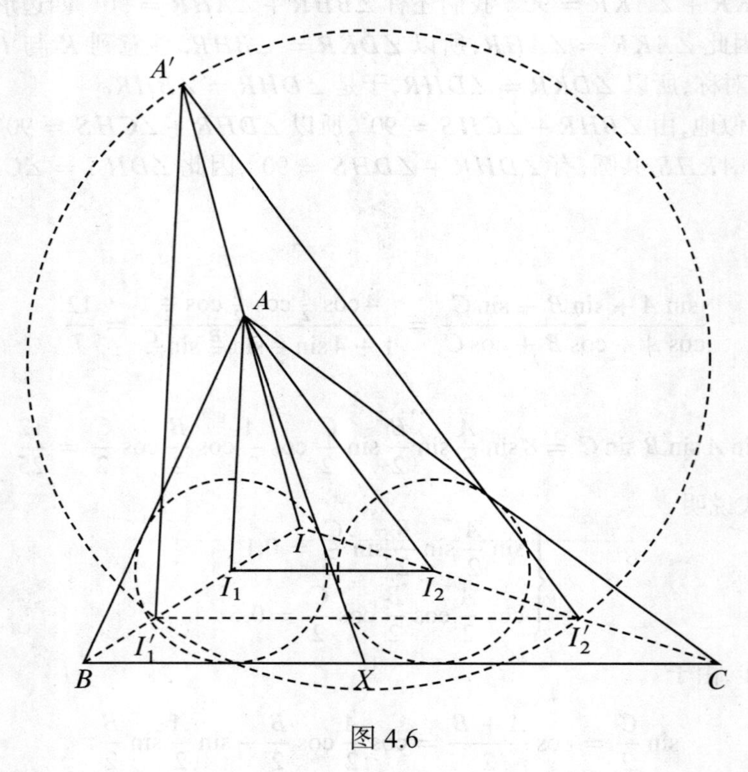

图 4.6

可知 $r_1=r_2$，因此问题约化为构造 AX 使得 $\triangle ABX$ 与 $\triangle ACX$ 的内切圆相等. 这两个内切圆的圆心 I_1, I_2 分别在 $\angle B$ 和 $\angle C$ 的角平分线上，且 $I_1I_2 \parallel BC$（因为 $r_1=r_2$），且 $\angle I_1AI_2=\frac{1}{2}\angle BAC$. 由此可以进行以下构造：

设 I 是 $\angle B$ 和 $\angle C$ 的角平分线的交点. 在 $\triangle BIC$ 中，任意作 $I_1'I_2' \parallel BC$，其中 $I_1' \in BI, I_2' \in CI$.

在 $I_1'I_2'$ 上方作一段弧，使得 $I_1'I_2'$ 所对应的圆周角为 $\frac{1}{2}\angle BAC$，联结 IA 交此弧于 A'. 注意到 $\triangle AI_1I_2$ 和 $\triangle A'I_1'I_2'$ 满足 $\frac{IA}{IA'}=\frac{II_1}{II_1'}=\frac{II_2}{II_2'}$，也就是说这两个三角形关于中心 I 位似，因此可以作出 $\triangle AI_1I_2$.

以 I_1, I_2 为圆心作两个圆分别与 AB, AC 相切，第一个圆的切线 AX 使得 $\angle I_1AX=\frac{1}{2}\angle BAX$.

所以

$$\angle XAI_2 = \angle I_1AI_2 - \angle I_1AX = \frac{1}{2}\angle BAX - \frac{1}{2}\angle BAX = \frac{1}{2}\angle XAC,$$

这说明 AI_2 是 $\angle XAC$ 的角平分线,即 AX 与第二个圆也相切,因此这个 X 即为所求.

4.5.7

首先我们很容易证明 Δ 与 Δ' 是全等的三角形.

设 O_1, O_2 分别是 $\triangle C'AB, \triangle B'AC$ 的中心,考虑 $\triangle O_1AO_2$(见图 4.7),我们有

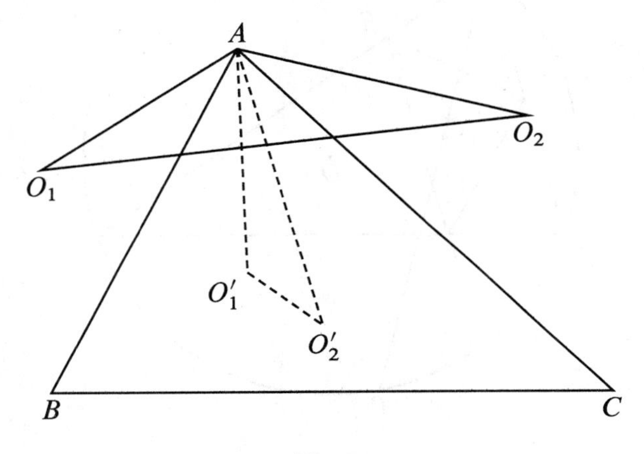

图 4.7

$$\begin{aligned}O_1O_2^2 &= O_1A^2 + O_2A^2 - 2O_1A \cdot O_2A \cdot \cos O_1AO_2 \\ &= \left(\frac{c\sqrt{3}}{3}\right)^2 + \left(\frac{b\sqrt{3}}{3}\right)^2 - 2\frac{c\sqrt{3}}{3} \cdot \frac{b\sqrt{3}}{3} \cdot \cos(A + 60^\circ) \\ &= \frac{1}{3}[c^2 + b^2 - 2bc\cos(A + 60^\circ)].\end{aligned}$$

因此 Δ 的面积为

$$S_\Delta = \frac{\sqrt{3}}{12}[c^2 + b^2 - 2bc\cos(A + 60^\circ)].$$

同理可得

$$S_{\Delta'} = \frac{\sqrt{3}}{12}[c^2 + b^2 - 2bc\cos(A - 60^\circ)].$$

因此

$$S_\Delta - S_{\Delta'} = \frac{\sqrt{3}}{12} \cdot 2bc \cdot [\cos(A - 60^\circ) - \cos(A + 60^\circ)]$$

$$= \frac{\sqrt{3}}{12} \cdot 2bc \cdot 2\sin A \sin 60^\circ$$
$$= \frac{1}{2}bc\sin A = S_{\triangle ABC}.$$

4.5.8

设 S 与 S_1 分别表示 $\triangle ABC$ 与 $\triangle DEF$ 的面积. 注意到四边形 $AFME$, $BDMF$, $CEMD$ 都是共圆的(见图 4.8). 我们有

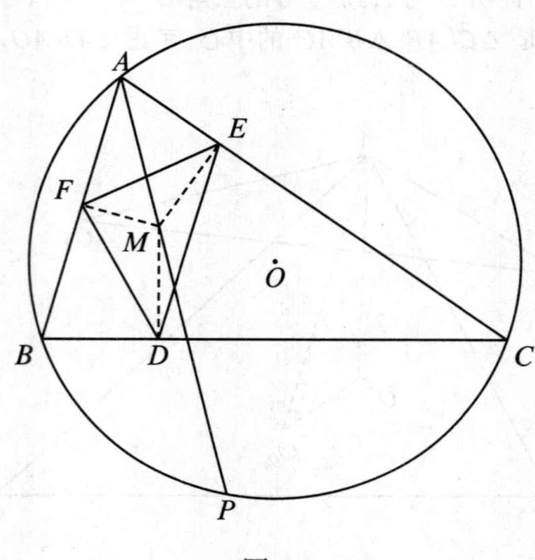

图 4.8

$$S_1 = \frac{1}{2}FE \cdot FD \cdot \sin\angle DFE = \frac{1}{2}(MA \cdot \sin A) \cdot (MB \cdot \sin B) \cdot \sin\angle DFE \quad (1)$$

设 P 是 AM 与 $\triangle ABC$ 外接圆的交点. 考虑 $BDMF$, $AFME$ 和 ABC 的外接圆,我们有

$$\angle MFE = \angle MAE = \angle PBC,$$

且

$$\angle MFD = \angle MBD.$$

由这些等式得到

$$\angle DFE = \angle MFE + \angle MFD = \angle PBC + \angle MBD = \angle MBP.$$

在 $\triangle MBP$ 中,我们有

$$\frac{MB}{\sin\angle MPB} = \frac{MP}{\sin\angle MBP}.$$

因此,

$$\sin \angle DFE = \frac{MP \cdot \sin C}{MB}.$$

所以式 (1) 变为

$$\begin{aligned} S_1 &= \frac{1}{2} MA \cdot MP \cdot \sin A \sin B \sin C \\ &= \frac{1}{2}\left(-\mathcal{P}_M(O)\right) \cdot \frac{S}{2R^2} \\ &= \frac{S}{4R^2} R^2 - OM^2 \\ &= k, \end{aligned}$$

这里 k 是一个给定的常数,S 是 $\triangle ABC$ 的面积.

因此

$$\frac{S}{4}\left(1 - \frac{OM^2}{R^2}\right) = k,$$

这意味着 OM^2 为常数,所以 M 在以 O 为圆心的圆上.

若 $k = \frac{S}{4}$,则 $OM = 0$,这时只有一个点.

若 $k > \frac{S}{4}$,则 $OM^2 < 0$,此时 M 不存在.

若 $k < \frac{S}{4}$,则 $OM^2 > 0$,M 的轨迹是以 $OM = R\sqrt{\frac{S-4k}{S}}$ 为半径的圆.

4.5.9

考虑两个圆 (c) 和 (C),分别内接和外切于正方形 $ABCD$(见图 4.9).

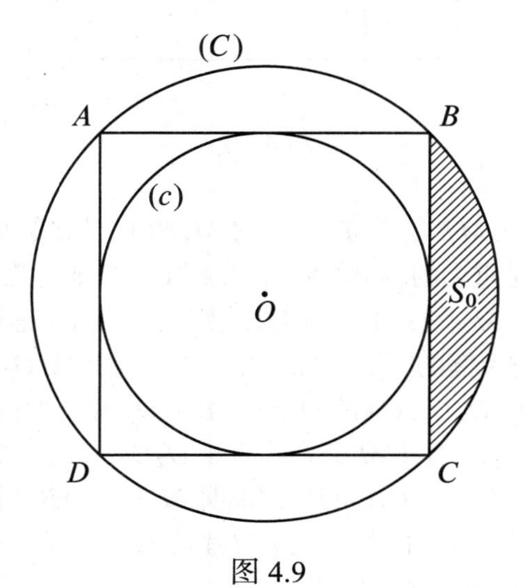

图 4.9

显然它们的中心与正方形 $ABCD$ 的中心相同，且其半径分别为 1 和 $\sqrt{2}$. 当 A 在圆 (C) 上逆时针运动时，B 也在 (C) 上沿相同的方向运动，因此 AB 总是与 (c) 相切.

设 S 表示由 (c) 与 (C) 围成的区域，S_0 表示由 BC 与小弧 $\overset{\frown}{BC}$ 围成的区域，那么我们有

$$S = \pi\left(\sqrt{2}\right)^2 - \pi \cdot 1^2 = 2\pi - \pi = \pi,$$

且

$$S_0 = \frac{1}{4}\left(\pi\left(\sqrt{2}\right)^2 - 4\right) = \frac{1}{4}(2\pi - 4) = \frac{\pi}{2} - 1.$$

当 $A \equiv C$ 时，$B \equiv D$. 在这种情形下，AB 运动过程中所扫过区域的面积为

$$S^* < S - S_0 = \pi - \left(\frac{\pi}{2} - 1\right) = \frac{\pi}{2} + 1 < \frac{\pi}{2} + \frac{\pi}{3} = \frac{5\pi}{6}.$$

4.5.10

考虑 $\triangle ABC$ 是锐角三角形的情形（见图 4.10）. 我们有 $\dfrac{MA}{MB} = \dfrac{MB'}{MA'}$，这说明 $\triangle MAB'$ 与 $\triangle MBA'$ 相似，则 $\angle MAB' = \angle MBA'$. 类似地，$\angle MBC' = \angle MCB'$，$\angle MCA' = \angle MAC'$.

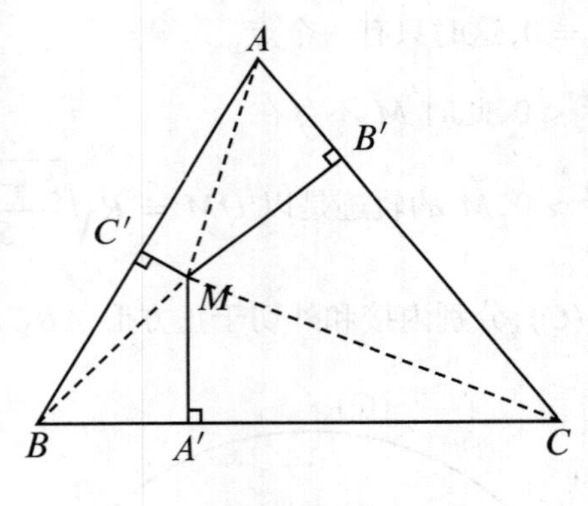

图 4.10

由正弦定理可知，$\triangle MBC$，$\triangle MCA$ 与 $\triangle MAB$ 的外接圆是相等的. 如果 M 在 $\triangle ABC$ 外，这三个圆是重合的；如果 M 在 $\triangle ABC$ 内，则这几个圆是不同的.

在第一种情形中，M 在 $\triangle ABC$ 的外接圆上，下面考虑第二种情形. 分别用 O_1, O_2, O_3 表示上面三个圆的圆心（见图 4.11）. 四边形 MO_2AO_3 和 MO_1CO_2 都是菱形，因此四边形 BCO_2O_3，CAO_3O_1 和 ABO_1O_2 都是平行四边形.

进一步，注意到 AM, BM, CM 分别垂直于 O_2O_3, O_3O_1, O_1O_2. 所以 AM, BM, CM 分别垂直于 $\triangle ABC$ 的边 BC, CA, AB. 这说明 M 是 $\triangle ABC$ 的垂心.

反之，如果 M 在 $\triangle ABC$ 的外接圆上或者是 $\triangle ABC$ 的垂心，我们很容易验证 $MA \cdot MA' = MB \cdot MB' = MC \cdot MC'$.

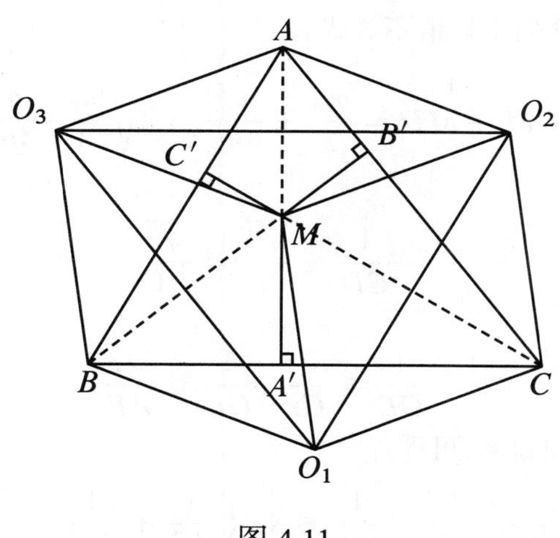

图 4.11

当 $\triangle ABC$ 为直角或钝角三角形时,我们有相同的结论.

所以我们的结论是 M 的轨迹包括 $\triangle ABC$ 的外接圆以及一个孤立点,即 $\triangle ABC$ 的垂心 H. 注意到,点 H 在 $\triangle ABC$ 的外接圆上当且仅当 $\triangle ABC$ 是在 H 处的直角三角形.

4.5.11

(1) 设 M 是边 BC 的中点,令 $AM = m_a$,并考虑 M 关于 $\odot O$ 的幂(见图 4.12),我们有

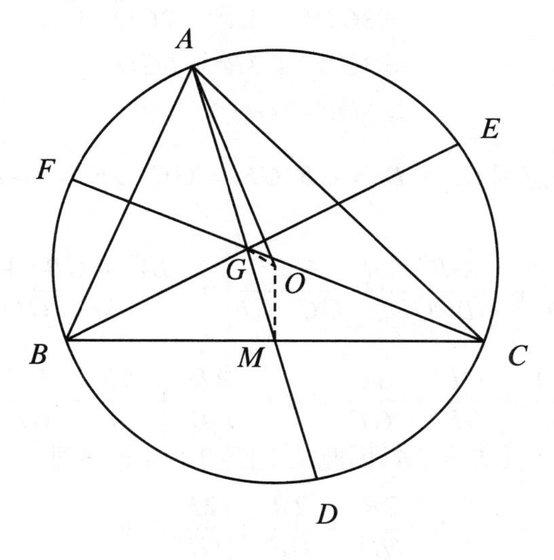

图 4.12

$$MA \cdot MD = MB \cdot MC \Leftrightarrow m_a \cdot MD = \frac{a^2}{4} \Leftrightarrow MD = \frac{a^2}{4m_a}.$$

由此,根据算术–几何平均值不等式有

$$GD = GM + MD = \frac{m_a}{3} + \frac{a^2}{4m_a} \geqslant 2\sqrt{\frac{m_a}{3}\cdot\frac{a^2}{4m_1}} = \frac{a}{\sqrt{3}},$$

即

$$\frac{1}{GD} \leqslant \frac{\sqrt{3}}{a} = \frac{\sqrt{3}}{BC}.$$

类似地,

$$\frac{1}{GE} \leqslant \frac{\sqrt{3}}{CA}, \frac{1}{GF} \leqslant \frac{\sqrt{3}}{AB}.$$

将这三个不等式加起来,可得

$$\frac{1}{GD} + \frac{1}{GE} + \frac{1}{GF} \leqslant \sqrt{3}\left(\frac{1}{AB} + \frac{1}{BC} + \frac{1}{CA}\right).$$

等号成立当且仅当 $\triangle ABC$ 是等边三角形.

(2) 设 R 是 $\triangle ABC$ 外接圆 $\odot O$ 的半径,我们总有

$$GA^2 + GB^2 + GC^2 = 3(R^2 - GO^2).$$

自然,由 $\overrightarrow{GA} = \overrightarrow{GO} + \overrightarrow{OA}$ 可得 $GA^2 = GO^2 + R^2 + 2\overrightarrow{GO}\cdot\overrightarrow{OA}$,这对 $\overrightarrow{GB}$ 和 $\overrightarrow{GC}$ 是类似的. 因此

$$\begin{aligned} GA^2 + GB^2 + GC^2 &= 3GO^2 + 3R^2 + 2\overrightarrow{GO}\cdot(\overrightarrow{OA} + \overrightarrow{OB} + \overrightarrow{OC}) \\ &= 3GO^2 + 3R^2 + 2\overrightarrow{GO}\cdot 3\overrightarrow{IG} \\ &= 3GO^2 + 3R^2 - 6GO^2 \\ &= 3(R^2 - GO^2). \end{aligned}$$

且我们还注意到 $GA\cdot GD = GB\cdot GE = GC\cdot GF = -\mathcal{P}_G(O) = R^2 - GO^2$,因此

$$\frac{GA^2}{GA\cdot GD} + \frac{GB^2}{GB\cdot GE} + \frac{GC^2}{GC\cdot GF} = \frac{GA^2 + GB^2 + GC^2}{R^2 - OG^2} = 3,$$

此即

$$\frac{GA}{GD} + \frac{GB}{GE} + \frac{GC}{GF} = 3 \Leftrightarrow \frac{AD}{GD} + \frac{BE}{GE} + \frac{CF}{GF} = 6.$$

但所有的 $AD, BE, CF \leqslant 2R$,因此从上面的不等式得到

$$\frac{2R}{GD} + \frac{2R}{GE} + \frac{2R}{GF} \geqslant 6,$$

即

$$\frac{1}{GD} + \frac{1}{GE} + \frac{1}{GF} \geqslant \frac{3}{R}.$$

等号成立当且仅当 $\triangle ABC$ 是等边三角形.

4.5.12

假定 $\mathcal{H}$ 中有 $AB = CD = a < AD = BC = b$. 用 I 表示对角线 AC 和 BD 的交点,根据题设,可令 $\angle CID = \varphi < 45^\circ$. 容易证明

$$2a < b. \tag{1}$$

设 R_I^x 表示绕 I 旋转角度 x, A', B', C', D' 分别是 A, B, C, D 在此旋转下的像. 我们证明在 $\mathcal{H}$ 和 $\mathcal{H}_x$ 之间的公共面积 $S(x)$ 当 $x = 90^\circ$ 或 $x = 270^\circ$ 时取最小值,且最小值为 a^2.

注意到一个矩形有两条对称轴,因此 $S(x + 180^\circ) = S(x) = S(x - 180^\circ)$. 那么只需要考虑当 $0 \leqslant x \leqslant 90^\circ$ 时的 $S(x)$.

有三种情形.

$x = 0^\circ$:则 $\mathcal{H}_x = ABCD$ 且 $S(x) = ab > a^2$.

$0^\circ < x < \varphi$:在这种情形下,$\mathcal{H}_x \cap \mathcal{H}$ 是八边形 $MNPQRSUV$(见图 4.13). 由

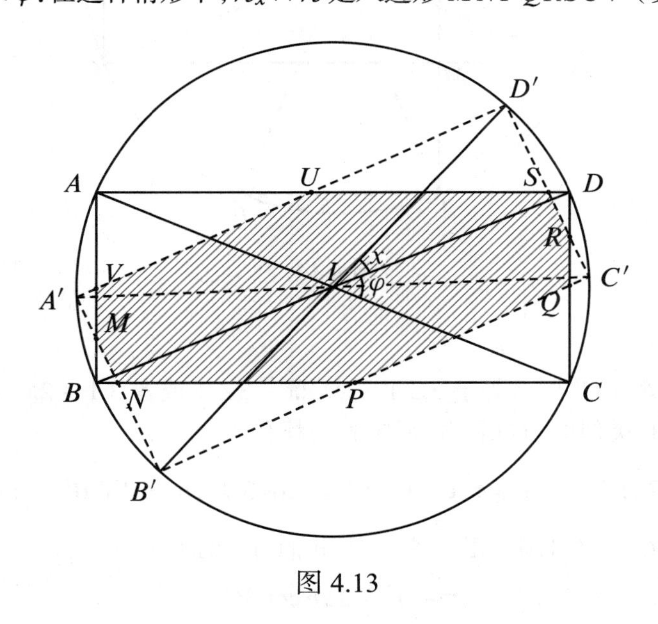

图 4.13

于 $R_I^{180^\circ}$ 分别将 $AB, A'B'$ 映为 $CD, C'D'$,它也将 M 映为 R. 这说明 M, I, R 是共线的(见图 4.14),于是

$$\begin{aligned}
S(x) &= S(MNPQRSUV) = 2S(MNPQR) \\
&= 2S(IMN) + 2S(INP) + 2S(IPQ) + 2S(IQR) \\
&= \frac{b}{2}MN + \frac{a}{2}NP + \frac{a}{2}PQ + \frac{b}{2}QR
\end{aligned}$$

$$
\begin{aligned}
&= \frac{b-a}{2} MN + \frac{a}{2}(MN + NP + PQ) + \frac{b}{2} QR \\
&> \frac{a}{2}(MN + NP + PQ) > \frac{a}{2}(BN + NP + PC) \\
&= \frac{ab}{2} > a^2.
\end{aligned}
$$

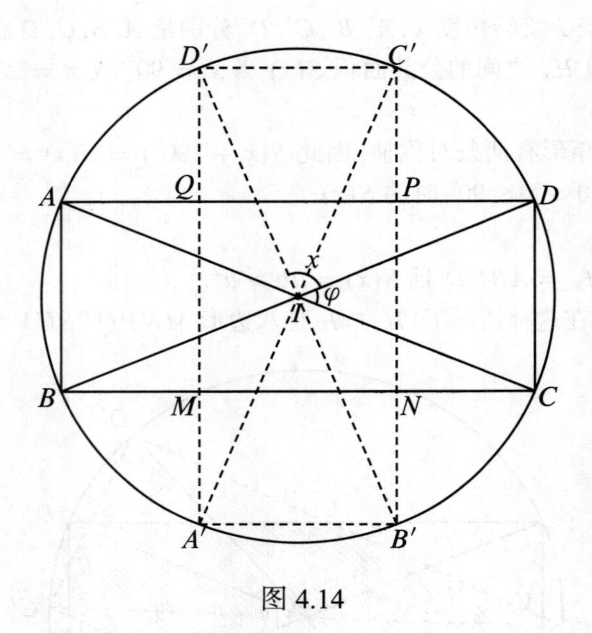

图 4.14

4.5.13

注意到 $\angle B'A'C'$ 要么等于 $3\angle A$ 或者 $2\pi - 3\angle A$ 或者 $3A - 2\pi$, 对于 $\angle C'BA'$ 和 $\angle A'CB'$ 也是类似的. 在所有情形中我们都有

$$\cos\angle B'AC' = \cos 3A,\ \cos C'BA' = \cos 3B,\ \cos\angle A'CB' = \cos 3C.$$

对 $\triangle A'B'C$ 和 $\triangle ABC$,由正弦定理,我们有(见图 4.15)

$$
\begin{aligned}
A'B'^2 &= a^2 + b^2 - 2ab\cos 3C \\
&= c^2 + 2ab\cos C - 2ab\cos 3C \\
&= c^2 + 4ab\sin 2C \sin C \\
&= c^2 + 8ab\cos C\sin^2 C \\
&= c^2 + 4(a^2 + b^2 - c^2)\sin^2 C \\
&= c^2 + (a^2 + b^2 - c^2)\cdot\frac{4R^2\sin^2 C}{R^2} \\
&= \frac{c^2}{R^2}(R^2 + a^2 + b^2 - c^2).
\end{aligned}
$$

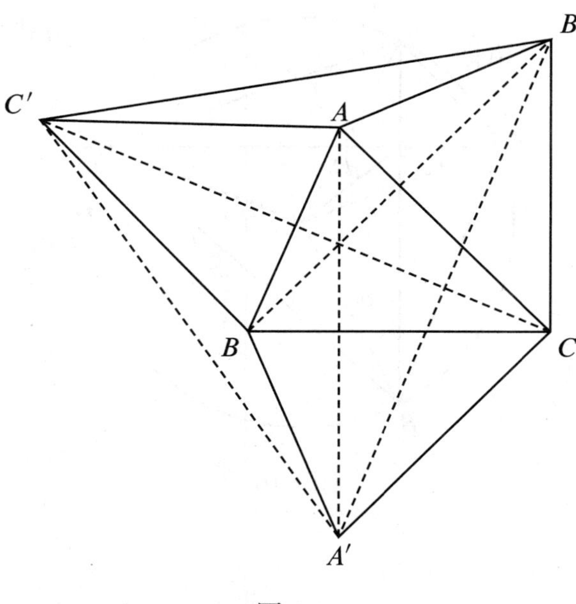

图 4.15

类似地，

$$B'C'^2 = \frac{a^2}{R^2} = (R^2 + b^2 + c^2 - a^2);\ C'A'^2 = \frac{b^2}{R^2}(R^2 + c^2 + a^2 - b^2).$$

因此 $\triangle ABC$ 是等边三角形当且仅当

$$a^2(R^2 + b^2 + c^2 - a^2) = b^2(R^2 + c^2 + a^2 - b^2) = c^2(R^2 + a^2 + b^2 - c^2)$$

$$\Leftrightarrow \begin{cases} (a^2 - b^2)(R^2 + c^2 - a^2 - b^2) = 0 \\ (b^2 - c^2)(R^2 + a^2 - b^2 - c^2) = 0 \end{cases}.$$

这说明 $\triangle ABC$ 或者是等边三角形或者 $\triangle ABC$ 是底角为 75° 的等腰三角形或者 $\triangle ABC$ 是底角为 15° 的等腰三角形.

4.5.14

设四边形 $ABCD$ 的周长为 p. 令 $\angle AOB = 2x, \angle BOC = 2y, \angle COD = 2z, \angle DOA = 2t$（见图 4.16），我们有 $0 < x, y, z, t < \dfrac{\pi}{2}$ 且 $x + z = y + t = \dfrac{\pi}{2}$.

对 $\triangle ABC$ 应用正弦定理得 $AB = 2a\sin\angle ACB = 2a\sin x$，这对 BC, CD 和 DA 是类似的. 所以我们得到

$$p = 2a(\sin x + \sin y + \sin z + \sin t),$$

其中 x 和 y 满足关系式 $\sin 2x \cdot \sin 2y = \dfrac{b^2}{a^2}$. 那么问题就约化为求

$$f(x, y) = f(y, x) = \sin x + \cos x + \sin y + \cos y$$

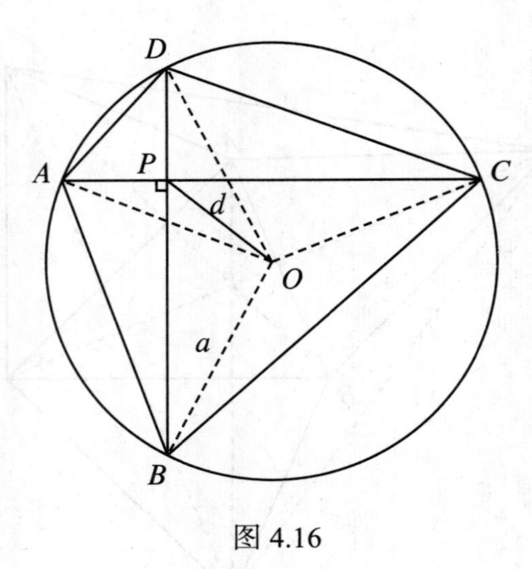

图 4.16

的最大和最小值.

注意到 $PA \cdot PC = PB \cdot PD = -\mathcal{P}_P(O) = a^2 - d^2 = b^2$. 经过一番计算可得

$$\max f(x, y) = \sqrt{2} + \sqrt{1 + \frac{b^2}{a^2}};\ \min f(x, y) = 2\sqrt{1 + \frac{b}{a}},$$

由此得到当且仅当 $AC = BD = \sqrt{2(a^2 + b^2)}$ 时，

$$p_{\max} = 2\left(a\sqrt{2} + \sqrt{a^2 + b^2}\right),$$

当且仅当四边形 $ABCD$ 的长对角线是经过点 P 的 $\odot O$ 的直径.

4.5.15

设 $\triangle ABC$ 的内心为 I（见图 4.17），AA', BB', CC' 交于点 I. 由于 $\angle C'B'B = \angle C'CB = \angle ACC'$，则四边形 $IQB'C'$ 是共圆的. 于是我们有 $\angle QIB' = \angle ABB' = \angle ACB'$，这说明 $IQ \parallel AB$. 类似地，有 $IM \parallel AB, IP \parallel BC, IS \parallel BC, IN \parallel CA, IR \parallel CA$.

因此，我们得到四个相似三角形 $\triangle IMN, \triangle QIP, \triangle RSI$ 和 $\triangle ABC$，以及三个菱形 $IQAR, ISBN$ 和 $INCP$. 于是我们有

$$\begin{aligned}\frac{MN}{BC} = \frac{IM}{AB} = \frac{IN}{AC} &= \frac{MN + IM + IN}{BC + AB + CA} \\ &= \frac{MN + BM + NC}{2p} = \frac{BC}{2p},\end{aligned}$$

这意味着 $BC = \dfrac{BC^2}{2p}$.

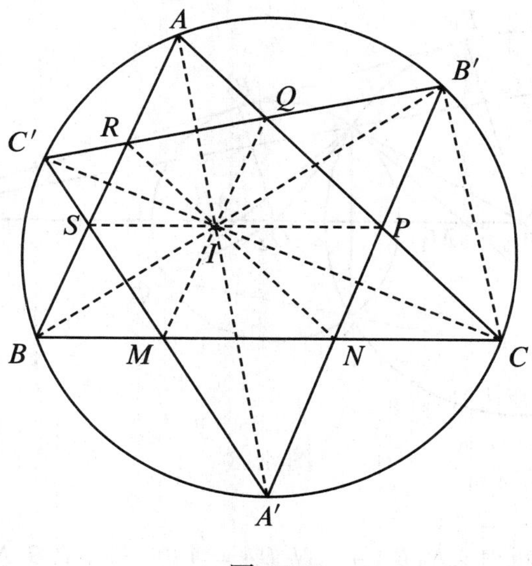

图 4.17

类似地，

$$PQ = \frac{CA^2}{2p}, \ RS = \frac{AB^2}{2p}.$$

由此即可得待证的结论.

4.5.16

有两种情形：

$R_1 = R_2$：在这种情形下，$M_1 \equiv O_1, M_2 = O_2$. 所以 N_1, N_2 分别是 A 在 $\odot O_1$ 和 $\odot O_2$ 上的对径点. 则 $\angle ABN_1 = \angle ABN_2 = 90^\circ$，因此，$N_1, B, N_2$ 三点共线.

$R_1 \neq R_2$，不妨假定 $R_1 > R_2$（见图 4.18）：在这种情形下，O_1O_2 与 P_1P_2 交于点 S，因此 O_2 在 O_1 与 S 之间，P_2 在 P_1 与 S 之间. 于是我们有

$$\angle N_1BA + \angle N_2BA = \left(180^\circ - \frac{1}{2}\angle N_1O_1A\right) + \frac{1}{2}\angle N_2O_2A, \tag{1}$$

其中 $\angle N_1O_1A < 180^\circ$.

设 A_1 是 SA 与 $\odot O_1$ 的第二个交点，我们可知 S 是 $\odot O_1$ 到 $\odot O_2$ 的位似中心，其中 A_1, O_1, M_1 分别对应于 A, O_2, M_2，因此

$$\angle O_1A_1M_1 = \angle O_2AM_2. \tag{2}$$

注意到 $SA \cdot SA_1 = \mathcal{P}_S(O_1) = SO_1^2 - R_1^2 = SP_1^2 = SO_1 \cdot SM_1$，这说明 A, M_1, O_1, A_1 四点共圆，则 $\angle O_1A_1M_1 = \angle O_1AM_1$，结合式 (2) 可得 $\angle O_1AM_1 = \angle O_2AM_2$. 因此

$$\angle N_1O_1A = \angle N_2O_2A. \tag{3}$$

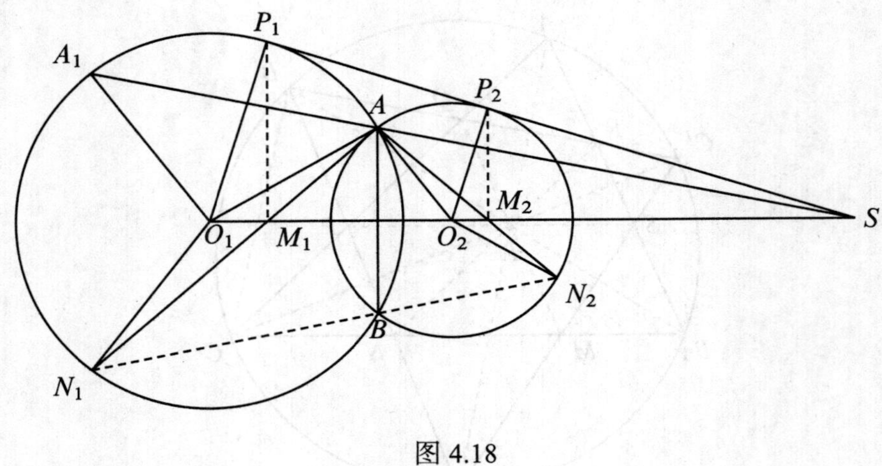

图 4.18

从式 (1) 和 (3) 可得 $\angle N_1BA + \angle N_2BA = 180^\circ$, 即 N_1, B, N_2 是共线的.

4.5.17

我们考虑两圆外切的情形, 至于内切的情形是类似的.

设 xy 是给定两圆的公切线 (见图 4.19).

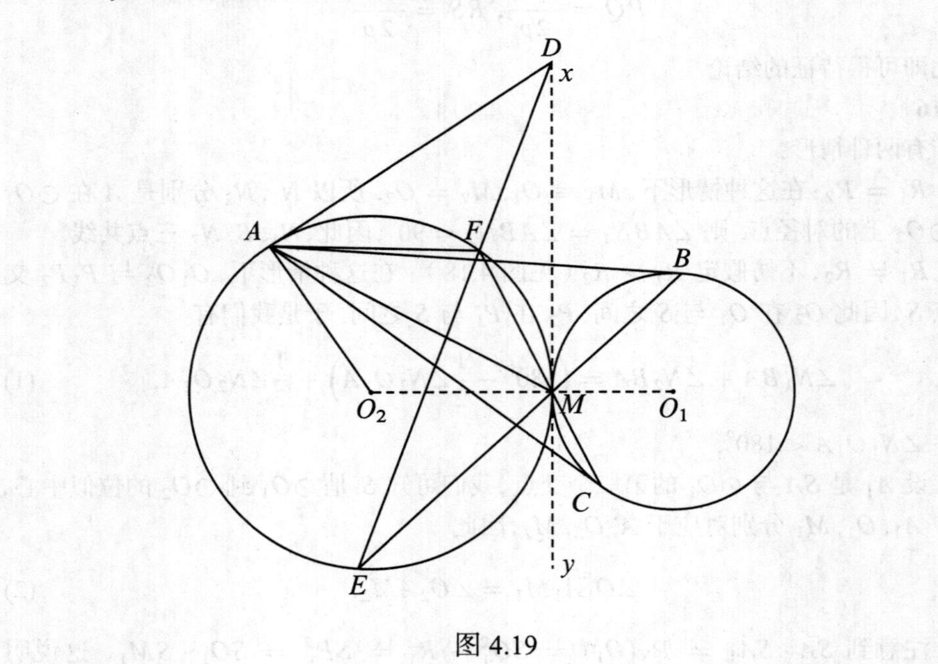

图 4.19

由于 CA 和 My 分别与 $\odot O_1$ 切于点 C 和 M, $\angle FCA = \angle CMy$. 且 $\angle CMy = \angle FMx$, $\angle FMx = \angle FAM$ (因为 Mx 与 $\odot O_2$ 切于 M). 因此 $\angle FCA = \angle FAM$.

进一步,$\angle MFA = \angle AFC$. 这些等式说明 $\triangle AFC$ 与 $\triangle MFA$ 是相似的. 则

$$\frac{FM}{FA} = \frac{FA}{FC} \Rightarrow FM \cdot FC = FA^2.$$

注意到 $FM \cdot FC = \mathcal{P}_F(O_1) = FO_1^2 - R_1^2$,因此 $FA^2 = FO_1^2 - R_1^2$,即 $FO_1^2 - FA^2 = R_1^2$.

类似地,$EO_1^2 - EA^2 = R_1^2$. 所以,

$$FO_1^2 - FA^2 = EO_1^2 - EA^1 = R_1^2.$$

根据题设,D 在直线 EF 上. 则我们还有 $DO_1^2 - DA^2 = R_1^2$,即

$$DO_1^2 - R_1^2 = DA^2. \tag{1}$$

由于 DA 与 $\odot O_2$ 切于点 A,

$$DA^2 = \mathcal{P}D(O_2) = DO_2^2 - R_2^2. \tag{2}$$

由式 (1) 和 (2) 可得

$$DO_1^2 - R_1^2 = DO_2^2 - R_2^2 \Leftrightarrow \mathcal{P}_D(O_1) = \mathcal{P}_D(O_2).$$

这说明 D 在 $\odot O_1$ 与 $\odot O_2$ 的等幂线上,这是一条固定的直线.

4.5.18

首先我们证明 K 在 $\odot O$ 上(见图 4.20). 自然,根据题设 $\overrightarrow{AD} = \overrightarrow{PC}$ 可知 $ADCP$ 是平行四边形,那么 $\triangle APC$ 与 $\triangle ADC$ 的外接圆关于 AC 是对称的.

因此,$\triangle ABC$ 的外接圆与 $\triangle AKC$ 的外接圆重合,即 K 在 $\triangle ABC$ 的外接圆上. 且由于 $\triangle ABC$ 是锐角三角形,K 在优弧 $\widehat{BAC}$ 上.

分别用 K_1, K_2 表示 K 关于 BC, AB 的对称点,M 表示 AH 与 $\odot O$ 的交点. 由于 H 与 M 关于 BC 对称,则四边形 HMK_1K 是等腰梯形,且以 BC 为对称轴. 根据对称性,我们有

$$\angle BHQ = \angle BMQ.$$

类似地,令 R 为 CH 与 $\odot O$ 的交点,S 为 RK 与 HK_2 的交点,则 S 在 AB 上,且我们有

$$\angle BHS = \angle BRS.$$

对圆内接四边形 $BRKM$,我们有

$$\angle BMQ + \angle BRS = 180^\circ.$$

那么由上述三个等式得

$$\angle BHQ + \angle BHS = 180^\circ,$$

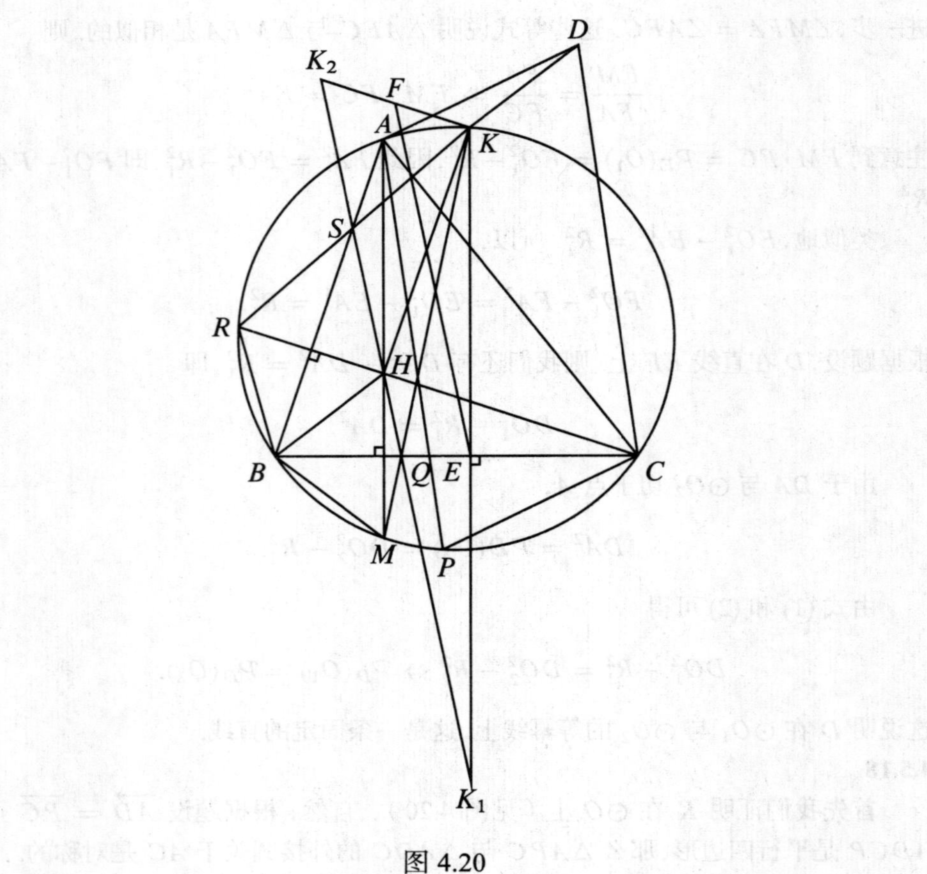

图 4.20

这说明 S, H, Q 三点共线，这也反过来说明 K_1, H, K_2 是三点共线的.

由于 EF 是 $\triangle KK_1K_2$ 的中位线，那么它经过 HK 的中点.

4.5.19

(1) 由题设条件可知 O_1C, OO_2 垂直于 BC，而 O_2C, OO_1 垂直于 CA. 那么 OO_1CO_2 为平行四边形，且 OC 的中点 I 也是 O_1O_2 的中点（见图 4.21）.

此外，O_1O_2 是 CD 的中垂线，且交 CD 于其中点 J. 于是 IJ 是 $\triangle OCD$ 的中位线，$IJ \parallel OD$，这说明 $\triangle OCD$ 是以 D 为直角顶点的直角三角形. 那么 $CD \leqslant CO = R$，且显然 $CD_{\max} = R \Leftrightarrow D \equiv O \Leftrightarrow OC \perp AB$.

(2) 设 P 是 $\triangle AOB$ 的外接圆上不包含 O 点的 $\overparen{AB}$ 的中点，E 是 PA 与 $\odot O_1$ 的第二个交点，F 是 PB 与 $\odot O_2$ 的第二个交点. 易见 $C \in EF, EF \parallel AB$ 且 $AE = BF$. 因此，$PE = PF$（因为 $PA = PB$）.

由此可知

$$PA \cdot PE = PB \cdot PF,$$

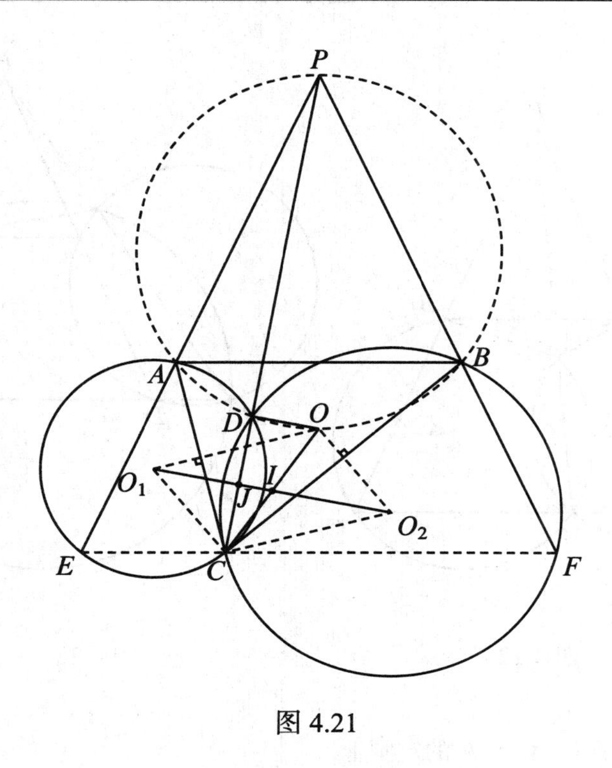

图 4.21

这说明点 P 关于 $\odot O_1$ 和 $\odot O_2$ 具有相同的幂,因此 P 必然在直线 CD 上,即直线 CD 过定点 P.

4.5.20

设直线 AD 与 BC 交于点 P.

(1) 如果 M 在线段 CD 上,则 N 和 M 在直线 AB 的同一侧(见图 4.22). 由于四边形 $ANMD$ 和 $BNMC$ 是共圆的,

$$\angle ANM = \pi - \angle ADM, \angle BNM = \pi - \angle BCM,$$

且

$$\angle ANB = 360^\circ - (\angle ANM + \angle BNM) = \angle ADM + \angle BCM.$$

因此,

$$\angle ANB + \angle APB = \pi.$$

这说明四边形 $APBN$ 是共圆的,因此 N 在过 A, B, P 的定圆上.

如果 M 在线段 CD 外,则 N 和 M 在直线 AB 的两侧(见图 4.23).

通过类似的讨论,我们有

$$\angle ANB = \pi - (\angle ADC + \angle BCD) = \angle APB.$$

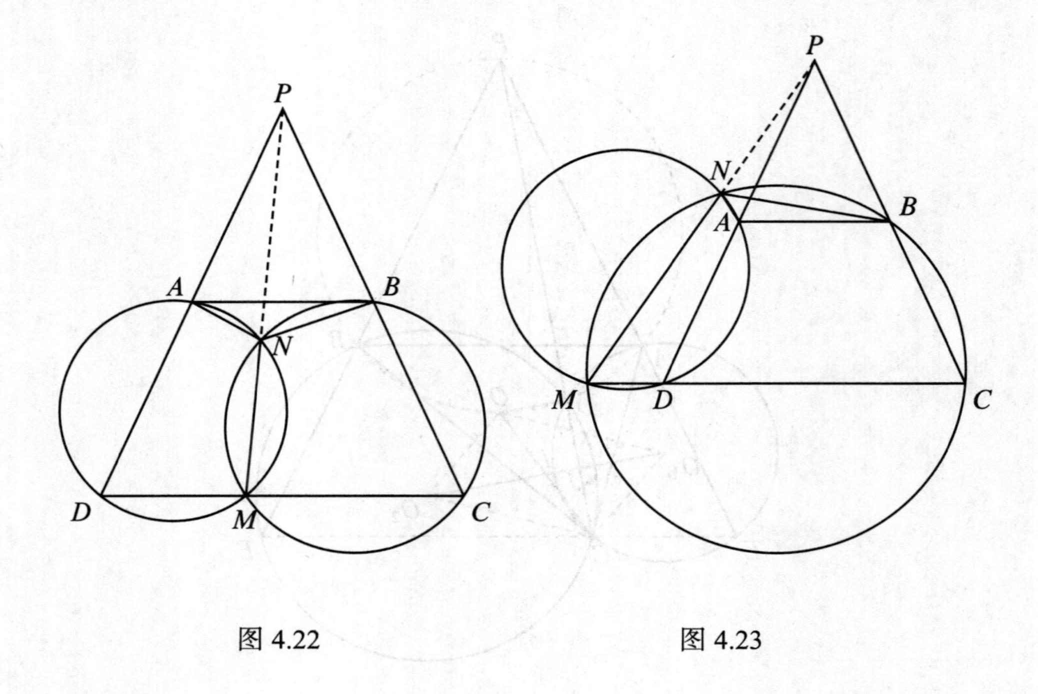

图 4.22　　　　图 4.23

这也说明 N 在过 A, B, P 的定圆上.

(2) 由于 P 是梯形 $ABCD$ 的边的交点,我们有

$$PA \cdot PD = PB \cdot PC,$$

这意味着 P 在圆 (AMD) 和 (BMC) 的根轴上,也就是说定点 P 在直线 MN 上.

4.5.21

以 BC 边所在直线为 x 轴,BC 的中点 O 为坐标原点,建立直角坐标系(见图 4.24).

设 $BC = 2a > 0$,则 B 与 C 的坐标分别为 $B(-a, 0)$ 和 $C(a, 0)$. 假定 $A(x_0, y_0)$ 且 $y_0 \neq 0$. 在这种情形下,$\overrightarrow{CH} \perp \overrightarrow{AB}$,即 $\overrightarrow{CH} \cdot \overrightarrow{AB} = 0$,同样有 $AH \perp Ox$,那么垂心 $H(x, y)$ 的坐标是方程组

$$\begin{cases} x = x_0 \\ (x-a)(x_0+a) + yy_0 = 0 \end{cases}$$

的解,由此得 $H\left(x_0, \dfrac{a^2 - x_0^2}{y_0}\right)$.

注意到这里重心 G 的坐标为 $\left(\dfrac{x_0}{3}, \dfrac{y_0}{3}\right)$, 所以线段 HG 的中点 K 的坐标为

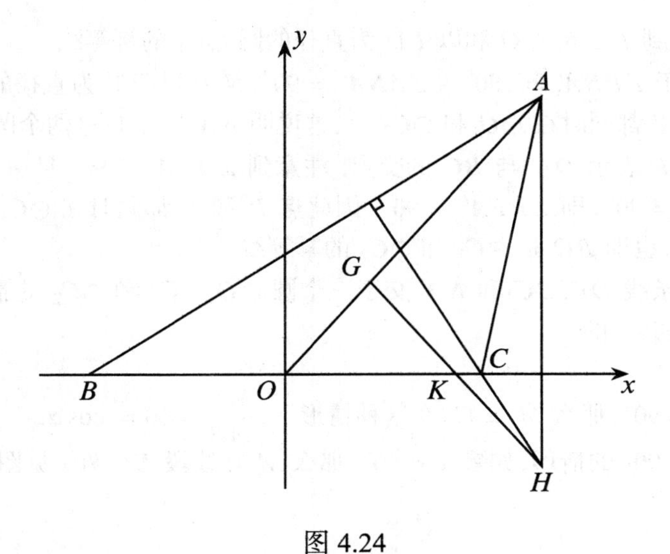

图 4.24

$\left(\dfrac{2x_0}{3}, \dfrac{3a^2-3x_0^2+y_0^2}{6y_0}\right)$. 因此 K 在直线 BC 上当且仅当

$$3a^2-3x_0^2+y_0^2=0 \Leftrightarrow \frac{x_0^2}{a^2}-\frac{y_0^2}{3a^2}=1\ (y_0\neq 0).$$

因此点 A 的轨迹是双曲线 $\dfrac{x^2}{a^2}-\dfrac{y^2}{3a^2}=1$ 除去 B, C 两点.

4.5.22

作 $\odot O$ 的直径 AA', 我们来证明 N, M, A' 是共线的, 那么由此可知直线 MN 经过定点 A' (见图 4.25).

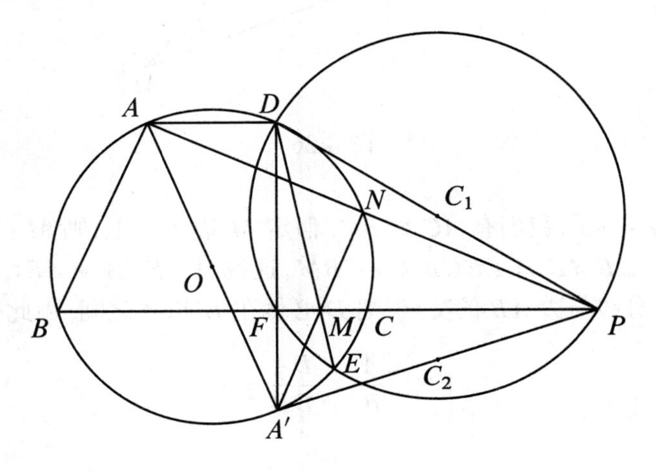

图 4.25

首先注意到 DE 是 $\odot O$ 和以 PD 为直径的圆 $\odot C_1$ 的幂等线.

然后,由于 $\angle PNA' = 180^\circ - \angle ANA' = 90^\circ$,$N$ 在以 PA' 为直径的圆 $\odot C_2$ 上. 因此点 N 和 A' 都同时在 $\odot O$ 和 $\odot C_2$ 上,这说明 NA' 一定是这两个圆的幂等线.

最后,记 F 表示 DA' 与 BC 的交点. 注意到 $\angle ANA' = 90^\circ$ 且 $AD \parallel BC$,我们有 $\angle PFD = 90^\circ$,即 $\angle PFA' = 90^\circ$. 因此点 P 和 F 都同时在 $\odot C_1$ 和 $\odot C_2$ 上,这意味着 PF,也即 BC 是 $\odot C_1$ 和 $\odot C_2$ 的幂等线.

所以,三条线 DE, BC 和 NA' 交于三个圆 $\odot O, \odot C_1$ 和 $\odot C_2$ 的幂等中心 M,即 M, N, A' 是共线的.

4.5.23

如果 $\alpha = 90^\circ$,那么 $M \equiv C$,在这种情形下,$\dfrac{MC}{AB} = 0 = \cos\alpha$.

考虑 $\alpha \neq 90^\circ$ 的情形,如果 $\alpha < 90^\circ$,那么 M 在线段 EC 外(见图 4.26).

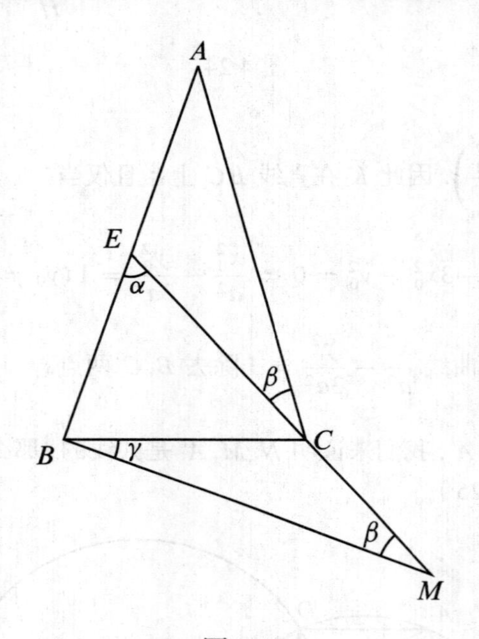

图 4.26

自然,对 $\alpha < 90^\circ$,我们有 $AC > BC$. 假定 M 边 EC 上,则 M 必然不是端点. 于是 $\angle ECA = \angle BME = \angle ECB + \angle CBM$,这说明 $\angle ECA > \angle ECB$. 如果 D 是 $\angle ACB$ 的角平分线与边 AB 的交点,则 D 必然在 E 和 A 之间. 由此得到

$$1 < \frac{CA}{CB} = \frac{DA}{DB} < 1,$$

这是不可能的.

类似地,如果 $\alpha > 90^\circ$,则 M 必在 E 和 C 之间(见图 4.27).

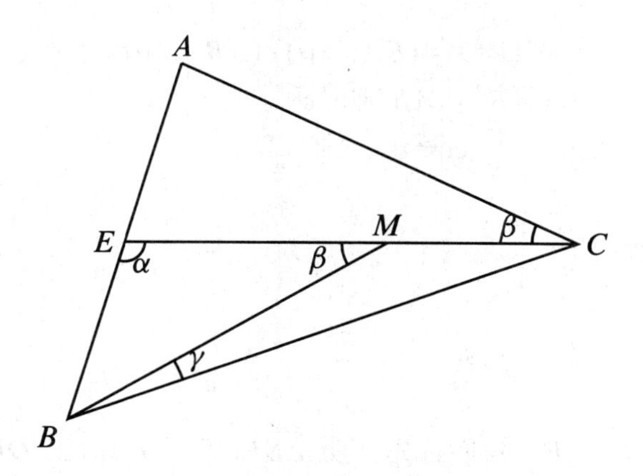

图 4.27

现在令 $\angle ECA = \beta, \angle MBC = \gamma$. 对 $\triangle ACE$ 和 $\triangle BME$ 由正弦定理我们有

$$\frac{AC}{\sin(\pi - \alpha)} = \frac{EA}{\sin\beta} = \frac{EB}{\sin\beta} = \frac{BM}{\sin\alpha},$$

于是可得 $AC = BM$. 进一步,对 $\triangle BCM$ 和 $\triangle ABC$ 由余弦定理我们有

$$\begin{aligned} MC^2 &= BC^2 + BM^2 - 2BC \cdot BM \cdot \cos\gamma \\ &= BC^2 + AC^2 - 2BC \cdot AC \cdot \cos\gamma \\ &= AB^2 + 2BC \cdot AC(\cos\angle ACB - \cos\gamma) \\ &= AB^2 - 4BC \cdot AC \cdot \sin\frac{\angle ACB + \gamma}{2}\sin\frac{\angle ACB - \gamma}{2}. \end{aligned}$$

注意到如果 M 在 E 和 C 之间,那么

$$\frac{\angle ACB + \gamma}{2} = \frac{\beta + \angle ECB + \gamma}{2} = \frac{\beta + \beta}{2} = \beta$$

且

$$\frac{\angle ACB - \gamma}{2} = \frac{(\beta + \angle ECB) - (\beta - \angle ECB)}{2} = \angle ECB,$$

如果 M 在线段 EC 外,那么

$$\frac{\angle ACB + \gamma}{2} = \frac{(\beta + \angle ECB) + (\angle ECB - \beta)}{2} = \angle ECB,$$

且

$$\frac{\angle ACB - \gamma}{2} = \frac{\beta + \angle ECB - \gamma}{2} = \frac{\beta + \beta}{2} = \beta$$

因此

$$MC^2 = AB^2 - 4(AC \cdot \sin\beta) \cdot (BC \cdot \sin\angle ECB)$$

$$
\begin{aligned}
&= AB^2 - 4(EA\sin\alpha)\cdot(EB\cdot\sin\alpha)\\
&= AB^2 - AB^2\sin^2\alpha\\
&= AB^2\cos^2\alpha.
\end{aligned}
$$

这说明 $\dfrac{MC}{AB} = |\cos\alpha|$.

立体几何

4.5.24

作 $SF \perp CD$ 于 F. 我们首先证明 $\angle SFO = \alpha$. 由于 OF 是 SF 在底面 $ABCD$ 的垂直投影, $OF \perp CD$, 因此 $\angle SFO$ 是棱 CD 处的二面角的平面角, 即 $\angle SFO = \alpha$（见图 4.28）.

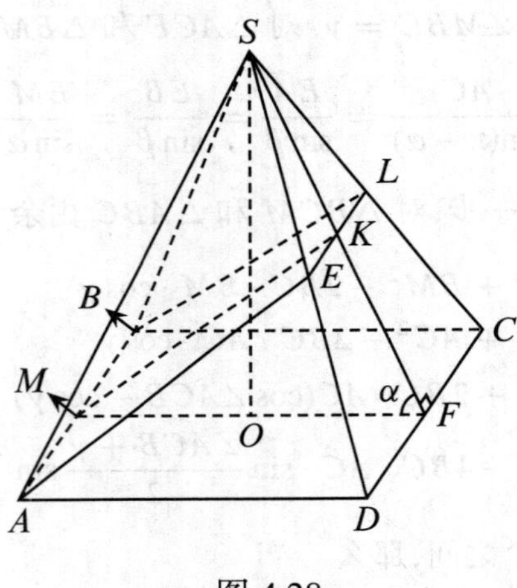

图 4.28

我们可以发现截面四边形 $ABLE$ 是一个等腰梯形，且 SK 是四棱锥 $S-ABLE$ 的高. 记 M 为 FO 与 AB 的交点, 则 $MK \perp AB$ 且 $MK \perp LE$. 此时, 梯形 $ABLE$ 的面积为 $\frac{1}{2}(AB+LE)\cdot MK$, 因此四棱锥 $S-ABLE$ 的体积可表示为

$$
V = \frac{1}{6}(AB+LE)\cdot MK\cdot SK. \tag{1}
$$

且我们有

$$
\begin{aligned}
&OF = h\cot\alpha,\ SF = \frac{h}{\sin\alpha},\ AB = MF = 2OF = 2h\cot\alpha,\\
&MK = MF\sin\alpha = 2h\cot\alpha\cdot\sin\alpha = 2h\cos\alpha,\\
&FK = MF\cos\alpha = 2h\cot\alpha\cdot\cos\alpha.
\end{aligned}
$$

进一步,高

$$SK = SF - FK = \frac{h}{\sin\alpha} - 2h\cot\alpha\cdot\cos\alpha$$
$$= \frac{h}{\sin\alpha}(1 - 2\cos^2\alpha) = -\frac{h\cos 2\alpha}{\sin\alpha}.$$

最后,对两个相似的 $\triangle SEL$ 和 $\triangle SDC$,我们有

$$EL = \frac{DC\cdot SK}{SF} = \frac{2h\cot\alpha\cdot(-h\cos 2\alpha)\cdot\sin\alpha}{h\sin\alpha} = -2h\cot\alpha\cdot\cos 2\alpha.$$

将所有这些等式代入式 (1) 得到

$$V = -\frac{4}{3}h^3\cos^2\alpha\cos 2\alpha.$$

注意到 V 必为正数, 所以我们必须证明 $\cos 2\alpha < 0$. 对 $\triangle SMF$, 我们可以发现 $2\alpha < 180^\circ$,而对 $\triangle KMF$ 我们有 $\angle KMF = 90^\circ - \alpha$. 进一步,$\angle SMF > \angle KMF$,这等价于 $\alpha > 90^\circ - \alpha \Leftrightarrow 2\alpha > 90^\circ$. 因此 $90^\circ < 2\alpha < 180^\circ$,这说明 $\cos 2\alpha < 0$.

4.5.25

由题设可知 $\triangle SBC$ 是等边三角形. 由于 $(SBC)\perp(ABC)$, $\triangle SBC$ 的高 SH 也是四面体 $SABC$ 的高,且 $SH = \frac{\sqrt{3}}{2}$. 则(见图 4.29)

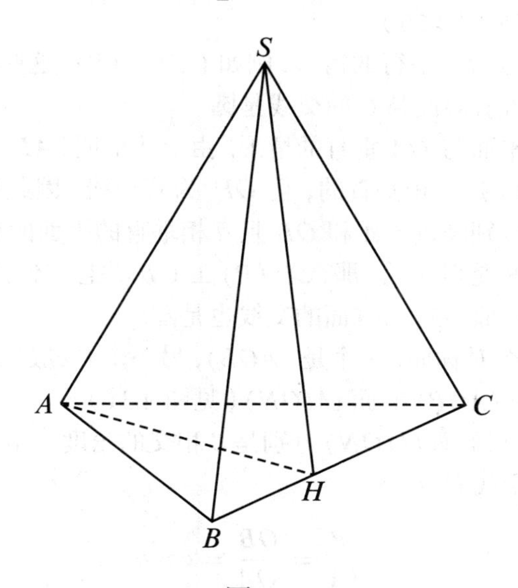

图 4.29

$$AC^2 = AH^2 + HC^2 = AH^2 + \frac{1}{4}. \tag{1}$$

此外,

$$AC^2 = SA^2 + SC^2 - 2SA \cdot SC \cdot \cos 60^\circ = SA^2 + 1 - SA. \quad (2)$$

由式 (1) 和 (2) 可得 $SA^2 + 1 - SA = AH^2 + \frac{1}{4}$. 而

$$AH^2 = SA^2 - SH^2 = SA^2 - \frac{3}{4},$$

因此

$$SA^2 + 1 - SA = SA^2 - \frac{1}{2},$$

所以 $SA = \frac{3}{2}, AS = \frac{\sqrt{6}}{2}$. 于是

$$\begin{aligned} V_{SABC} &= \frac{1}{3} S_{\triangle ABC} \cdot SH = \frac{1}{3} \cdot \frac{AH \cdot BC}{2} \cdot SH \\ &= \frac{1}{3} \cdot \frac{\sqrt{6}}{2} \cdot \frac{1}{2} \cdot \frac{\sqrt{3}}{2} = \frac{\sqrt{2}}{8}. \end{aligned}$$

4.5.26

(1) 设 $OB \perp (P), B \in (P)$. 由于 $AH \perp OH$,根据题设,以及 BH 是 OH 在平面 (P) 上的投影,我们得到 $BH \perp HA$,于是 $\angle BHA = 90^\circ$,于是 H 的轨迹是以 BA 为直径的圆(见图 4.30).

(2) 首先考虑当平面与 (P) 平行的情形,例如 $(P') \parallel (P)$. 这些平面与锥面相交的区域相似于底面 (c),因此与 $\mathcal{C}$ 的交线是圆.

现在考虑当平面与 OA 垂直的情形. 由上述证明,$AH \perp (BOH)$,且平面 (OAH) 和 (OBH) 是互相垂直的,且 OH 为其交线. 因此锥面 $\mathcal{C}$ 的母线 OH 可以看成是一对分别经过 OA 和 OB 且互相垂直的平面的交线,这说明锥面 $\mathcal{C}$ 的母线 OA 和 OB 是对称的. 那么若 $(P) \perp OB$ 并且与锥面交成一个圆,则所有与 OA 垂直的平面 (Q) 与锥面的交线也是圆.

因此 $\mathcal{C}$ 有两个对称面,一个是 (AOB),另一个是经过 $\angle AOB$ 的角平分线 OI 且垂直于平面 (AOB) 的面 (MON)(见图 4.31).

平面 (AOB) 和平面 (MON) 分别是 $\mathcal{C}$ 相交的角度 $\angle AOB = \alpha, \angle MON = \beta$. 在 Rt$\triangle OBA$ 中我们有

$$\frac{IB}{IA} = \frac{OB}{OA} = \cos\alpha.$$

此外,由 $IM = IN$ 以及 $IM \cdot IN = IA \cdot IB$ 可得

$$IM^2 = IA \cdot IB \Leftrightarrow \frac{IM}{IB} = \sqrt{\frac{IA}{IB}} = \sqrt{\frac{1}{\cos\alpha}}.$$

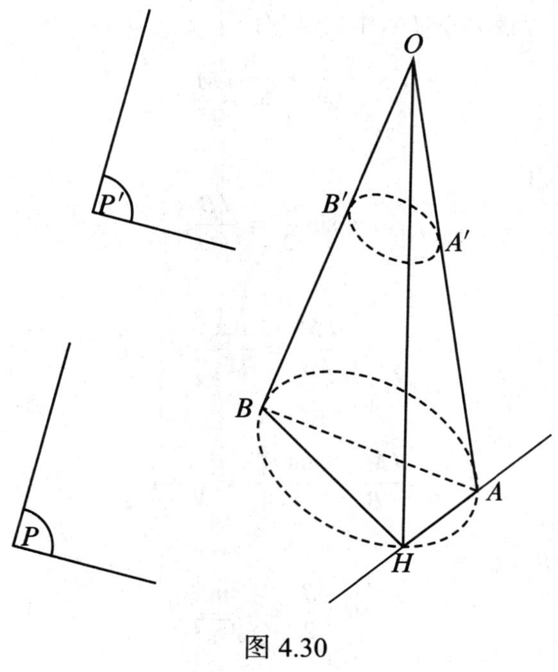

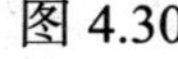
图 4.30

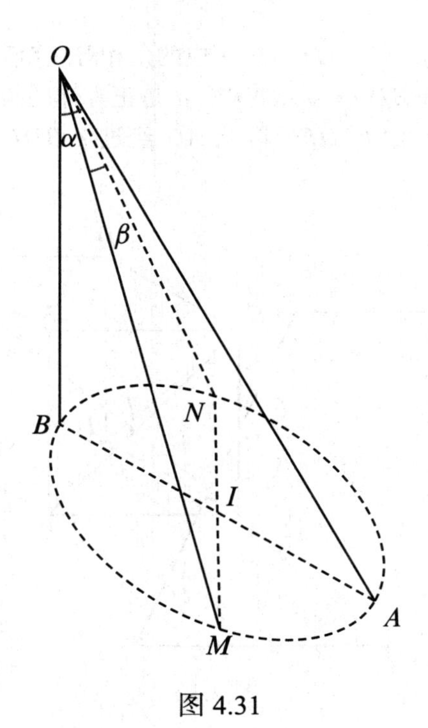

图 4.31

进一步,在等腰 $\triangle OMN$ 中,我们有

$$\tan\frac{\beta}{2}=\frac{IM}{OI},$$

且在 $\mathrm{Rt}\triangle OBI$ 中,

$$\sin\frac{\alpha}{2}=\frac{IB}{IO},$$

综合起来得到

$$\frac{IM}{IB}=\frac{\tan\frac{\beta}{2}}{\sin\frac{\alpha}{2}}.$$

因此

$$\frac{IM}{IB}=\frac{\tan\frac{\beta}{2}}{\sin\frac{\alpha}{2}}=\sqrt{\frac{1}{\cos\alpha}}.$$

由此得到 α 与 β 的关系:

$$\tan\frac{\beta}{2}=\frac{\sin\frac{\alpha}{2}}{\sqrt{\cos\alpha}}.$$

4.5.27

(1) 由于平面 (P) 与三边 AB, AD, AE 所成的角相等,我们有 $(BDE)\parallel(P)$. 注意到等边 $\triangle BDE$ 的边 $BD=\sqrt{2}a$,这里 a 是正方体的边长. 还注意到正方体的对角线 AG 垂直于平面 (BDE),因此 AG 经过 $\triangle BDE$ 的重心 I. 于是我们得到(见图 4.32).

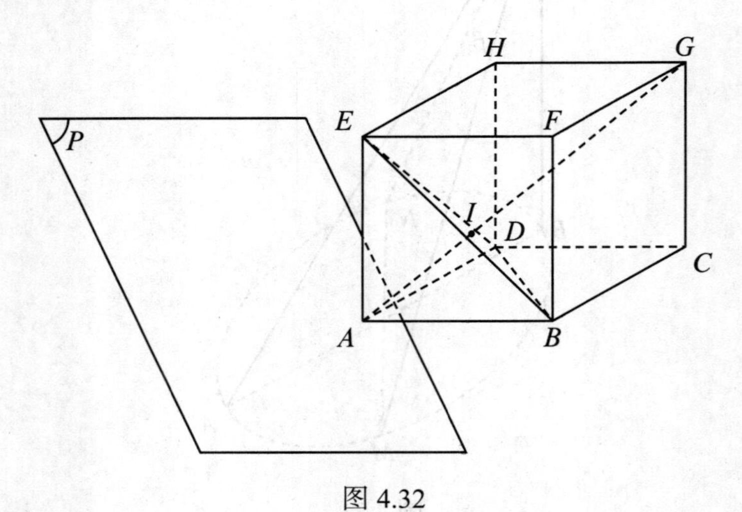

图 4.32

$$BI=\frac{2}{3}\cdot\frac{\sqrt{3}}{2}BD=\frac{\sqrt{6}a}{3}.$$

此外,由于 $(P) \parallel (BDE)$,直线 AB 与平面 (P) 的夹角和直线 AB 与平面 (BDE) 的夹角相等,即 $\angle ABI$. 我们有

$$\cos\angle ABI = \frac{BI}{AB} = \frac{\sqrt{6}a}{3a} = \frac{\sqrt{6}}{3},$$

这就是所求的余弦值.

进一步,由于 $AG \perp (P)$,G 在平面 (P) 上的投影就是 A(见图 4.33). 且正方体的各边与平面 (P) 所成的角相等,顶点 B, C, D, E, F, H 到直线 AG 的距离相等,因此它们在平面 (P) 上的投影构成了一个正六边形 $B'C'D'E'F'H'$,其中心为 A,且边长为 $\frac{\sqrt{6}a}{3}$.

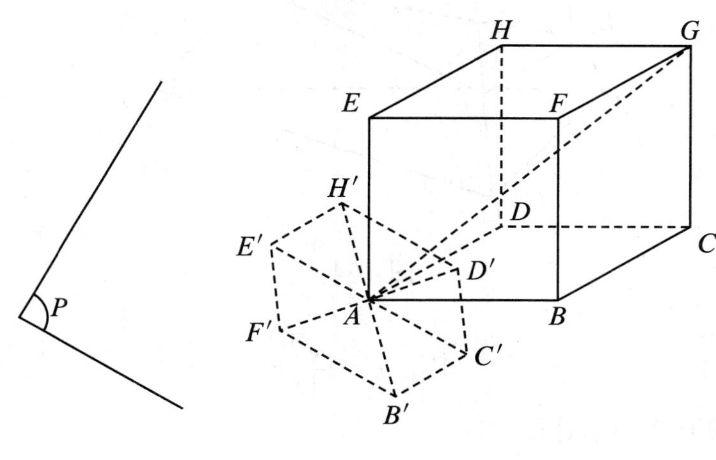

图 4.33

(2) 由于 $G' \equiv A$,且 F', G', D' 是共线的,于是 $(FGD) \perp (P)$. 类似地,(BHG) 和 (CEG) 都和 (P) 垂直.

注意到正方体的六个面都是全等的,且面积均为 a^2,因此它们的投影是全等的菱形,且面积为

$$\left(\frac{\sqrt{6}a}{3}\right)^2 \cdot \frac{\sqrt{3}}{2} = \frac{\sqrt{3}}{3}a^2.$$

因此正方体的各个面与平面 (P) 所成的角都相等,且余弦值为 $\frac{\sqrt{3}}{3}$.

4.5.28

(1) 我们有(见图 4.34)

$$V_{EFGE'F'G'} = V_{AE'F'G'} - V_{AEFG}. \tag{1}$$

进一步,

$$\frac{V_{AE'F'G'}}{V_{ABCD}} = \frac{AE' \cdot AF' \cdot AG'}{AB \cdot AC \cdot AD} = \frac{5}{6} \cdot \frac{3}{4} \cdot \frac{2}{3} = \frac{5}{12},$$

$$\frac{V_{AEFG}}{V_{ABCD}}=\frac{AE\cdot AF\cdot AG}{AB\cdot AC\cdot AD}=\frac{1}{6}\cdot\frac{1}{4}\cdot\frac{1}{3}=\frac{1}{72},$$

且

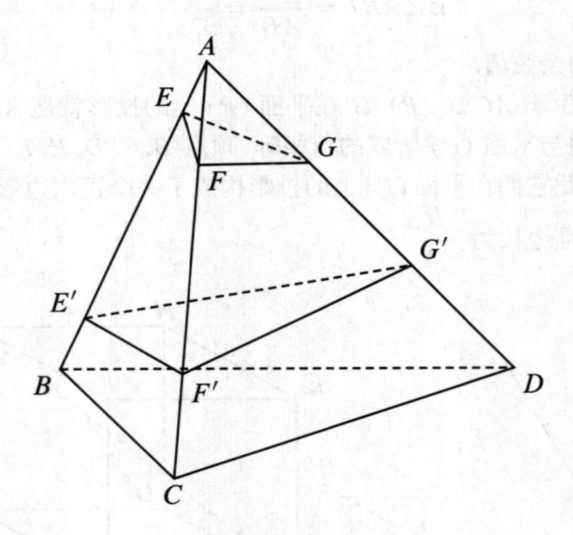

图 4.34

$$V_{ABCD}=\frac{\sqrt{2}}{12}a^3.$$

将这些式子代入式 (1) 得

$$V_{EFGE'F'G'}=\frac{29}{72}\cdot\frac{\sqrt{2}}{12}a^3=\frac{29\sqrt{2}}{864}a^3.$$

(2) 设 AH 是四面体 $AEFG$ 的高. 一方面我们有

$$V_{AEFG}=\frac{1}{72}V_{ABCD}=\frac{\sqrt{2}a^3}{864}.$$

此外

$$V_{AEFG}=\frac{1}{3}AH\cdot S_{\triangle EFG},$$

且我们很容易求得 $S_{\triangle EFG}=\dfrac{5\sqrt{3}}{288}a^2$,所以 $AH=\dfrac{\sqrt{6}a}{15}$.

注意到平面 (EFG) 与直线 AB, AC 和 AD 所成的角分别为 $\angle AEH, \angle AFH$ 和 $\angle AGH$. 我们有

$$\sin\angle AEH=\frac{AH}{AE}\approx 0.979,$$

因此 $\angle AEH\approx 78^\circ 24'$. 类似地,$\angle AFH\approx 41^\circ 13'$, $\angle AGH\approx 29^\circ 15'$.

4.5.29

首先我们很容易证明下面的论断：

$$\frac{V_{KOBD}}{V_{KOAC}}=\frac{V_{DKAB}}{V_{CKAB}}=\frac{h_D}{h_C}=\frac{KD}{KC},$$

其中 h_C, h_D 分别是从 C, D 到平面 (KAB) 的高.

令 $AC=a, AB=b, BD=c, KD=x, KC=y$,我们可得（见图 4.35）

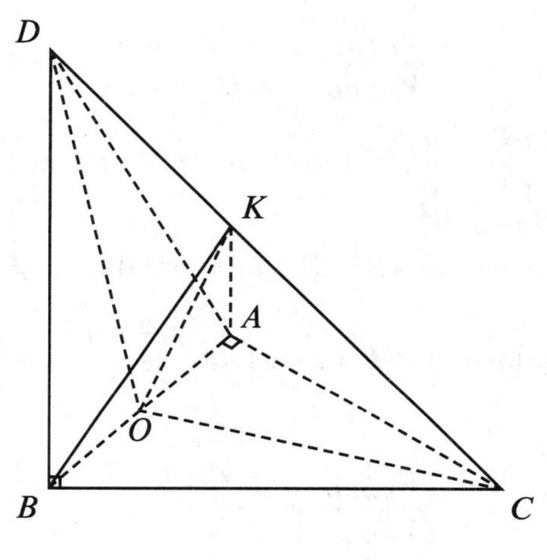

图 4.35

$$\begin{cases}x+y=d\\ x-y=\dfrac{c^2-a^2}{d}\end{cases},$$

其中 $d=CD$. 显然 $x+y=d$. 考虑 $\mathrm{Rt}\triangle OKD$ 和 $\mathrm{Rt}\triangle OKC$,由勾股定理我们有

$$\begin{cases}OK^2+x^2=OD^2\\ OK^2+y^2=OC^2\end{cases}\Rightarrow x^2-y^2=OD^2-OC^2.$$

进一步,对 $\mathrm{Rt}\triangle OBD$ 和 $\mathrm{Rt}\triangle OAC$,我们也有

$$\begin{cases}OD^2=OB^2+BD^2\\ OC^2=OA^2+AC^2\end{cases}\Rightarrow OD^2-OC^2=BD^2-AC^2=c^2-a^2.$$

现在我们有

$$\begin{cases}x=\dfrac{1}{2}\left(d+\dfrac{c^2-a^2}{d}\right)\\ y=\dfrac{1}{2}\left(d-\dfrac{c^2-a^2}{d}\right)\end{cases},$$

于是

$$\frac{x}{y}=\frac{d^2+c^2-a^2}{d^2-c^2+a^2}.$$

注意到 $\triangle BCD$ 是直角三角形,我们有 $d^2=c^2+BC^2=c^2+(a^2+b^2)$,因此

$$\frac{V_{KOBD}}{V_{KOAC}}=\frac{x}{y}=\frac{2c^2+b^2}{2a^2+b^2}. \tag{1}$$

现在假定

$$\frac{V_{KOAC}}{V_{KOBD}}=\frac{AC}{BD}=\frac{a}{c}.$$

由式 (1) 我们有 $\frac{2a^2+b^2}{2c^2+b^2}=\frac{a}{c}$,即 $(2ac-b^2)(a-c)=0$. 由于 $a\neq c$,我们得到 $2ac=b^2$,即 $2AC\cdot BD=AB^2$.

反过来,假定 $2AC\cdot BD=AB^2$,即 $2ac=b^2$. 由于 $a\neq c$,这等价于

$$2ac(a-c)=b^2(a-c)\Leftrightarrow\frac{2c^2+b^2}{2a^2+b^2}=\frac{c}{a}.$$

再由式 (1) 得

$$\frac{V_{KOBD}}{V_{KOAC}}=\frac{2c^2+b^2}{2a^2+b^2},$$

且

$$\frac{V_{KOBD}}{V_{KOAC}}=\frac{c}{a}=\frac{BD}{AC}.$$

注 如果 $AC=BD$,题中的结论是不成立的.

4.5.30

(1) 考虑一个经过点 N 的平面 $(P)\perp\Delta$. 由于 $MN\perp\Delta, MN\subset(P)$. 令 $AA'\perp(P)$,则 $AA'\perp NA'$,所以 NA' 是定直线 Δ 与 AA' 间的距离,这是一个常数(见图 4.36).

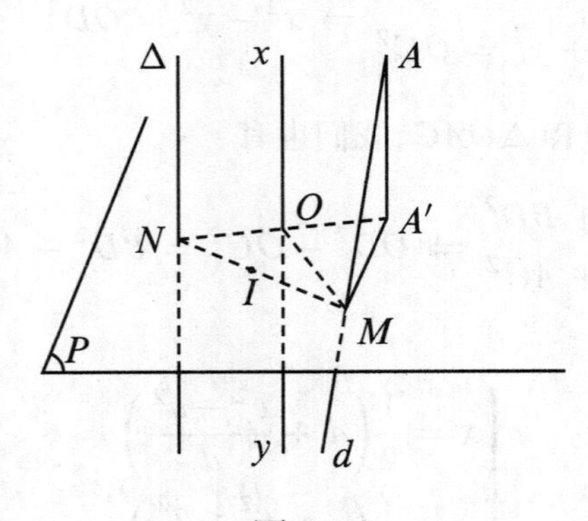

图 4.36

过 NA' 的中点 O 作直线 $xy \perp (P)$，则 xy 平行于 Δ，且到 Δ 的距离 $NO = \frac{1}{2}NA'$ 为常数.

此外，由于 $NM \perp MA$，我们有 $MA' \perp MN$. 则 $OM = \frac{1}{2}NA'$ 为常数，且 $OM \perp xy$，所以 M 到 xy 的距离为常数. 于是 M 的轨迹是以 xy 为轴，以 $\frac{1}{2}NA' = a$ 为半径的圆柱.

(2) 注意到 I 是 M 在以 N 为中心，位似比为 $\frac{1}{2}$ 的位似变换下的像. 由于 N 在垂直与 MN 的直线 Δ 上，因此 I 的轨迹是 M 的轨迹在上述位似变换下的像，它是以 xy 为轴，$\frac{a}{2}$ 为半径的圆柱.

4.5.31

作 $BB'' \parallel D'D$，且 $BB'' = D'D$. 设 H, I, K 分别是 A', D, A 在 BD' 上的垂直投影. 从 K 作 $KN \parallel ID$，交 $B''D$ 于 N. 我们来证明 $AN = A'H$，这样就证明了存在以 m_1, m_2, m_3 为边的 $\triangle AKN$（见图 4.37）.

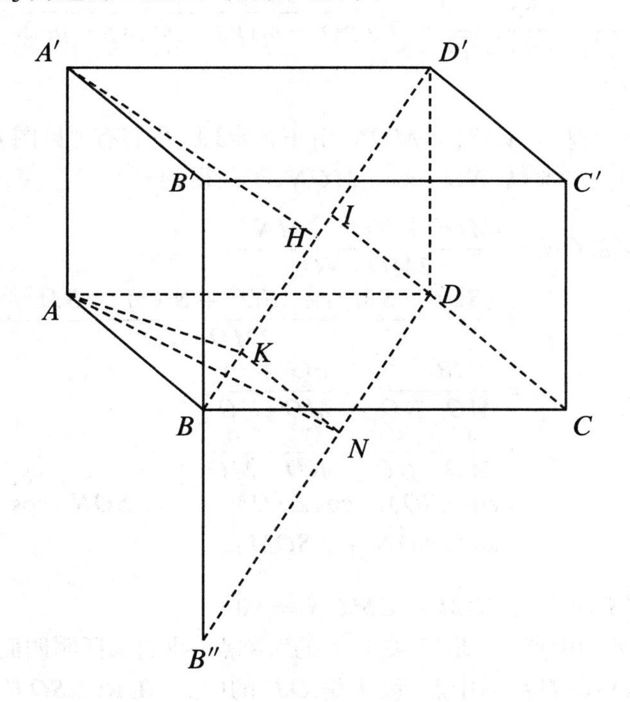

图 4.37

由于 $BK \perp AK$ 且 $BK \perp KN$, $BK \perp (AKN)$. 进一步，由于 $B''N \parallel BK$, $B''N \perp (AKN)$，所以 $B''N \perp AN$. 我们可以发现 $\angle A'BD' = \angle AB''D$，这是因为 $A'B = AB''.BD' = B''D, D'A' = DA$. 那么它们相应的高 $A'H$ 和 AN 也是相等的.

进一步，我们有

$$V_{A'ABD}=\frac{1}{6}abc=V_{B''ABD},$$

且

$$V_{KAB''D}=\frac{1}{3}S_{AKN}\cdot B''D=\frac{1}{3}S_{AKN}\cdot\sqrt{a^2+b^2+c^2}.$$

但四棱锥 $KAB''D$ 和 $BAB''D$ 具有相同的底 $AB''D$ 和相同的高 $h_K=h_B$，这意味着它们具有相同的体积. 那么由上面的两个式子可得

$$2S_{AKN}\cdot\sqrt{a^2+b^2+c^2}=abc.$$

由海伦公式，

$$S_{AKN}=\sqrt{p(p-m_1)(p-m_2)(p-m_3)},$$

其中 $p=\dfrac{m_1+m_2+m_3}{2}$，于是我们得到下面的关系：

$$\frac{abc}{\sqrt{a^2+b^2+c^2}}=2\sqrt{p(p-m_1)(p-m_2)(p-m_3)}.$$

4.5.32

(1) 设 $SM=x, SN=y$. 对 $\triangle MON$ 由正弦定理，我们有（见图 4.38）$MN^2=MO^2+NO^2-2MO\cdot NO\cdot\cos\angle MON$，于是得到

$$\begin{aligned}\cos\angle MON&=\frac{MO^2+NO^2-MN^2}{2MO\cdot NO}\\&=\frac{(SO^2+SM^2)+(SO^2+SN^2)-(SM^2+SN^2)}{2MO\cdot NO}\\&=\frac{SO^2}{MO\cdot NO}=\frac{a(x+y)}{MO\cdot NO}\\&=\frac{x}{MO}\cdot\frac{a}{NO}+\frac{y}{NO}\cdot\frac{a}{MO}\\&=\sin\angle SOM\cdot\cos\angle SON+\sin\angle SON\cdot\cos\angle SOM\\&=\sin(\angle SON+\angle SOM).\end{aligned}$$

于是 $\angle SON+\angle SOM+\angle MON=90^\circ$.

(2) 设 J 是 MN 的中点，J' 是 S 关于 J 的对称点. 我们来证明四面体 $OSMN$ 的外接球的球心是 OJ' 的中点. 设 I 是 OJ' 的中点，在 $\mathrm{Rt}\triangle SOJ'$ 中我们有

$$IS=IO=\frac{1}{2}IJ'. \tag{1}$$

进一步，由于 $IJ\parallel(XSY)$，IJ 同时垂直于 SJ' 与 MN. 那么在 $\mathrm{Rt}\triangle MIJ$ 和 $\mathrm{Rt}\triangle SIJ$ 中我们有

$$IM^2=IJ^2+JM^2=(IS^2-JS^2)+JM^2=IS^2, \tag{2}$$

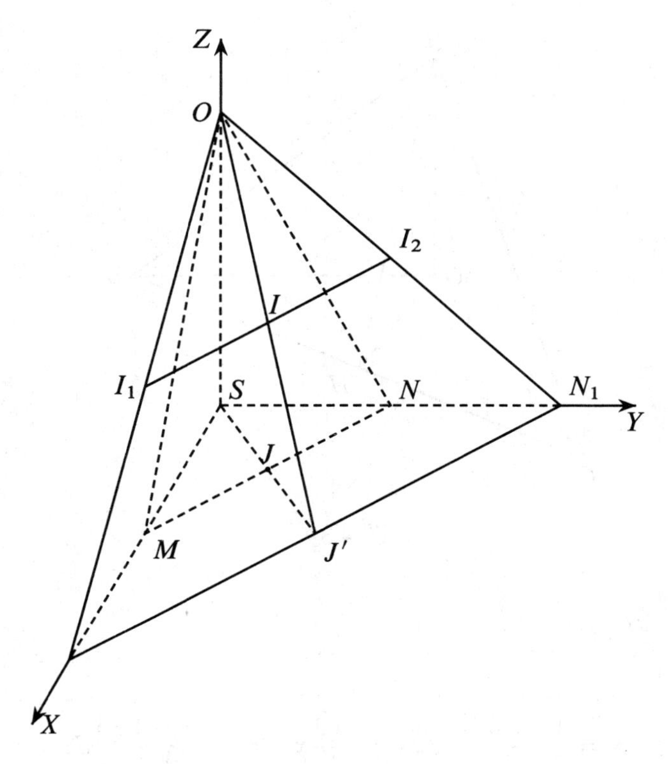

图 4.38

这是因为在 Rt$\triangle SMN$ 中有 $JS = JM = \frac{1}{2}MN$.

由式 (1) 和 (2) 可得 $IO = IS = IM$. 类似地,$IN = IS$,因此 I 是四面体 $OSMN$ 的外接球球心.

于是 I 是 J' 在以 O 中位似中心,$\frac{1}{2}$ 为位似比的位似变换下的像,因此 I 的轨迹是边长为 $\sqrt{2}a$ 的等边 $\triangle OM_1N_1$ 上的线段 I_1I_2,其中 $SM_1 = SN_1 = a$.

4.5.33

首先我们可以证明四面体 $OABC$ 的顶点 O 的三面角是直三面角,即 $\angle AOB = \angle BOC = \angle COA = 90^\circ$(见图 4.39).

由此可令 $OA = OB = OC = x$($x > 0$). 作 $OH \perp BC$,则 $AH \perp BC$,所以 $S = S_{\triangle ABC} = \frac{1}{2}AH \cdot BC$.

$\triangle OBC$ 是等腰直角三角形($OB = OC = x$),则 $BC = \sqrt{2}x$. 此外,考虑 $\triangle AOH$,其中 $\angle AOH = 90^\circ$,我们有

$$AH^2 = AO^2 + OH^2 = x^2 + \left(\frac{BC}{2}\right) = x^2 + \frac{x^2}{2} = \frac{3}{2}x^2.$$

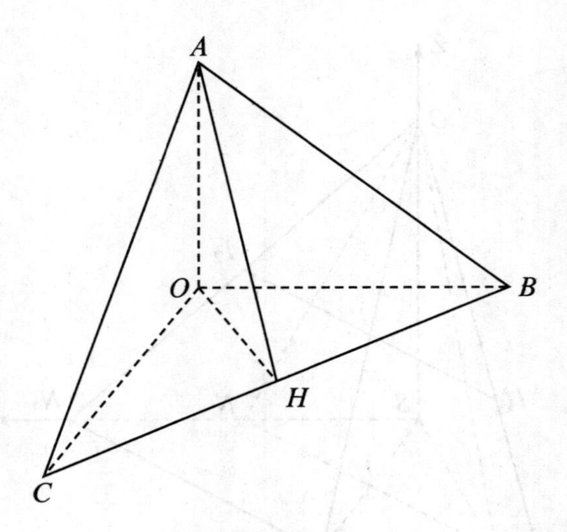

图 4.39

这说明 $AH = \frac{\sqrt{6}}{2}x$. 于是

$$S = \frac{1}{2} \cdot \frac{\sqrt{6}}{2}x \cdot \sqrt{2}x = \frac{\sqrt{3}}{2}x^2 \Rightarrow x = \sqrt{\frac{2\sqrt{3}}{2}S}.$$

所以,四面体 $OABC$ 的体积

$$V = \frac{3}{1}AO \cdot S_{\triangle ABC} = \frac{1}{3}x \cdot S = \frac{\sqrt[4]{12}}{9}S\sqrt{S}.$$

4.5.34

(1) 由于 $ME \perp (ABCD)$, 则 $ME \perp CS$. 再根据题设可知 $MP \perp CS$, 于是 $CS \perp (MEP)$,特别地,$EP \perp CS$,即 $\angle EPC = 90°$(见图 4.40). 所以 P 在以 EC 为直径的圆上.

进一步,设 I 是 M 在 AC 上的投影. 我们注意到当 $S = A$ 时,$P = A$,而当 $S = B$ 时,$P = B$.

因此 P 的轨迹是以 EC 为直径的圆弧,其端点为 B 和 I.

(2) 设正方形 $ABCD$ 的边长为 $2a > 0$. 我们注意到 $0 \leqslant x \leqslant 2a$. 由于 SO 是 $\triangle SMC$ 的中线,由中位线长公式,我们有

$$SO^2 = \frac{2(SM^2 + SC^2) - MC^2}{4}.$$

而

$$SM^2 = x^2 + 4a^2 - 4ax \cdot \cos 60° = x^2 + 4a^2 - 2ax,$$

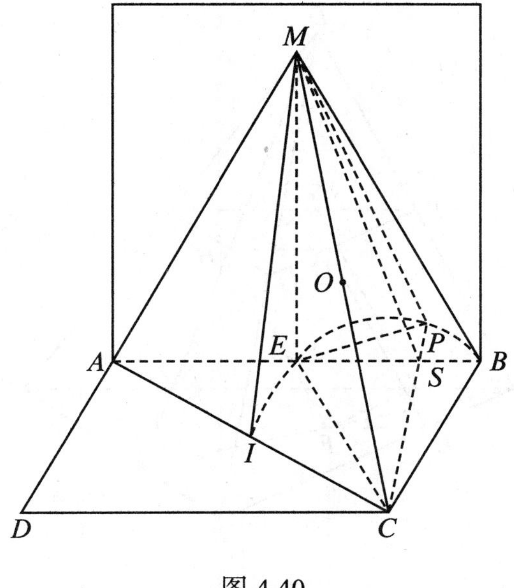

图 4.40

$$SC^2 = 4a^2 + x^2,$$
$$MC^2 = 8a^2,$$

于是

$$SO = x^2 - ax + 2a^2.$$

由此可知当 $x = 2a$ 时,SO 最大为 $2a$,$x = \frac{a}{2}$ 时,SO 最小为 $\frac{\sqrt{7}}{2}a$.

4.5.35

由于平行六面体的三个面都在四面体的面上,它们必有一个公共点,不妨记为 A. 将所截得的平行六面体记为 $AEFLPQHG$,见图 4.41 所示,顶点 H 在面 BCD 上. 平面 $ADEF$ 交 BC 于 K,而平面 $PQHG$ 分别交 DB, DC 于 M, N.

设 h, h_1 分别是四面体 $DABC$, $DPMN$ 的高,V, V_p 分别是四面体 $DABC$ 与平行六面体 $AEFLPQHG$ 的体积. 由题设以及泰勒斯(Thales)定理,我们有

$$\frac{PM}{AB} = \frac{PN}{AC} = \frac{DP}{DA} = \frac{DH}{DK} = \frac{h_1}{h} = y, 0 < y < 1$$
$$\frac{MH}{MN} = \frac{MQ}{MP} = \frac{QH}{PN} = \frac{PG}{PN} = x, 0 < x < 1.$$

由上述两个式子可得

$$\frac{S_{\triangle PMN}}{S_{\triangle ABC}} = \frac{PM \cdot PN}{AB \cdot AC} = y^2, \tag{1}$$
$$\frac{S_{\triangle MHQ}}{S_{\triangle PMN}} = \frac{MH \cdot MQ}{MN \cdot MP} = x^2, \tag{2}$$

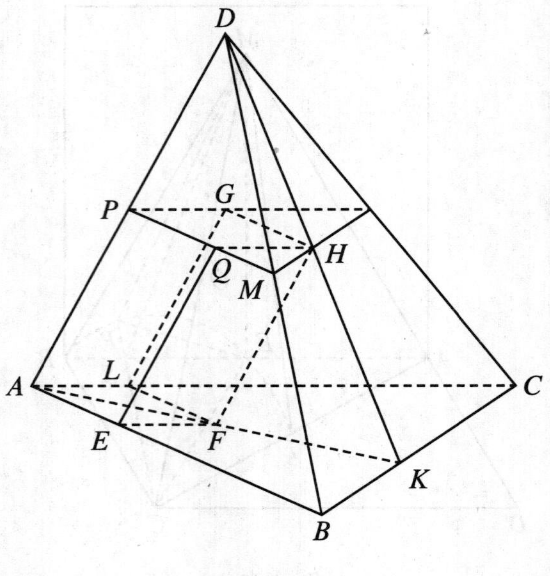

图 4.41

且

$$\frac{S_{\triangle NHG}}{S_{\triangle PMN}}=\frac{NH\cdot NG}{MN\cdot NP}=\frac{(MN-MH)\cdot(NP-PG)}{MN\cdot NP}=(1-x)^2. \tag{3}$$

综合式 (1) (2) 和 (3) 得

$$\begin{aligned}S_{PQHG}&=S_{\triangle PMN}-S_{\triangle MHQ}-S_{\triangle NHG}\\&=S_{\triangle PMN}-x^2S_{\triangle PMN}-(1-x)^2S_{\triangle PMN}\\&=2x(1-x)S_{\triangle PMN}\\&=2x(1-x)y^2S_{\triangle ABC}.\end{aligned}$$

则

$$\frac{V_p}{V}=\frac{(h-h_1)S_{PQHG}}{\frac{1}{3}hS_{\triangle ABC}}=6x(1-x)y^2(1-y). \tag{4}$$

由算术–几何平均值不等式,我们有

$$x(1-x)\leqslant\frac{1}{4},\ \frac{y}{2}\cdot\frac{y}{2}(1-y)\leqslant\frac{1}{27}.$$

于是我们得到

$$\frac{V_p}{V}=6x(1-x)y^2(1-y)\leqslant 6\cdot\frac{1}{4}\cdot\frac{4}{27}=\frac{2}{9}.$$

等号成立当且仅当 $x=1-x$ 且 $y=2(1-y)$,即 $x=\frac{1}{2},y=\frac{2}{3}$.

(1) 由于 $\frac{2}{9}<\frac{9}{40}$,那么不可能有 $\frac{V_p}{V}=\frac{9}{40}$.

(2) 我们有

$$\frac{V_p}{V}=\frac{11}{50}\Leftrightarrow 6x(1-x)y^2(1-y)=\frac{11}{50}.$$

如果我们取 $y=\frac{2}{3}$,那么 $400x(1-x)=99$,解得 $x=\frac{9}{20}$ 或 $\frac{11}{20}$. 于是我们可以有如下构造:

取 $M\in DB,N\in DC,P\in DA$ 使得

$$\frac{DM}{DB}=\frac{DN}{DC}=\frac{DP}{DA}=y=\frac{2}{3}.$$

在 MN 上取 H_1,H_2 使得

$$\frac{MH_1}{MN}=\frac{9}{20},\ \frac{MH_2}{MN}=\frac{11}{20}.$$

于是我们得到了两个满足条件的平行六面体 $AEFLPQH_1G$ 和 $AEFLPQH_2G$

4.5.36

根据题中对两个四面体的假设（见图 4.42）我们有

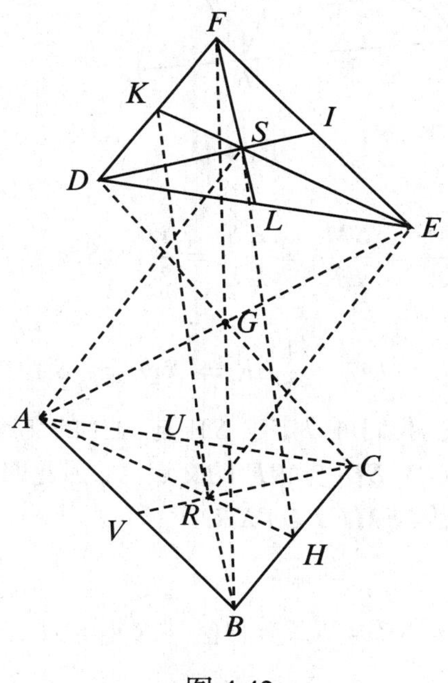

图 4.42

$$AB\parallel EF,\ AC\parallel DE,\ BC\parallel DF \tag{1}$$

且

$$AB=EF=AC=DE=BC=DF. \tag{2}$$

且 S 是 $\triangle DEF$ 的三条中线 EI, EK, FL 的交点，R 是 $\triangle ABC$ 的三条中线 AH, BU, CV 的交点.

(1) 由式 (1)，两个底面 (ABC) 和 (DEF) 是平行的，且三条线段 AE, BF, CD 交于 SR 的中点 G，且 G 是这两个四面体围成的部分的对称中心. 因此，$KS \mathrel{\underline{\parallel}} RH$ 且 $SE \mathrel{\underline{\parallel}} AR$. 这说明 $KSHT$ 和 $SERA$ 都是平行四边形.

设 M 是 SA 与 RK 的交点，Q 是 SH 与 RE 的交点. 我们有（见图 4.43）

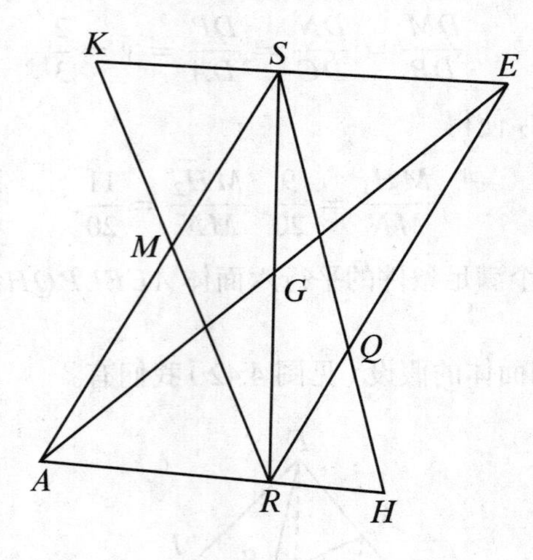

图 4.43

$$\frac{SM}{SA} = \frac{SM}{ER} = \frac{KS}{KE} = \frac{1}{3} \Rightarrow SM = \frac{1}{3}SA.$$

类似地，

$$RQ = \frac{1}{3}ER \Rightarrow RQ = \frac{1}{3}SA.$$

通过同样的方式，我们可以定出 SV 与 RD 的交点 N，RI 与 SC 的交点 T，SB 与 RL 的交点 P，SU 与 RF 的交点 X. 因此四面体 $SABC$ 与 $RDEF$ 的公共部分就是六面体 $SMNPQTXR$.

(2) 由 (1) 我们有

$$SM = SP = ST = RQ = RN = RX = \frac{1}{3}SA. \tag{3}$$

且 $QH = \frac{1}{3}SH$，因此 Q 是 $\triangle SBC$ 的重心. 设 Y 是 SB 的中点，则

$$\frac{YP}{YS} = \frac{YQ}{YC} = \frac{1}{3},$$

这说明 $PQ \parallel SC$ 且 $PQ = \frac{1}{3}SC = ST$. 因此 $STQP$ 是平行四边形，且由于 $ST = PQ = SP$，我们得到 $STQP$ 是菱形.

类似的,$SMNP, MXRN, TXRQ, SMXT, RNPQ$ 都是菱形. 用 V 表示两个四面体的公共部分的体积,我们有

$$V = 6V_{SMPT} = 6\left(\frac{1}{3}\right)^3 V_{SABC},$$

即

$$\frac{V}{V_{SABC}} = \frac{2}{9}.$$

4.5.37

设 A'', B'', C'' 分别是 AA', BB', CC' 的交点. 由题设可知

$$3\overrightarrow{OM} = \overrightarrow{OA'} + \overrightarrow{OB} + \overrightarrow{OC}$$

且

$$3\overrightarrow{OM'} = \overrightarrow{OA} + \overrightarrow{OB'} + \overrightarrow{OC'}$$

由于 $\overrightarrow{OS} = \frac{1}{2}(\overrightarrow{OM} + \overrightarrow{OM'})$,我们有

$$\begin{aligned} 3\overrightarrow{OS} &= \frac{3}{2}(\overrightarrow{OM} + \overrightarrow{OM'}) \\ &= \frac{1}{2}(\overrightarrow{OA} + \overrightarrow{OA'}) + \frac{1}{2}(\overrightarrow{OB} + \overrightarrow{OB'}) + \frac{1}{2}(\overrightarrow{OC} + \overrightarrow{OC'}) \\ &= \overrightarrow{OA''} + \overrightarrow{OB''} + \overrightarrow{OC''}. \end{aligned}$$

现在设 H 是球 $\mathcal{S}$ 的中心 K 到平面 (Oyz) 上的投影, 则 HB'', HC'' 分别是 KB'', KC'' 在此平面上的投影. 这意味着 OK 是以 OA'', OB'', OC'' 为邻边的直平行六面体的对角线. 所以,

$$\overrightarrow{OK} = \overrightarrow{OA''} + \overrightarrow{OB''} + \overrightarrow{OC''}.$$

于是我们得到

$$\overrightarrow{OS} = \frac{1}{3}\overrightarrow{OK}.$$

由于 K 是 $\mathcal{S}$ 的中心,$KA = KB = KC$,因此 K 在垂直于平面 (ABC) 的射线 K_0t 上,且经过 $\triangle ABC$ 的外心,其中 K_0 是四面体 $ABCO$ 的外接球的中心. 因此,S 在射线 S_0t 上,且 $\overrightarrow{OS_0} = \frac{1}{3}\overrightarrow{OK_0}$(S_0t 与 K_0t 平行,且方向相同).

4.5.38

设 SH 是正四面体 $SABC$ 的高. 由于 $SA = SB = SC = a$,则 $HA = HB = HC$. 用 O 表示两个同心球的中心. 由于 $OA = OB = OC$,O 在射线 SH 上(见图 4.44).

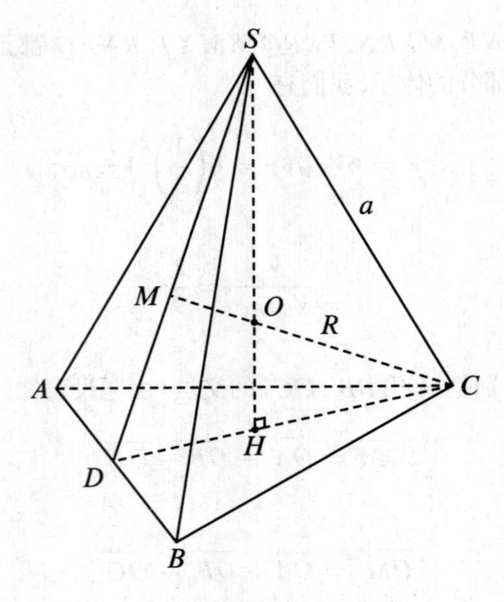

图 4.44

设 D 是 AB 的中点，则 $H \in CD$. 作 $OM \perp SD$，则 $OM \perp AB$（因为 $AB \perp (SHD)$），且 $OM \perp (SAB)$. 所以 $OM = r$.

注意到 $\triangle SOM \backsim \triangle SDH$，于是我们有

$$\frac{SO}{OM} = \frac{SD}{DH} = \frac{CD}{DH} = 3,$$

即

$$SO = 3r. \tag{1}$$

我们可以计算得到

$$SD = CD = \frac{\sqrt{3}}{2}a \Rightarrow CH = \frac{2}{3}CD = \frac{a}{\sqrt{3}}. \tag{2}$$

于是，

$$SH^2 = SC^2 - CH^2 = a^2 - \frac{a^2}{3} = \frac{2a^2}{3} \Rightarrow SH = \sqrt{\frac{2}{3}}a. \tag{3}$$

由式 (1) (2) 和 (3) 可将 $CO^2 = CH^2 + OH^2$ 写为

$$R^2 = \frac{a^2}{3}\left(\sqrt{\frac{2}{3}}a - 3r\right) \Leftrightarrow a^2 - 2\sqrt{6}ra + 9r^2 - R^2 = 0,$$

这说明

$$a = \sqrt{6}r \pm \sqrt{R^2 - 3r^2}. \tag{4}$$

因此我们必有

$$R^2 - 3r^2 \geqslant 0 \Leftrightarrow r \leqslant \frac{R}{\sqrt{3}}. \tag{5}$$

由式 (1) 以及 $SO^2 = SM^2 + OM^2$ 可得 $SM = 2\sqrt{2}r$. 则对与三个面 SAB, SBC, SCA 相切的较小球,必有 $SM \leqslant SD \Leftrightarrow 4\sqrt{2}r \leqslant \sqrt{3}r$. 因此由式 (4) 我们有

$$\sqrt{2}r \leqslant \sqrt{3(R^2 - 3r^2)} \Rightarrow r \leqslant \frac{\sqrt{33}}{11}R. \tag{6}$$

反过来,如果式 (6) 成立,则我们可得式 (5). 因此如果存在这个一个四面体,我们必有 $r \leqslant \frac{\sqrt{33}}{11}R$.

4.5.39

将 $\triangle CAB, \triangle CAD, \triangle CBD$ 分别绕轴 AB, AD, BD 旋转,得到平面 (ABD) 上的 $\triangle C_1AB, \triangle C_2AD, \triangle C_3BD$,使得 C_1 和 D 在直线 AB 的两侧,C_2 和 B 在直线 AD 的两侧,C_3 和 A 在直线 BD 的两侧. 我们有(见图 4.45)

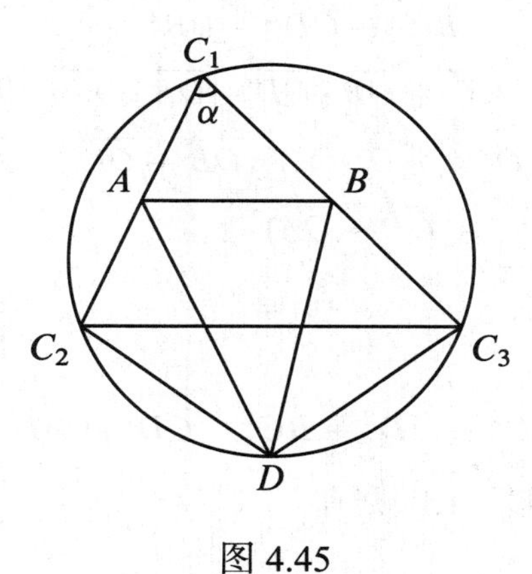

图 4.45

$$AC_1 = AC_2 = AC,\ BC_1 = BC_3 = BC,\ DC_2 = DC_3 = DC.$$

由条件 (2),C_1, A, C_2 是共线的,且 C_1, B, C_3 也是共线的. 进一步,由条件 (1),$\angle AC_2D + \angle BC_3D = 180°$,因此四边形 $C_1C_2DC_3$ 是共圆的.

用 S' 表示四面体 $ABCD$ 的表面积,我们有

$$S' = S_{\triangle C_1C_2C_3} + S_{\triangle C_2DC_3}. \tag{1}$$

设 $AC = x, BC = y$,可知

$$S_{\triangle C_1C_2C_3} = 2xy\sin\alpha.$$

且

$$\begin{aligned}S_{\triangle C_2DC_3} &= \frac{1}{4}(C_2C_3)^2 \cdot \tan\frac{\alpha}{2}\\ &= [(x+y)^2 - 2xy(1+\cos\alpha)] \cdot \tan\frac{\alpha}{2}\\ &= k^2\tan\frac{\alpha}{2} - 2xy\sin\alpha.\end{aligned}$$

将这些值代入式 (1) 得到

$$S' = k^2\tan^2\frac{\alpha}{2}.$$

4.5.40

设 O 和 R 分别表示所给球体的球心和半径,我们有

$$AB^2 = \overrightarrow{AB}^2 = (\overrightarrow{OB} - \overrightarrow{OA})^2 = 2R^2 - 2\overrightarrow{OB}\cdot\overrightarrow{OA}.$$

这对要求的和中的其他式子也是一样的,将所有的等式加起来我们得到

$$\begin{aligned}&AB^2 + AC^2 + AD^2 - BC^2 - CD^2 - DB^2\\ &= 2(\overrightarrow{OC}\cdot\overrightarrow{OB} + \overrightarrow{OC}\cdot\overrightarrow{OC} + \overrightarrow{OB}\cdot\overrightarrow{OD} - \overrightarrow{OB}\cdot\overrightarrow{OA} - \overrightarrow{OC}\cdot\overrightarrow{OA} - \overrightarrow{OD}\cdot\overrightarrow{OA})\\ &= -(OA^2 + OB^2 + OC^2 + OD^2) + (\overrightarrow{OB} + \overrightarrow{OC} + \overrightarrow{OD} - \overrightarrow{OA})^2\\ &= -4R^2 + (\overrightarrow{OB} + \overrightarrow{OC} + \overrightarrow{OD} - \overrightarrow{OA})^2\\ &\geqslant -R^2.\end{aligned}$$

于是,

$$AB^2 + AC^2 + AD^2 - BC^2 - CD^2 - DB^2 \geqslant -R^2. \tag{1}$$

现在我们作出球的直径 AA',则有

$$\angle ABA' = \angle ACA' = \angle ADA' = 90^\circ \tag{2}$$

因此,式 (1) 中的等号成立当且仅当

$$\begin{aligned}&\overrightarrow{OB} + \overrightarrow{OC} + \overrightarrow{OD} - \overrightarrow{OA} = \overrightarrow{0}\\ \Leftrightarrow\ &(\overrightarrow{OA} + \overrightarrow{AB}) + (\overrightarrow{OA} + \overrightarrow{AC}) + (\overrightarrow{OA} + \overrightarrow{AD}) - \overrightarrow{OA} = \overrightarrow{0}\\ \Leftrightarrow\ &\overrightarrow{AB} + \overrightarrow{AC} + \overrightarrow{AD} = 2\overrightarrow{AO} = 2\overrightarrow{AA'},\end{aligned}$$

即

$$\begin{cases}\overrightarrow{AC} + \overrightarrow{AD} + \overrightarrow{AA'} - \overrightarrow{AB} = \overrightarrow{BA'}\\ \overrightarrow{AD} + \overrightarrow{AB} = \overrightarrow{AA'} - \overrightarrow{AC} = \overrightarrow{CA'}\\ \overrightarrow{AB} + \overrightarrow{AC} = \overrightarrow{AA'} - \overrightarrow{AD} = \overrightarrow{DA'}\end{cases} \tag{3}$$

由式 (1) 和 (3) 我们得到

$$(\overrightarrow{AC}+\overrightarrow{AD})\cdot\overrightarrow{AB}=(\overrightarrow{AD}+\overrightarrow{AB})\cdot\overrightarrow{AC}=(\overrightarrow{AB}+\overrightarrow{AC})\cdot\overrightarrow{AD}=0,$$

即

$$\overrightarrow{AC}\cdot\overrightarrow{AD}=\overrightarrow{AD}\cdot\overrightarrow{AB}=\overrightarrow{AB}\cdot\overrightarrow{AC}=0.$$

这说明顶点 A 处的三面角是直角.

反过来,如果顶点 A 处的三面角是直角,那么可以很容易发现式 (1) 中的等号成立.

4.5.41

设 E 是 $\triangle BCD$ 的重心, G 是四面体 $A'BCD$ 的重心. 取 F 使得 $\overrightarrow{AF}=\overrightarrow{IQ}$, 则 $QF \parallel IA$. 根据题设, $QA' \parallel IA$, 因此 Q, F, A' 三点共线, 这意味着 $FA' \perp AA'$ (见图 4.46).

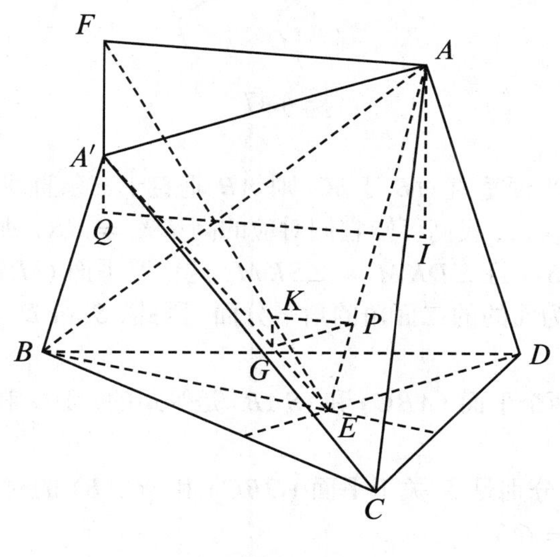

图 4.46

考虑以 E 为位似中心, $\frac{1}{4}$ 为位似比的位似变换 h, 我们有

$$h(A)=P,\ h(A')=G,\ h(F)=K.$$

这意味着 $PK \parallel AF$. 注意到 $AF \parallel IQ$, 所以 $PK \parallel IQ$ 且

$$PK=\frac{1}{4}AF=\frac{1}{4}IQ.$$

于是 PK 是一条定直线.

此外，$PG \parallel AA'$，$GK \parallel FA'$ 且 $FA' \perp AA'$，所以 $PG \perp GK$. 于是 $\angle PGK = 90^\circ$，因此 G 在以 PK 为直径的固定的球上.

4.5.42

设 O 是 $\mathcal{S}$ 的中心，S' 是 $\mathcal{S}$ 与 (P) 的切点，记 M 为 SD 的中点（见图 4.47）.

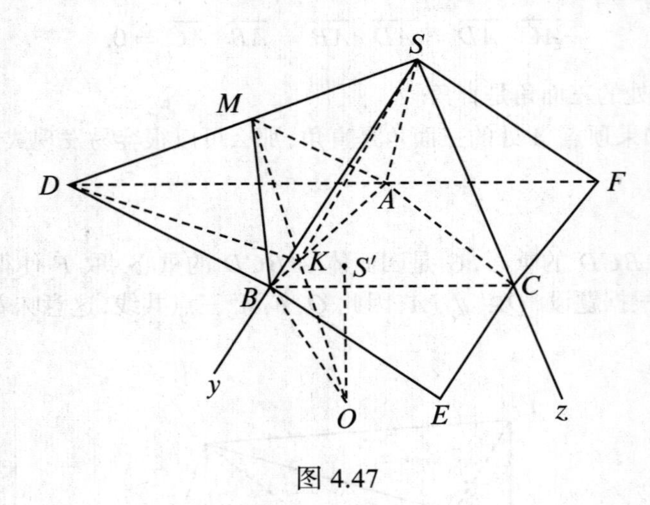

图 4.47

过 SD 作一个平面垂直 AB 于 K，则 AB 垂直于三条直线 DK, SK, MK. 由题设，$S_{\triangle DAB} = S_{\triangle SAB}$，我们可知它们对应的高 $DK = SK$. 那么在等腰 $\triangle KSD$ 中，我们有 $MK \perp SD$ 且 $\angle DKM = \angle SKM$. 这说明平面 (MAB) 是以 AB 为棱，(ABD) 和 (ABS) 为面的的二面角的角平分面. 因此，S 和 D 关于平面 MAB 对称.

进一步，O 到两个平面 (ABC) 和 (SAB) 是等距的，且 O 和 S 在平面 (ABC) 的异侧.

类似地，E, F 分别是 S 关于平面 (OBC) 和 (OAB) 的对称点，于是我们有 $OD = OE = OF = OS$.

此外，$(OS') \perp (P)$，所以 $S'D = S'E = S'F$，于是 S' 是 $\triangle DEF$ 的外心.

4.5.43

设球的半径为 R，则 $OA = OB = OC = OD = R$. 令 $\overrightarrow{OA} = \boldsymbol{a}, \overrightarrow{OB} = \boldsymbol{b}, \overrightarrow{OC} = \boldsymbol{c}, \overrightarrow{OD} = \boldsymbol{d}$. 由题设 $AB = AC = AD$ 可得 $S_{\triangle AOB} = S_{\triangle AOC} = S_{\triangle AOD}$，所以 $\angle AOB = \angle AOC = \angle AOD$. 于是我们有（见图 4.48）

$$\boldsymbol{a} \cdot \boldsymbol{b} = \boldsymbol{a} \cdot \boldsymbol{c} = \boldsymbol{a} \cdot \boldsymbol{d}.$$

注意到

$$3\overrightarrow{BG} = \overrightarrow{BA} + \overrightarrow{BC} + \overrightarrow{BD}$$

$$
\begin{aligned}
&= \overrightarrow{OA} - \overrightarrow{OB} + \overrightarrow{OC} - \overrightarrow{OB} + \overrightarrow{OD} - \overrightarrow{OB} \\
&= \boldsymbol{a} + \boldsymbol{c} + \boldsymbol{d} - 3\boldsymbol{b}.
\end{aligned}
$$

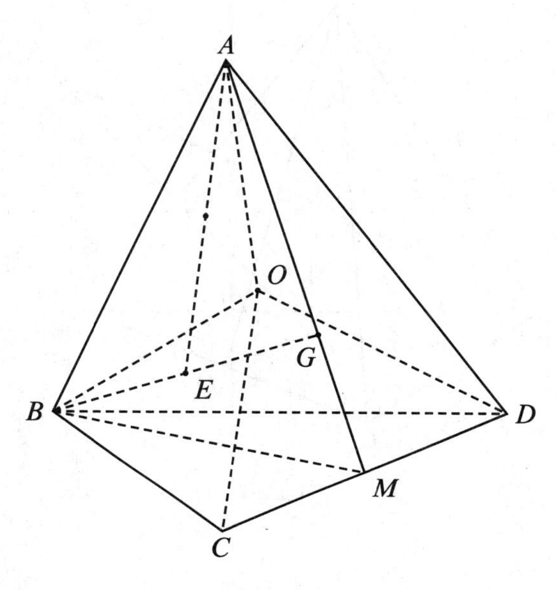

图 4.48

且由于 E 和 F 分别是 BG 和 AE 的中点,我们有

$$
\begin{aligned}
12\overrightarrow{OF} &= 6(\overrightarrow{OA} + \overrightarrow{OE}) = 6\overrightarrow{OA} + 3(\overrightarrow{OB} + \overrightarrow{OG}) = 6\overrightarrow{OA} + 3\overrightarrow{OB} + 3\overrightarrow{OG} \\
&= 6\overrightarrow{OA} + 3\overrightarrow{OB} + (\overrightarrow{OA} + \overrightarrow{OC} + \overrightarrow{OD}) = 7\overrightarrow{OA} + 3\overrightarrow{OB} + \overrightarrow{OC} + \overrightarrow{OD} \\
&= 7\boldsymbol{a} + 3\boldsymbol{b} + \overrightarrow{OC} + \overrightarrow{OD} \\
&= 7\boldsymbol{a} + 3\boldsymbol{b} + \boldsymbol{c} + \boldsymbol{d}.
\end{aligned}
$$

所以,

$$
\begin{aligned}
3\overrightarrow{BG} \cdot 12\overrightarrow{OF} &= (\boldsymbol{a} + \boldsymbol{c} + \boldsymbol{d} - 3\boldsymbol{b}) \cdot (7\boldsymbol{a} + 3\boldsymbol{b} + \boldsymbol{c} + \boldsymbol{d}) \\
&= 7\boldsymbol{a}^2 - 9\boldsymbol{b}^2 + \boldsymbol{c}^2 + \boldsymbol{d}^2 - 18\boldsymbol{a} \cdot \boldsymbol{b} + 8\boldsymbol{a} \cdot \boldsymbol{c} + 8\boldsymbol{a} \cdot \boldsymbol{d} + 2\boldsymbol{c} \cdot \boldsymbol{d} \\
&= 7R^2 - 9R^2 + R^2 + R^2 - 18\boldsymbol{a} \cdot \boldsymbol{b} + 8\boldsymbol{a} \cdot \boldsymbol{c} + 8\boldsymbol{a} \cdot \boldsymbol{d} + 2\boldsymbol{c} \cdot \boldsymbol{d} \\
&= -18\boldsymbol{a} \cdot \boldsymbol{d} + 8\boldsymbol{a} \cdot \boldsymbol{d} + 8\boldsymbol{a} \cdot \boldsymbol{d} + 2\boldsymbol{c} \cdot \boldsymbol{d} \\
&= 2\boldsymbol{c} \cdot \boldsymbol{d} - 2\boldsymbol{a} \cdot \boldsymbol{d} = 2\boldsymbol{d} \cdot (\boldsymbol{c} - \boldsymbol{a}) = 2\overrightarrow{OD} \cdot \overrightarrow{AC}.
\end{aligned}
$$

由此得到

$$\overrightarrow{BG} \cdot \overrightarrow{OF} = 0 \Leftrightarrow \overrightarrow{OD} \cdot \overrightarrow{AC} = 0,$$

即 $OF \perp BG \Leftrightarrow OD \perp AC$.

4.5.44

(1) 设 G 是四面体 $ABCD$ 的中心,取 F 使得 $\overrightarrow{OF}=2\overrightarrow{OG}$. 我们有(见图 4.49)

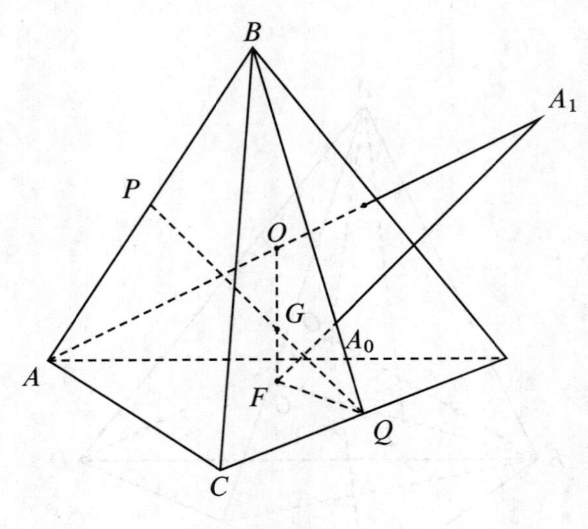

图 4.49

$$\begin{cases}3\overrightarrow{OA_0}=\overrightarrow{OB}+\overrightarrow{OC}+\overrightarrow{OD}\\ -\overrightarrow{OA_1}=\overrightarrow{OA}\end{cases}.$$

由此可得

$$3\overrightarrow{OA_0}-\overrightarrow{OA_1}=\overrightarrow{OA}+\overrightarrow{OB}+\overrightarrow{OC}+\overrightarrow{OD}=4\overrightarrow{OG}.$$

于是我们得到

$$\overrightarrow{OA_0}-\overrightarrow{OA_1}=4\overrightarrow{OG}-2\overrightarrow{OA_0}=2(\overrightarrow{OG}-\overrightarrow{OA_0})=2(\overrightarrow{OF}-\overrightarrow{OA_0}),$$

即

$$\overrightarrow{A_1A_0}=2\overrightarrow{A_0F}.$$

这说明 A_0A_1 过点 F.

类似地,B_0B_1, C_0C_1, D_0D_1 都过点 F,这就是题中所求的点.

(2) 设 P 和 Q 分别是 AB 和 CD 的中点. 由于 G 是 $ABCD$ 的重心,则 G 是 PQ 的中点.

此外,由 (1) 我们可知 $\overrightarrow{OF}=2\overrightarrow{OG}$,这意味着 G 也是 OF 的中点.

于是 $PFQO$ 是平行四边形,因此 $FP\parallel OQ$. 注意到 $OQ\perp CD$(因为 $\triangle OCD$ 是等腰的),所以 $FP\perp CD$.

4.5.45

(1) 设 E 是 BC 的中点. 作 $EH \parallel PA$, 则 $EH \perp (PBC)$, 且 EH 上所有的点到 P, B, C 的距离相等. 取点 $Q \in EH$ 使得 $\overrightarrow{EQ} = \frac{1}{2}\overrightarrow{PA}$, 则 $\triangle QAP$ 是等腰的 ($QA = QP$), 因此 $QA = QP = QC = QB$. 即 Q 是球 $\mathcal{S}$ 的外心 (见图 4.50).

令 $F \in (AFEQ)$ 为 AE 与 PQ 的交点. 由于 $EQ \parallel PA$, 则

$$\frac{PF}{FQ} = \frac{PA}{EQ} = 2 \Rightarrow PF = 2FQ,$$

这说明

$$\overrightarrow{PF} = \frac{2}{3}\overrightarrow{PQ}.$$

于是 F 是一个固定点, 由于 $F \in AE$, 它在平面 ABC 上.

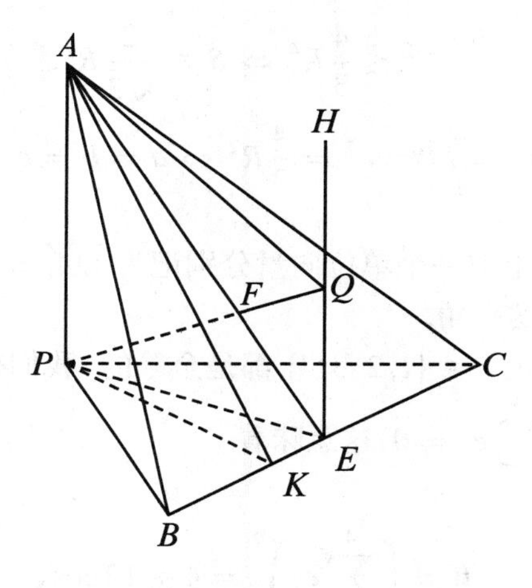

图 4.50

(2) 设 $PA = a, PB = b, PC = c$. 作 $AK \perp BC$, 则 $PK \perp BC$. 我们有

$$S = S_{\triangle ABC} = \frac{1}{2} \cdot BC \cdot AK,$$

这意味着

$$\begin{aligned}
S^2 &= \frac{1}{4} \cdot BC^2 \cdot PK^2 \\
&= \frac{1}{4} \cdot BC^2 \cdot (PA^2 + PK^2) \\
&= \frac{1}{4}[(PB^2 + PC^2) \cdot PA^2 + (BC \cdot PK)^2] \\
&= \frac{1}{4}[b^2a^2 + c^2a^2 + (2S_{\triangle PBC})^2]
\end{aligned}$$

$$= \frac{1}{4}(b^2a^2 + c^2a^2 + b^2c^2).$$

注意到

$$a^2 + b^2 + c^2 = a^2 + BC^2 = 4QE^2 + 4BE^2 = 4(QE^2 + BE^2) = 4QB^2 = 4R^2.$$

现在应用不等式

$$xy + yz + zx \leqslant \frac{(x+y+z)^2}{3},$$

（它等价于 $(x-y)^2 + (y-z)^2 + (z-x)^2 \geqslant 0$），我们有

$$4S^2 = a^2b^2 + b^2c^2 + c^2a^2 \leqslant \frac{(a^2+b^2+c^2)^2}{3} = \frac{16R^4}{3}.$$

因此，

$$S^2 \leqslant \frac{4}{3}R^4 \Leftrightarrow S \leqslant \frac{2}{\sqrt{3}}R^2.$$

等号成立当且仅当 $a^2 = b^2 = c^2 = \frac{4}{3}R^2 \Leftrightarrow a = b = c = \frac{2}{\sqrt{3}}R$.

4.5.46

在每条给定的射线上取一个单位向量分别记为 $\overrightarrow{OA_i} = \boldsymbol{e}_i$（$i = 1,2,3,4$）. 设 φ 是任意两条射线之间的夹角.

(1) 显然等腰 $\triangle OA_iA_j, i, j \in \{1,2,3,4\}$ 都是全等的，我们得到四面体 $A_1A_2A_3A_4$ 是正四面体. 因此，$\sum\limits_{i=1}^{4} \boldsymbol{e}_i = \boldsymbol{0}$，这意味着

$$\boldsymbol{0} = \left(\sum_{i=1}^{4} \boldsymbol{e}_i\right)^2 = 4 + 12\cos\varphi,$$

即 $\cos\varphi = -\frac{1}{3}$.

(2) 在射线 Or 上取单位向量 $\boldsymbol{e}$，并将 $\alpha, \beta, \gamma, \delta$ 重新编号为 $\varphi_1, \varphi_2, \varphi_3, \varphi_4$. 在这种情形下，我们有

$$p = \sum_{i=1}^{4} \cos\varphi_i = \sum_{i=1}^{4} \boldsymbol{e} \cdot \boldsymbol{e}_i = \boldsymbol{e} \cdot \sum_{i=1}^{4} \boldsymbol{e}_i = \boldsymbol{0},$$

且

$$q = \sum_{i=1}^{4} \cos^2\varphi_i = \sum_{i=1}^{4} (\boldsymbol{e} \cdot \boldsymbol{e}_i)^2.$$

将 $\boldsymbol{e}$ 写成

$$\boldsymbol{e} = \sum_{i=1}^{4} x_i \boldsymbol{e}_i,$$

对每个 $i=1,2,3,4$,我们有

$$\boldsymbol{e}_i\cdot\boldsymbol{e}=x_i-x_i\cos\varphi+\cos\varphi\sum_{i=1}^{4}x_i=\frac{4}{3}x_i-\frac{1}{3}\sum_{i=1}^{4}x_i.$$

则

$$\sum_{i=1}^{4}(\boldsymbol{e}\cdot\boldsymbol{e}_i)\boldsymbol{e}_i=\frac{4}{3}\boldsymbol{e},$$

由此得到

$$\sum_{i=1}^{4}(\boldsymbol{e}\cdot\boldsymbol{e}_i)^2=\frac{4}{3}(\boldsymbol{e})^2=\frac{4}{3}.$$

因此 $p=0$ 且 $q=\dfrac{4}{3}$.

4.5.47

将面 BCD,CDA,DAB 和 ABC 分别用数字 1,2,3,4 表示. 对 $X\in\{A,B,C,D\}$ 和 $i\in\{1,2,3,4\}$,用 X_i 表示顶点 X 处面 i 上的面角. 我们有(见图 4.51)

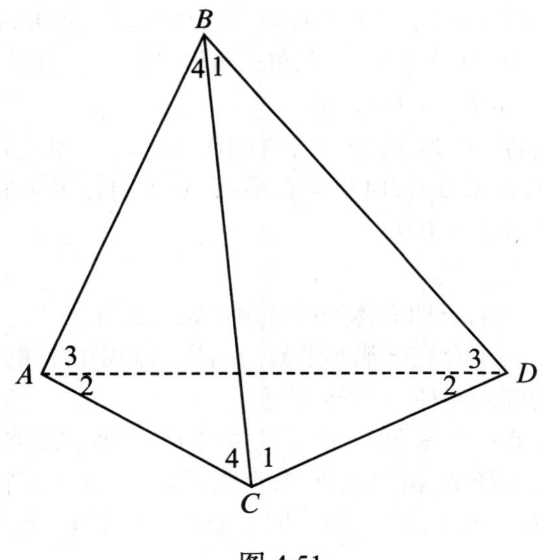

图 4.51

$$\sum_{i=2}^{4}A_i+\sum_{i=1,i\neq 2}^{4}B_i+\sum_{i=1,i\neq 3}^{4}C_i+\sum_{i=1}^{3}D_i=4\pi. \tag{1}$$

不失一般性,我们可以假定

$$\sum_{i=1}^{3}D_i=\min\left\{\sum_{i=2}^{4}A_i,\sum_{i=1,i\neq 2}^{4}B_i,\sum_{i=1,i\neq 3}^{4}C_i,\sum_{i=1}^{3}D_i\right\}.$$

在这种情形下,由式 (1) 可得

$$\sum_{i=1}^{4} D_i \leqslant \pi. \tag{2}$$

假定 $D_1 = \max\{D_1, D_2, D_3\}$,则 $2D_1 < D_1 + D_2 + D_3 \leqslant \pi \Rightarrow D_1 < \dfrac{\pi}{2}$,这意味着顶点 D 处的所有面角都是锐角.

由题设,根据正弦定理,我们有

$$\begin{cases} \sin D_1 = \sin A_4 \\ \sin D_2 = \sin B_4 \\ \sin D_3 = \sin C_4 \end{cases}. \tag{3}$$

不失一般性, 我们可以假定 $A_4 = \max\{A_4, B_4, C_4\}$, 则 A_4 必然是锐角. 因为如果 $A_4 \geqslant \dfrac{\pi}{4}$,那么由式 (3) 我们得到

$$D_1 = \pi - A_4,\ D_4 = B_4,\ D_3 = C_4,$$

这意味着 $D_2 + D_3 = B_4 + C_4 = \pi - A_4 = D_1$,这与此三面角的性质是矛盾的.

因此 $A < \dfrac{\pi}{2}$,进一步有 $\triangle ABC$ 是锐角三角形. 则由式 (3) 可得 $D_1 = A_4, D_2 = B_4, C_3 = C_4$,于是 $D_1 + D_2 + D_3 = \pi$.

将上述事实与 (1) 与 (2) 结合, 可得四面体在每个顶点处的面角的和都是 π. 现在将所有面 BCD, CDA, DAB 放在平面 ABC 上, 我们很容易发现 $AB = CD, BC = AD$ 以及 $AC = BD$.

4.5.48

首先注意到对 $n = 4$,正四面体的四个顶点满足题意.

对 $n \geqslant 5$,我们证明不存在 n 满足题意. 反证法,假定这样的 n 存在,用 R 表示过其中任意三个点的圆的半径. 有两种情形:

如果 n 个顶点都在一个平面上,由于经过两个上述给定顶的固定点的圆中,只有两个圆具有相同的半径 R,由鸽巢原理,在剩下的 $n-2 \geqslant 3$ 个点中,存在两个点都在同一个半径为 R 的圆上. 于是存在四个点在一个圆上, 这与题设的第二个条件矛盾.

如果 n 个点不在同一个平面上,则至少经过给定的 n 个点中三个点 A, B, C 的一个平面将空间分成两个半空间,其中一个至少包含所给 n 个点中的两个点 D, E.

考虑四面体 $ABCD$ 和 $ABCE$. 由上一题的结论,我们可知四面体的各组对棱都是相等的. 由于 D, E 在 ABC 的同一侧,则 E 必然与 D 重合,再次得到矛盾.

因此,$n = 4$ 是问题的唯一答案.

第5章 2009年越南数学奥林匹克竞赛

2009-1. 求解方程组

$$\begin{cases}\dfrac{1}{\sqrt{1+2x^2}}+\dfrac{1}{\sqrt{1+2y^2}}=\dfrac{1}{\sqrt{1+2xy}}\\ \sqrt{x(1-2x)}+\sqrt{y(1-2y)}=\dfrac{2}{9}\end{cases}.$$

2009-2. 设数列 $\{x_n\}$ 定义为

$$x_1=\frac{1}{2},\ x_n=\frac{\sqrt{x_{n-1}^2+4x_{n-1}+1}+x_{n-1}}{2},\ n\geqslant 2.$$

令 $y_n=\sum\limits_{i=1}^{n}\dfrac{1}{x_i^2}$,证明数列 $\{y_n\}$ 收敛并求其极限.

2009-3. 在平面上给定两个点 $A\neq B$ 和一个动点 C,满足 $\angle ACB=\alpha$($\alpha\in(0°,180°)$ 为一个常数).$\triangle ABC$ 的内接圆圆心为 I,与边 AB,BC 和 CA 分别相切于点 D,E 和 F. 直线 AI,BI 分别与 EF 交于点 M,N.

(1) 证明线段 MN 的长度为定值.

(2) 证明 $\triangle DMN$ 的外接圆总是过一个定点.

2009-4. 三个实数 a,b,c 满足条件:对每个正整数 n,和式 $a^n+b^n+c^n$ 是一个整数. 证明:存在三个整数 p,q,r,使得 a,b,c 是方程 $x^3+px^2+qx+r=0$ 的根.

2009-5. 设 n 是正整数. 用 T 表示前 $2n$ 个正整数的集合. 存在多少个子集 S 使得 $S\subset T$,且不存在 $a,b\in S$ 使得 $|a-b|\in\{1,n\}$?(注:空集 $\varnothing$ 也是一个满足此性质的子集.)

解答

2009-1. 方程组的条件为

$$\begin{cases}1+2xy>0\\ x(1-2x)\geqslant 0\\ y(1-2y)\geqslant 0\end{cases}\Leftrightarrow\begin{cases}0\leqslant x\leqslant\dfrac{1}{2}\\ 0\leqslant y\leqslant\dfrac{1}{2}\end{cases}.$$

则 $0 \leqslant xy \leqslant \frac{1}{4}$.

注意到对 $a,b \leqslant 0$ 且 $ab<1$,我们总是有

$$\frac{1}{\sqrt{1+a^2}}+\frac{1}{\sqrt{1+b^2}} \leqslant \frac{2}{\sqrt{1+ab}}, \tag{1}$$

等号成立当且仅当 $a=b$.

自然,式 (1) 等价于

$$\left(\frac{1}{\sqrt{1+a^2}}+\frac{1}{\sqrt{1+b^2}}\right)^2 \leqslant \left(\frac{2}{\sqrt{1+ab}}\right)^2$$
$$\Leftrightarrow \frac{1}{1+a^2}+\frac{1}{1+b^2}+\frac{2}{\sqrt{(1+a^2)(1+b^2)}} \leqslant \frac{4}{1+ab}.$$

由柯西–施瓦兹不等式,

$$1+ab \leqslant \sqrt{(1+a^2)(1+b^2)} \Leftrightarrow \frac{2}{\sqrt{(1+a^2)(1+b^2)}} \leqslant \frac{2}{1+ab}.$$

进一步,由于 $a,b \leqslant 0$ 且 $ab<1$,

$$\frac{1}{1+a^2}+\frac{1}{1+b^2}-\frac{2}{1+ab}=\frac{(a-b)^2(ab-1)}{(1+ab)(1+a^2)(1+b^2)} \leqslant 0$$
$$\Leftrightarrow \frac{1}{1+a^2}+\frac{1}{1+b^2} \leqslant \frac{2}{1+ab}.$$

所以,

$$\frac{2}{\sqrt{(1+a^2)(1+b^2)}}+\frac{1}{1+a^2}+\frac{1}{1+b^2} \leqslant \frac{4}{1+ab},$$

等号成立当且仅当 $a=b$.

回到原题,在式 (1) 中令 $a=\sqrt{2}x, b=\sqrt{2}y$,我们有

$$\frac{1}{\sqrt{1+2x^2}}+\frac{1}{\sqrt{1+2y^2}} \leqslant \frac{1}{\sqrt{1+2xy}},$$

等号成立当且仅当 $x=y$.

因此原方程组等价于

$$\begin{cases} x=y \\ \sqrt{x(1-2x)}+\sqrt{y(1-2y)}=\dfrac{2}{9} \end{cases} \Leftrightarrow \begin{cases} x=y \\ 162x^2-81x+1=0 \end{cases},$$

由此得到方程组的两组解为

$$\left(\frac{81+\sqrt{5\,913}}{324},\frac{81+\sqrt{5\,913}}{324}\right) \text{和} \left(\frac{81-\sqrt{5\,913}}{324},\frac{81-\sqrt{5\,913}}{324}\right).$$

2009-2. 由题设可知对所有 n 均有 $x_n > 0$. 则

$$\begin{aligned}
x_n - x_{n-1} &= \frac{\sqrt{x_{n-1}^2 + 4x_{n-1}} + x_{n-1}}{2} - x_{n-1} \\
&= \frac{\sqrt{x_{n-1}^2 + 4x_{n-1}} - x_{n-1}}{2} \\
&= \frac{\left(\sqrt{x_{n-1}^2 + 4x_{n-1}} - x_{n-1}\right)\left(\sqrt{x_{n-1}^2 + 4x_{n-1}} + x_{n-1}\right)}{2\left(\sqrt{x_{n-1}^2 + 4x_{n-1}} + x_{n-1}\right)} \\
&= \frac{2x_{n-1}}{\sqrt{x_{n-1}^2 + 4x_{n-1}} + x_{n-1}}, \ \forall n \geqslant 2.
\end{aligned}$$

这说明 $\{x_n\}$ 是单调递增的.

如果极限 $\lim\limits_{n\to\infty} x_n = L$,那么 $L > 0$. 在 $\{x_n\}$ 的递推式中令 $n \to \infty$ 得到

$$L = \frac{\sqrt{L^2 + 4L} + L}{2} \Rightarrow L = 0,$$

矛盾. 因此当 $n \to \infty$ 时,$x_n \to \infty$.

注意到对所有的 $n \geqslant 2$,有

$$\begin{aligned}
x_n &= \frac{\sqrt{x_{n-1}^2 + 4x_{n-1}} + x_{n-1}}{2} \\
&\Rightarrow 2x_n - x_{n-1} = \sqrt{x_{n-1}^2 + 4x_{n-1}} \\
&\Rightarrow (2x_n - x_{n-1})^2 = x_{n-1}^2 + 4x_{n-1} \\
&\Rightarrow x_n^2 = (x_n + 1)x_{n-1} \\
&\Rightarrow \frac{1}{x_{n-1}} = \frac{x_n + 1}{x_n^2} = \frac{1}{x_n} + \frac{1}{x_n^2} \\
&\Rightarrow \frac{1}{x_{n-1}} - \frac{1}{x_n} = \frac{1}{x_n^2}.
\end{aligned}$$

于是对所有的 $n \geqslant 2$,我们有

$$\begin{aligned}
y_n &= \sum_{i=1}^{n} \frac{1}{x_i^2} \\
&= \frac{1}{x_1^2} + \left(\frac{1}{x_1} - \frac{1}{x_2}\right) + \cdots + \left(\frac{1}{x_{n-1}} - \frac{1}{x_n}\right) \\
&= \frac{1}{x_1^2} + \left(\frac{1}{x_1} - \frac{1}{x_n}\right) = 6 - \frac{1}{x_n}.
\end{aligned}$$

由于 $n \to \infty$ 时,$x_n \to \infty$,所以 $\lim\limits_{n\to\infty} y_n = 6$.

2009-3. (1) 我们有（见图 5.1）

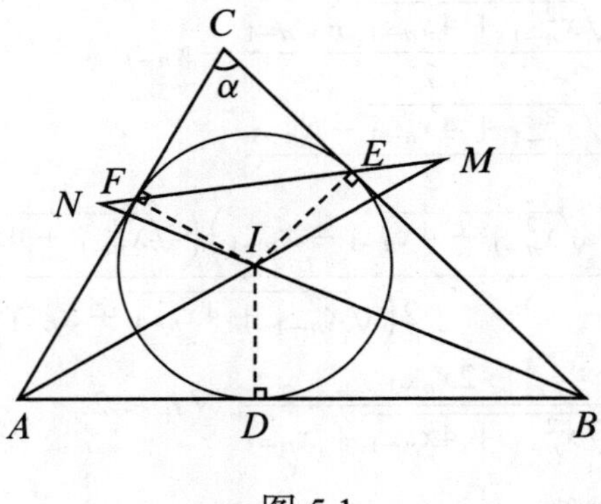

图 5.1

$$\angle NFA = \angle CFE = \frac{180^\circ - \angle ACB}{2} = \frac{\angle BAC}{2} + \frac{\angle ABC}{2} = \angle AIN,$$

这意味着四边形 $ANFI$ 是共圆的，于是得到 $\angle INF = \angle IAF = \angle IAD$ 且 $\angle ANI = \angle AFI = 90^\circ$.

注意到 $\triangle NIM \backsim \triangle AIB$，因为它们的对应角是相等的，所以

$$\frac{NM}{AB} = \frac{NI}{AI}. \tag{1}$$

进一步，由于 $\angle ANI = \angle AFI = 90^\circ$，在 Rt$\triangle ANI$ 中我们有

$$\frac{NI}{AI} = \cos\angle AIN, \tag{2}$$

最后，

$$\angle AIN = \angle AFN = \angle CFE = \frac{180^\circ - \alpha}{2}. \tag{3}$$

由式 (1) (2) 和 (3) 可得

$$MN = AB \cdot \cos\frac{180^\circ - \alpha}{2}$$

这是一个常数.

(2) 设 K 是 AB 的中点. 由于 $\angle INA = \angle IMB = 90^\circ$，所以 D, M, N 是来自 $\triangle ABI$ 的顶点的垂足，这说明经过点 D, M, N 三点的圆恰好是 $\triangle ABI$ 的欧拉圆，所以，这个圆必然经过 AB 的中点 K. 由于 AB 是固定的，那么 K 也是定点.

2009-4. 由三次方程的韦达定理我们有

$$\begin{cases} a + b + c = -p \\ ab + bc + ca = -q \\ abc = -r \end{cases}.$$

于是我们只需要证明 $a+b+c, ab+bc+ca, abc$ 都是整数即可.

显然,由题设,当 $n=1$ 时有

$$a+b+c\in\mathbb{Z}. \tag{1}$$

接下来我们证明 abc 是整数. 下面的性质将会被反复用到:对任意实数 x, y, z 有

$$x^2+y^2+z^2=(x+y+z)^2-2(xy+yz+zx),$$
$$x^3+y^3+z^3-3xyz=(x+y+z)[(x^2+y^2+z^2)-(xy+yz+zx)].$$

注意到 $a^n+b^n+c^n$ 是整数,特别地,对 $n=2,3,4$ 和 6 也是成立的. 由于

$$2(ab+bc+ca)=(a+b+c)^2-(a^2+b^2+c^2)\in\mathbb{Z},$$

且

$$2(a^2b^2+b^2c^2+c^2a^2)=(a^2+b^2+c^2)^2-(a^4+b^4+c^4)\in\mathbb{Z},$$

我们有

$$2(a^3+b^3+c^3)-6abc=(a+b+c)[2(a^2+b^2+c^2)-2(ab+bc+ca)],$$

这意味着

$$6abc=2(a^3+b^3+c^3)-(a+b+c)[2(a^2+b^2+c^2)-2(ab+bc+ca)]\in\mathbb{Z}.$$

进一步,

$$\begin{aligned}&a^6+b^6+c^6-3a^2b^2c^2\\&=(a^2+b^2+c^2)[a^4+b^4+c^4-a^2b^2-b^2c^2-c^2a^2],\end{aligned}$$

所以

$$\begin{aligned}&2(a^6+b^6+c^6)-6a^2b^2c^2\\&=(a^2+b^2+c^2)[2(a^4+b^4+c^4)-2(a^2b^2+b^2c^2+c^2a^2)],\end{aligned}$$

这说明

$$\begin{aligned}&6a^2b^2c^2\\&=2(a^6+b^6+c^6)-(a^2+b^2+c^2)[2(a^4+b^4+c^4)-2(a^2b^2+b^2c^2+c^2a^2)]\in\mathbb{Z}.\end{aligned}$$

因此我们得到 $6abc$ 和 $6a^2b^2c^2$ 都是整数,由此得到 abc 也是整数.

我们最后证明 $ab+bc+ca$ 是整数. 由于

$$(ab+bc+ca)^2=a^2b^2+b^2c^2+c^2a^2+2abc(a+b+c),$$

我们有

$$2(ab+bc+ca)62 = 2(a^2b^2+b^2c^2+c^2a^2)+4abc(a+b+c) \in \mathbb{Z}.$$

那么由 $2(ab+bc+ca)$ 和 $2(ab+bc+ca)^2$ 都是整数,可知 $ab+bc+ca$ 是整数.

2009-5. 我们考虑下面的问题:给定两行点,$A_1,\cdots,A_n$ 在第一行,$B_1,\cdots,B_n$ 在第二行. 我们连接点对 $(A_i,A_{i-1}),(B_i,B_{i-1}),(A_i,B_i)$,以及 (A_1,B_n). 我们的目的是找出有多少种取点的方法,使得其中没有点是相连的.

设 S_n 是满足而上述要求的一些选取方式,但可能包含 A_1 和 B_n. 用 x_n 表示满足条件的不包含 A_1,B_1,A_n,B_n 的选取方法数,y_n 表好似满足条件的恰好包含上述四个点中的一个,z_n 表示满足条件的恰好包含两点 A_1,A_n 或 B_1,B_n 的方法数,以及 t_n 表示满足条件的恰好包含两点 A_1,B_n 或 A_n,B_1 的方法数.

在这种情形下,我们有

$$S_n = x_n+y_n+z_n+t_n, \tag{1}$$

且满足题意的方法数为

$$S_n-\frac{t_n}{2}.$$

容易看出数列 (S_n) 可以定义如下:

$$S_0=1,\ S_1=3,\ S_{n+1}=2S_n+S_{n-1},\ \forall n\geqslant 2. \tag{2}$$

我们还有

$$x_n = S_{n-2}, \tag{3}$$

$$y_n = 2(S_{n-1}-S_{n-2}), \tag{4}$$

$$z_n = t_{n-1}+\frac{1}{2}y_{n-2},\ t_n = z_{n-1}+\frac{1}{2}y_{n-2}. \tag{5}$$

由式 (1) (3) 和 (4),我们有

$$\begin{aligned} z_n+t_n &= S_n-x_n-y_n \\ &= S_n-S_{n-2}-2(S_{n-1}-S_{n-2}) = S_n-2S_{n-1}+S_{n-2}, \end{aligned}$$

由式 (2),上式等价于

$$z_n+t_n = 2S_{n-2}. \tag{6}$$

进一步,由式 (5) 我们有

$$z_n-t_n = -(z_{n-1}-t_{n-1}),$$

这意味着

$$z_n-t_n = 2(-1)^{n-1}. \tag{7}$$

结合式 (6) 和 (7) 得到

$$t_n = \frac{(z_n + t_n) - (z_n - t_n)}{2} = S_{n-2} + (-1)^n,$$

因此

$$S_n - \frac{1}{2}t_n = \frac{2S_n - S_{n-2} + (-1)^{n-1}}{2}.$$

上述递推式可以直接解得

$$S_n = \frac{(5+4\sqrt{2})\cdot(1+\sqrt{2})^{n-1} + (5-4\sqrt{2})\cdot(1-\sqrt{2})^{n-1} + 2\cdot(-1)^{n-1}}{4}.$$

现在回到原题,置 A_i 为 $n+i$,B_i 为 i($i=1,\cdots,n$),那么问题就完全解决了.

刘培杰数学工作室
已出版(即将出版)图书目录——初等数学

书　　名	出版时间	定　价	编号
新编中学数学解题方法全书(高中版)上卷(第2版)	2018－08	58.00	951
新编中学数学解题方法全书(高中版)中卷(第2版)	2018－08	68.00	952
新编中学数学解题方法全书(高中版)下卷(一)(第2版)	2018－08	58.00	953
新编中学数学解题方法全书(高中版)下卷(二)(第2版)	2018－08	58.00	954
新编中学数学解题方法全书(高中版)下卷(三)(第2版)	2018－08	68.00	955
新编中学数学解题方法全书(初中版)上卷	2008－01	28.00	29
新编中学数学解题方法全书(初中版)中卷	2010－07	38.00	75
新编中学数学解题方法全书(高考复习卷)	2010－01	48.00	67
新编中学数学解题方法全书(高考真题卷)	2010－01	38.00	62
新编中学数学解题方法全书(高考精华卷)	2011－03	68.00	118
新编平面解析几何解题方法全书(专题讲座卷)	2010－01	18.00	61
新编中学数学解题方法全书(自主招生卷)	2013－08	88.00	261
数学奥林匹克与数学文化(第一辑)	2006－05	48.00	4
数学奥林匹克与数学文化(第二辑)(竞赛卷)	2008－01	48.00	19
数学奥林匹克与数学文化(第二辑)(文化卷)	2008－07	58.00	36′
数学奥林匹克与数学文化(第三辑)(竞赛卷)	2010－01	48.00	59
数学奥林匹克与数学文化(第四辑)(竞赛卷)	2011－08	58.00	87
数学奥林匹克与数学文化(第五辑)	2015－06	98.00	370
世界著名平面几何经典著作钩沉——几何作图专题卷(上)	2009－06	48.00	49
世界著名平面几何经典著作钩沉——几何作图专题卷(下)	2011－01	88.00	80
世界著名平面几何经典著作钩沉(民国平面几何老课本)	2011－03	38.00	113
世界著名平面几何经典著作钩沉(建国初期平面三角老课本)	2015－08	38.00	507
世界著名解析几何经典著作钩沉——平面解析几何卷	2014－01	38.00	264
世界著名数论经典著作钩沉(算术卷)	2012－01	28.00	125
世界著名数学经典著作钩沉——立体几何卷	2011－02	28.00	88
世界著名三角学经典著作钩沉(平面三角卷Ⅰ)	2010－06	28.00	69
世界著名三角学经典著作钩沉(平面三角卷Ⅱ)	2011－01	38.00	78
世界著名初等数论经典著作钩沉(理论和实用算术卷)	2011－07	38.00	126
发展你的空间想象力(第2版)	2019－11	68.00	1117
空间想象力进阶	2019－05	68.00	1062
走向国际数学奥林匹克的平面几何试题诠释.第1卷	2019－07	88.00	1043
走向国际数学奥林匹克的平面几何试题诠释.第2卷	2019－09	78.00	1044
走向国际数学奥林匹克的平面几何试题诠释.第3卷	2019－03	78.00	1045
走向国际数学奥林匹克的平面几何试题诠释.第4卷	2019－09	98.00	1046
平面几何证明方法全书	2007－08	35.00	1
平面几何证明方法全书习题解答(第2版)	2006－12	18.00	10
平面几何天天练上卷・基础篇(直线型)	2013－01	58.00	208
平面几何天天练中卷・基础篇(涉及圆)	2013－01	28.00	234
平面几何天天练下卷・提高篇	2013－01	58.00	237
平面几何专题研究	2013－07	98.00	258
几何学习题集	2020－10	48.00	1217
通过解题学习代数几何	2021－04	88.00	1301

刘培杰数学工作室

已出版(即将出版)图书目录——初等数学

书　名	出版时间	定　价	编号
最新世界各国数学奥林匹克中的平面几何试题	2007－09	38.00	14
数学竞赛平面几何典型题及新颖解	2010－07	48.00	74
初等数学复习及研究(平面几何)	2008－09	68.00	38
初等数学复习及研究(立体几何)	2010－06	38.00	71
初等数学复习及研究(平面几何)习题解答	2009－01	58.00	42
几何学教程(平面几何卷)	2011－03	68.00	90
几何学教程(立体几何卷)	2011－07	68.00	130
几何变换与几何证题	2010－06	88.00	70
计算方法与几何证题	2011－06	28.00	129
立体几何技巧与方法	2014－04	88.00	293
几何瑰宝——平面几何 500 名题暨 1500 条定理(上、下)	2021－07	168.00	1358
三角形的解法与应用	2012－07	18.00	183
近代的三角形几何学	2012－07	48.00	184
一般折线几何学	2015－08	48.00	503
三角形的五心	2009－06	28.00	51
三角形的六心及其应用	2015－10	68.00	542
三角形趣谈	2012－08	28.00	212
解三角形	2014－01	28.00	265
三角学专门教程	2014－09	28.00	387
图天下几何新题试卷.初中(第 2 版)	2017－11	58.00	855
圆锥曲线习题集(上册)	2013－06	68.00	255
圆锥曲线习题集(中册)	2015－01	78.00	434
圆锥曲线习题集(下册・第 1 卷)	2016－10	78.00	683
圆锥曲线习题集(下册・第 2 卷)	2018－01	98.00	853
圆锥曲线习题集(下册・第 3 卷)	2019－10	128.00	1113
论九点圆	2015－05	88.00	645
近代欧氏几何学	2012－03	48.00	162
罗巴切夫斯基几何学及几何基础概要	2012－07	28.00	188
罗巴切夫斯基几何学初步	2015－06	28.00	474
用三角、解析几何、复数、向量计算解数学竞赛几何题	2015－03	48.00	455
美国中学几何教程	2015－04	88.00	458
三线坐标与三角形特征点	2015－04	98.00	460
平面解析几何方法与研究(第 1 卷)	2015－05	18.00	471
平面解析几何方法与研究(第 2 卷)	2015－06	18.00	472
平面解析几何方法与研究(第 3 卷)	2015－07	18.00	473
解析几何研究	2015－01	38.00	425
解析几何学教程.上	2016－01	38.00	574
解析几何学教程.下	2016－01	38.00	575
几何学基础	2016－01	58.00	581
初等几何研究	2015－02	58.00	444
十九和二十世纪欧氏几何学中的片段	2017－01	58.00	696
平面几何中考.高考.奥数一本通	2017－07	28.00	820
几何学简史	2017－08	28.00	833
四面体	2018－01	48.00	880
平面几何证明方法思路	2018－12	68.00	913

刘培杰数学工作室

已出版(即将出版)图书目录——初等数学

书　　名	出版时间	定　价	编号
平面几何图形特性新析.上篇	2019－01	68.00	911
平面几何图形特性新析.下篇	2018－06	88.00	912
平面几何范例多解探究.上篇	2018－04	48.00	910
平面几何范例多解探究.下篇	2018－12	68.00	914
从分析解题过程学解题:竞赛中的几何问题研究	2018－07	68.00	946
从分析解题过程学解题:竞赛中的向量几何与不等式研究(全2册)	2019－06	138.00	1090
从分析解题过程学解题:竞赛中的不等式问题	2021－01	48.00	1249
二维、三维欧氏几何的对偶原理	2018－12	38.00	990
星形大观及闭折线论	2019－03	68.00	1020
立体几何的问题和方法	2019－11	58.00	1127
三角代换论	2021－05	58.00	1313
俄罗斯平面几何问题集	2009－08	88.00	55
俄罗斯立体几何问题集	2014－03	58.00	283
俄罗斯几何大师——沙雷金论数学及其他	2014－01	48.00	271
来自俄罗斯的5000道几何习题及解答	2011－03	58.00	89
俄罗斯初等数学问题集	2012－05	38.00	177
俄罗斯函数问题集	2011－03	38.00	103
俄罗斯组合分析问题集	2011－01	48.00	79
俄罗斯初等数学万题选——三角卷	2012－11	38.00	222
俄罗斯初等数学万题选——代数卷	2013－08	68.00	225
俄罗斯初等数学万题选——几何卷	2014－01	68.00	226
俄罗斯《量子》杂志数学征解问题100题选	2018－08	48.00	969
俄罗斯《量子》杂志数学征解问题又100题选	2018－08	48.00	970
俄罗斯《量子》杂志数学征解问题	2020－05	48.00	1138
463个俄罗斯几何老问题	2012－01	28.00	152
《量子》数学短文精粹	2018－09	38.00	972
用三角、解析几何等计算解来自俄罗斯的几何题	2019－11	88.00	1119
谈谈素数	2011－03	18.00	91
平方和	2011－03	18.00	92
整数论	2011－05	38.00	120
从整数谈起	2015－10	28.00	538
数与多项式	2016－01	38.00	558
谈谈不定方程	2011－05	28.00	119
解析不等式新论	2009－06	68.00	48
建立不等式的方法	2011－03	98.00	104
数学奥林匹克不等式研究(第2版)	2020－07	68.00	1181
不等式研究(第二辑)	2012－02	68.00	153
不等式的秘密(第一卷)(第2版)	2014－02	38.00	286
不等式的秘密(第二卷)	2014－01	38.00	268
初等不等式的证明方法	2010－06	38.00	123
初等不等式的证明方法(第二版)	2014－11	38.00	407
不等式・理论・方法(基础卷)	2015－07	38.00	496
不等式・理论・方法(经典不等式卷)	2015－07	38.00	497
不等式・理论・方法(特殊类型不等式卷)	2015－07	48.00	498
不等式探究	2016－03	38.00	582
不等式探秘	2017－01	88.00	689
四面体不等式	2017－01	68.00	715
数学奥林匹克中常见重要不等式	2017－09	38.00	845
三正弦不等式	2018－09	98.00	974
函数方程与不等式:解法与稳定性结果	2019－04	68.00	1058

刘培杰数学工作室

已出版(即将出版)图书目录——初等数学

书 名	出版时间	定 价	编号
同余理论	2012－05	38.00	163
[x]与{x}	2015－04	48.00	476
极值与最值. 上卷	2015－06	28.00	486
极值与最值. 中卷	2015－06	38.00	487
极值与最值. 下卷	2015－06	28.00	488
整数的性质	2012－11	38.00	192
完全平方数及其应用	2015－08	78.00	506
多项式理论	2015－10	88.00	541
奇数、偶数、奇偶分析法	2018－01	98.00	876
不定方程及其应用. 上	2018－12	58.00	992
不定方程及其应用. 中	2019－01	78.00	993
不定方程及其应用. 下	2019－02	98.00	994
历届美国中学生数学竞赛试题及解答(第一卷)1950－1954	2014－07	18.00	277
历届美国中学生数学竞赛试题及解答(第二卷)1955－1959	2014－04	18.00	278
历届美国中学生数学竞赛试题及解答(第三卷)1960－1964	2014－06	18.00	279
历届美国中学生数学竞赛试题及解答(第四卷)1965－1969	2014－04	28.00	280
历届美国中学生数学竞赛试题及解答(第五卷)1970－1972	2014－06	18.00	281
历届美国中学生数学竞赛试题及解答(第六卷)1973－1980	2017－07	18.00	768
历届美国中学生数学竞赛试题及解答(第七卷)1981－1986	2015－01	18.00	424
历届美国中学生数学竞赛试题及解答(第八卷)1987－1990	2017－05	18.00	769
历届中国数学奥林匹克试题集(第 2 版)	2017－03	38.00	757
历届加拿大数学奥林匹克试题集	2012－08	38.00	215
历届美国数学奥林匹克试题集:1972～2019	2020－04	88.00	1135
历届波兰数学竞赛试题集. 第 1 卷,1949～1963	2015－03	18.00	453
历届波兰数学竞赛试题集. 第 2 卷,1964～1976	2015－03	18.00	454
历届巴尔干数学奥林匹克试题集	2015－05	38.00	466
保加利亚数学奥林匹克	2014－10	38.00	393
圣彼得堡数学奥林匹克试题集	2015－01	38.00	429
匈牙利奥林匹克数学竞赛题解. 第 1 卷	2016－05	28.00	593
匈牙利奥林匹克数学竞赛题解. 第 2 卷	2016－05	28.00	594
历届美国数学邀请赛试题集(第 2 版)	2017－10	78.00	851
普林斯顿大学数学竞赛	2016－06	38.00	669
亚太地区数学奥林匹克竞赛题	2015－07	18.00	492
日本历届(初级)广中杯数学竞赛试题及解答. 第 1 卷(2000～2007)	2016－05	28.00	641
日本历届(初级)广中杯数学竞赛试题及解答. 第 2 卷(2008～2015)	2016－05	38.00	642
越南数学奥林匹克题选:1962－2009	2021－07	48.00	1370
360 个数学竞赛问题	2016－08	58.00	677
奥数最佳实战题. 上卷	2017－06	38.00	760
奥数最佳实战题. 下卷	2017－05	58.00	761
哈尔滨市早期中学数学竞赛试题汇编	2016－07	28.00	672
全国高中数学联赛试题及解答:1981—2019(第 4 版)	2020－07	138.00	1176
2021 年全国高中数学联合竞赛模拟题集	2021－04	30.00	1302
20 世纪 50 年代全国部分城市数学竞赛试题汇编	2017－07	28.00	797
国内外数学竞赛题及精解:2018～2019	2020－08	45.00	1192
许康华竞赛优学精选集. 第一辑	2018－08	68.00	949
天问叶班数学问题征解 100 题. Ⅰ,2016－2018	2019－05	88.00	1075
天问叶班数学问题征解 100 题. Ⅱ,2017－2019	2020－07	98.00	1177
美国初中数学竞赛:AMC8 准备(共 6 卷)	2019－07	138.00	1089
美国高中数学竞赛:AMC10 准备(共 6 卷)	2019－08	158.00	1105

刘培杰数学工作室
已出版(即将出版)图书目录——初等数学

书　　名	出版时间	定　价	编号
王连笑教你怎样学数学:高考选择题解题策略与客观题实用训练	2014－01	48.00	262
王连笑教你怎样学数学:高考数学高层次讲座	2015－02	48.00	432
高考数学的理论与实践	2009－08	38.00	53
高考数学核心题型解题方法与技巧	2010－01	28.00	86
高考思维新平台	2014－03	38.00	259
高考数学压轴题解题诀窍(上)(第2版)	2018－01	58.00	874
高考数学压轴题解题诀窍(下)(第2版)	2018－01	48.00	875
北京市五区文科数学三年高考模拟题详解:2013～2015	2015－08	48.00	500
北京市五区理科数学三年高考模拟题详解:2013～2015	2015－09	68.00	505
向量法巧解数学高考题	2009－08	28.00	54
高考数学解题金典(第2版)	2017－01	78.00	716
高考物理解题金典(第2版)	2019－05	68.00	717
高考化学解题金典(第2版)	2019－05	58.00	718
数学高考参考	2016－01	78.00	589
新课程标准高考数学解答题各种题型解法指导	2020－08	78.00	1196
全国及各省市高考数学试题审题要津与解法研究	2015－02	48.00	450
高中数学章节起始课的教学研究与案例设计	2019－05	28.00	1064
新课标高考数学——五年试题分章详解(2007～2011)(上、下)	2011－10	78.00	140,141
全国中考数学压轴题审题要津与解法研究	2013－04	78.00	248
新编全国及各省市中考数学压轴题审题要津与解法研究	2014－05	58.00	342
全国及各省市5年中考数学压轴题审题要津与解法研究(2015版)	2015－04	58.00	462
中考数学专题总复习	2007－04	28.00	6
中考数学较难题常考题型解题方法与技巧	2016－09	48.00	681
中考数学难题常考题型解题方法与技巧	2016－09	48.00	682
中考数学中档题常考题型解题方法与技巧	2017－08	68.00	835
中考数学选择填空压轴好题妙解365	2017－05	38.00	759
中考数学:三类重点考题的解法例析与习题	2020－04	48.00	1140
中小学数学的历史文化	2019－11	48.00	1124
初中平面几何百题多思创新解	2020－01	58.00	1125
初中数学中考备考	2020－01	58.00	1126
高考数学之九章演义	2019－08	68.00	1044
化学可以这样学:高中化学知识方法智慧感悟疑难辨析	2019－07	58.00	1103
如何成为学习高手	2019－09	58.00	1107
高考数学:经典真题分类解析	2020－04	78.00	1134
高考数学解答题破解策略	2020－11	58.00	1221
从分析解题过程学解题:高考压轴题与竞赛题之关系探究	2020－08	88.00	1179
教学新思考:单元整体视角下的初中数学教学设计	2021－03	58.00	1278
思维再拓展:2020年经典几何题的多解探究与思考	即将出版		1279
中考数学小压轴汇编初讲	2017－07	48.00	788
中考数学大压轴专题微言	2017－09	48.00	846
怎么解中考平面几何探索题	2019－06	48.00	1093
北京中考数学压轴题解题方法突破(第6版)	2020－11	58.00	1120
助你高考成功的数学解题智慧:知识是智慧的基础	2016－01	58.00	596
助你高考成功的数学解题智慧:错误是智慧的试金石	2016－04	58.00	643
助你高考成功的数学解题智慧:方法是智慧的推手	2016－04	68.00	657
高考数学奇思妙解	2016－04	38.00	610
高考数学解题策略	2016－05	48.00	670
数学解题泄天机(第2版)	2017－10	48.00	850

刘培杰数学工作室

已出版(即将出版)图书目录——初等数学

书　　名	出版时间	定　价	编号
高考物理压轴题全解	2017－04	48.00	746
高中物理经典问题 25 讲	2017－05	28.00	764
高中物理教学讲义	2018－01	48.00	871
中学物理基础问题解析	2020－08	48.00	1183
2016 年高考文科数学真题研究	2017－04	58.00	754
2016 年高考理科数学真题研究	2017－04	78.00	755
2017 年高考理科数学真题研究	2018－01	58.00	867
2017 年高考文科数学真题研究	2018－01	48.00	868
初中数学、高中数学脱节知识补缺教材	2017－06	48.00	766
高考数学小题抢分必练	2017－10	48.00	834
高考数学核心素养解读	2017－09	38.00	839
高考数学客观题解题方法和技巧	2017－10	38.00	847
十年高考数学精品试题审题要津与解法研究.上卷	2018－01	68.00	872
十年高考数学精品试题审题要津与解法研究.下卷	2018－01	58.00	873
中国历届高考数学试题及解答.1949－1979	2018－01	38.00	877
历届中国高考数学试题及解答.第二卷,1980—1989	2018－10	28.00	975
历届中国高考数学试题及解答.第三卷,1990—1999	2018－10	48.00	976
数学文化与高考研究	2018－03	48.00	882
跟我学解高中数学题	2018－07	58.00	926
中学数学研究的方法及案例	2018－05	58.00	869
高考数学抢分技能	2018－07	68.00	934
高一新生常用数学方法和重要数学思想提升教材	2018－06	38.00	921
2018 年高考数学真题研究	2019－01	68.00	1000
2019 年高考数学真题研究	2020－05	88.00	1137
高考数学全国卷 16 道选择、填空题常考题型解题诀窍.理科	2018－09	88.00	971
高考数学全国卷 16 道选择、填空题常考题型解题诀窍.文科	2020－01	88.00	1123
新课程标准高中数学各种题型解法大全.必修一分册	2021－06	58.00	1315
高中数学一题多解	2019－06	58.00	1087
历届中国高考数学试题及解答:1917－1999	2021－08	98.00	1371

书　　名	出版时间	定　价	编号
新编 640 个世界著名数学智力趣题	2014－01	88.00	242
500 个最新世界著名数学智力趣题	2008－06	48.00	3
400 个最新世界著名数学最值问题	2008－09	48.00	36
500 个世界著名数学征解问题	2009－06	48.00	52
400 个中国最佳初等数学征解老问题	2010－01	48.00	60
500 个俄罗斯数学经典老题	2011－01	28.00	81
1000 个国外中学物理好题	2012－04	48.00	174
300 个日本高考数学题	2012－05	38.00	142
700 个早期日本高考数学试题	2017－02	88.00	752
500 个前苏联早期高考数学试题及解答	2012－05	28.00	185
546 个早期俄罗斯大学生数学竞赛题	2014－03	38.00	285
548 个来自美苏的数学好问题	2014－11	28.00	396
20 所苏联著名大学早期入学试题	2015－02	18.00	452
161 道德国工科大学生必做的微分方程习题	2015－05	28.00	469
500 个德国工科大学生必做的高数习题	2015－06	28.00	478
360 个数学竞赛问题	2016－08	58.00	677
200 个趣味数学故事	2018－02	48.00	857
470 个数学奥林匹克中的最值问题	2018－10	88.00	985
德国讲义日本考题.微积分卷	2015－04	48.00	456
德国讲义日本考题.微分方程卷	2015－04	38.00	457
二十世纪中叶中、英、美、日、法、俄高考数学试题精选	2017－06	38.00	783

刘培杰数学工作室
已出版(即将出版)图书目录——初等数学

书　　名	出版时间	定　价	编号
中国初等数学研究　2009 卷(第 1 辑)	2009—05	20.00	45
中国初等数学研究　2010 卷(第 2 辑)	2010—05	30.00	68
中国初等数学研究　2011 卷(第 3 辑)	2011—07	60.00	127
中国初等数学研究　2012 卷(第 4 辑)	2012—07	48.00	190
中国初等数学研究　2014 卷(第 5 辑)	2014—02	48.00	288
中国初等数学研究　2015 卷(第 6 辑)	2015—06	68.00	493
中国初等数学研究　2016 卷(第 7 辑)	2016—04	68.00	609
中国初等数学研究　2017 卷(第 8 辑)	2017—01	98.00	712
初等数学研究在中国.第 1 辑	2019—03	158.00	1024
初等数学研究在中国.第 2 辑	2019—10	158.00	1116
初等数学研究在中国.第 3 辑	2021—05	158.00	1306
几何变换(Ⅰ)	2014—07	28.00	353
几何变换(Ⅱ)	2015—06	28.00	354
几何变换(Ⅲ)	2015—01	38.00	355
几何变换(Ⅳ)	2015—12	38.00	356
初等数论难题集(第一卷)	2009—05	68.00	44
初等数论难题集(第二卷)(上、下)	2011—02	128.00	82,83
数论概貌	2011—03	18.00	93
代数数论(第二版)	2013—08	58.00	94
代数多项式	2014—06	38.00	289
初等数论的知识与问题	2011—02	28.00	95
超越数论基础	2011—03	28.00	96
数论初等教程	2011—03	28.00	97
数论基础	2011—03	18.00	98
数论基础与维诺格拉多夫	2014—03	18.00	292
解析数论基础	2012—08	28.00	216
解析数论基础(第二版)	2014—01	48.00	287
解析数论问题集(第二版)(原版引进)	2014—05	88.00	343
解析数论问题集(第二版)(中译本)	2016—04	88.00	607
解析数论基础(潘承洞,潘承彪著)	2016—07	98.00	673
解析数论导引	2016—07	58.00	674
数论入门	2011—03	38.00	99
代数数论入门	2015—03	38.00	448
数论开篇	2012—07	28.00	194
解析数论引论	2011—03	48.00	100
Barban Davenport Halberstam 均值和	2009—01	40.00	33
基础数论	2011—03	28.00	101
初等数论 100 例	2011—05	18.00	122
初等数论经典例题	2012—07	18.00	204
最新世界各国数学奥林匹克中的初等数论试题(上、下)	2012—01	138.00	144,145
初等数论(Ⅰ)	2012—01	18.00	156
初等数论(Ⅱ)	2012—01	18.00	157
初等数论(Ⅲ)	2012—01	28.00	158

刘培杰数学工作室

已出版(即将出版)图书目录——初等数学

书　　名	出版时间	定　价	编号
平面几何与数论中未解决的新老问题	2013—01	68.00	229
代数数论简史	2014—11	28.00	408
代数数论	2015—09	88.00	532
代数、数论及分析习题集	2016—11	98.00	695
数论导引提要及习题解答	2016—01	48.00	559
素数定理的初等证明.第2版	2016—09	48.00	686
数论中的模函数与狄利克雷级数(第二版)	2017—11	78.00	837
数论:数学导引	2018—01	68.00	849
范氏大代数	2019—02	98.00	1016
解析数学讲义.第一卷,导来式及微分、积分、级数	2019—04	88.00	1021
解析数学讲义.第二卷,关于几何的应用	2019—04	68.00	1022
解析数学讲义.第三卷,解析函数论	2019—04	78.00	1023
分析·组合·数论纵横谈	2019—04	58.00	1039
Hall 代数:民国时期的中学数学课本:英文	2019—08	88.00	1106
数学精神巡礼	2019—01	58.00	731
数学眼光透视(第2版)	2017—06	78.00	732
数学思想领悟(第2版)	2018—01	68.00	733
数学方法溯源(第2版)	2018—08	68.00	734
数学解题引论	2017—05	58.00	735
数学史话览胜(第2版)	2017—01	48.00	736
数学应用展观(第2版)	2017—08	68.00	737
数学建模尝试	2018—04	48.00	738
数学竞赛采风	2018—01	68.00	739
数学测评探营	2019—05	58.00	740
数学技能操握	2018—03	48.00	741
数学欣赏拾趣	2018—02	48.00	742
从毕达哥拉斯到怀尔斯	2007—10	48.00	9
从迪利克雷到维斯卡尔迪	2008—01	48.00	21
从哥德巴赫到陈景润	2008—05	98.00	35
从庞加莱到佩雷尔曼	2011—08	138.00	136
博弈论精粹	2008—03	58.00	30
博弈论精粹.第二版(精装)	2015—01	88.00	461
数学 我爱你	2008—01	28.00	20
精神的圣徒　别样的人生——60位中国数学家成长的历程	2008—09	48.00	39
数学史概论	2009—06	78.00	50
数学史概论(精装)	2013—03	158.00	272
数学史选讲	2016—01	48.00	544
斐波那契数列	2010—02	28.00	65
数学拼盘和斐波那契魔方	2010—07	38.00	72
斐波那契数列欣赏(第2版)	2018—08	58.00	948
Fibonacci 数列中的明珠	2018—06	58.00	928
数学的创造	2011—02	48.00	85
数学美与创造力	2016—01	48.00	595
数海拾贝	2016—01	48.00	590
数学中的美(第2版)	2019—04	68.00	1057
数论中的美学	2014—12	38.00	351

刘培杰数学工作室
已出版(即将出版)图书目录——初等数学

书　　名	出版时间	定　价	编号
数学王者　科学巨人——高斯	2015－01	28.00	428
振兴祖国数学的圆梦之旅:中国初等数学研究史话	2015－06	98.00	490
二十世纪中国数学史料研究	2015－10	48.00	536
数字谜、数阵图与棋盘覆盖	2016－01	58.00	298
时间的形状	2016－01	38.00	556
数学发现的艺术:数学探索中的合情推理	2016－07	58.00	671
活跃在数学中的参数	2016－07	48.00	675
数海趣史	2021－05	98.00	1314
数学解题——靠数学思想给力(上)	2011－07	38.00	131
数学解题——靠数学思想给力(中)	2011－07	48.00	132
数学解题——靠数学思想给力(下)	2011－07	38.00	133
我怎样解题	2013－01	48.00	227
数学解题中的物理方法	2011－06	28.00	114
数学解题的特殊方法	2011－06	48.00	115
中学数学计算技巧(第2版)	2020－10	48.00	1220
中学数学证明方法	2012－01	58.00	117
数学趣题巧解	2012－03	28.00	128
高中数学教学通鉴	2015－05	58.00	479
和高中生漫谈:数学与哲学的故事	2014－08	28.00	369
算术问题集	2017－03	38.00	789
张教授讲数学	2018－07	38.00	933
陈永明实话实说数学教学	2020－04	68.00	1132
中学数学学科知识与教学能力	2020－06	58.00	1155
自主招生考试中的参数方程问题	2015－01	28.00	435
自主招生考试中的极坐标问题	2015－04	28.00	463
近年全国重点大学自主招生数学试题全解及研究.华约卷	2015－02	38.00	441
近年全国重点大学自主招生数学试题全解及研究.北约卷	2016－05	38.00	619
自主招生数学解证宝典	2015－09	48.00	535
格点和面积	2012－07	18.00	191
射影几何趣谈	2012－04	28.00	175
斯潘纳尔引理——从一道加拿大数学奥林匹克试题谈起	2014－01	28.00	228
李普希兹条件——从几道近年高考数学试题谈起	2012－10	18.00	221
拉格朗日中值定理——从一道北京高考试题的解法谈起	2015－10	18.00	197
闵科夫斯基定理——从一道清华大学自主招生试题谈起	2014－01	28.00	198
哈尔测度——从一道冬令营试题的背景谈起	2012－08	28.00	202
切比雪夫逼近问题——从一道中国台北数学奥林匹克试题谈起	2013－04	38.00	238
伯恩斯坦多项式与贝齐尔曲面——从一道全国高中数学联赛试题谈起	2013－03	38.00	236
卡塔兰猜想——从一道普特南竞赛试题谈起	2013－06	18.00	256
麦卡锡函数和阿克曼函数——从一道前南斯拉夫数学奥林匹克试题谈起	2012－08	18.00	201
贝蒂定理与拉姆贝克莫斯尔定理——从一个拣石子游戏谈起	2012－08	18.00	217
皮亚诺曲线和豪斯道夫分球定理——从无限集谈起	2012－08	18.00	211
平面凸图形与凸多面体	2012－10	28.00	218
斯坦因豪斯问题——从一道二十五省市自治区中学数学竞赛试题谈起	2012－07	18.00	196

刘培杰数学工作室

已出版(即将出版)图书目录——初等数学

书　　名	出版时间	定　价	编号
纽结理论中的亚历山大多项式与琼斯多项式——从一道北京市高一数学竞赛试题谈起	2012－07	28.00	195
原则与策略——从波利亚"解题表"谈起	2013－04	38.00	244
转化与化归——从三大尺规作图不能问题谈起	2012－08	28.00	214
代数几何中的贝祖定理(第一版)——从一道 IMO 试题的解法谈起	2013－08	18.00	193
成功连贯理论与约当块理论——从一道比利时数学竞赛试题谈起	2012－04	18.00	180
素数判定与大数分解	2014－08	18.00	199
置换多项式及其应用	2012－10	18.00	220
椭圆函数与模函数——从一道美国加州大学洛杉矶分校(UCLA)博士资格考题谈起	2012－10	28.00	219
差分方程的拉格朗日方法——从一道 2011 年全国高考理科试题的解法谈起	2012－08	28.00	200
力学在几何中的一些应用	2013－01	38.00	240
从根式解到伽罗华理论	2020－01	48.00	1121
康托洛维奇不等式——从一道全国高中联赛试题谈起	2013－03	28.00	337
西格尔引理——从一道第 18 届 IMO 试题的解法谈起	即将出版		
罗斯定理——从一道前苏联数学竞赛试题谈起	即将出版		
拉克斯定理和阿廷定理——从一道 IMO 试题的解法谈起	2014－01	58.00	246
毕卡大定理——从一道美国大学数学竞赛试题谈起	2014－07	18.00	350
贝齐尔曲线——从一道全国高中联赛试题谈起	即将出版		
拉格朗日乘子定理——从一道 2005 年全国高中联赛试题的高等数学解法谈起	2015－05	28.00	480
雅可比定理——从一道日本数学奥林匹克试题谈起	2013－04	48.00	249
李天岩一约克定理——从一道波兰数学竞赛试题谈起	2014－06	28.00	349
整系数多项式因式分解的一般方法——从克朗耐克算法谈起	即将出版		
布劳维不动点定理——从一道前苏联数学奥林匹克试题谈起	2014－01	38.00	273
伯恩赛德定理——从一道英国数学奥林匹克试题谈起	即将出版		
布查特一莫斯特定理——从一道上海市初中竞赛试题谈起	即将出版		
数论中的同余数问题——从一道普特南竞赛试题谈起	即将出版		
范·德蒙行列式——从一道美国数学奥林匹克试题谈起	即将出版		
中国剩余定理:总数法构建中国历史年表	2015－01	28.00	430
牛顿程序与方程求根——从一道全国高考试题解法谈起	即将出版		
库默尔定理——从一道 IMO 预选试题谈起	即将出版		
卢丁定理——从一道冬令营试题的解法谈起	即将出版		
沃斯滕霍姆定理——从一道 IMO 预选试题谈起	即将出版		
卡尔松不等式——从一道莫斯科数学奥林匹克试题谈起	即将出版		
信息论中的香农熵——从一道近年高考压轴题谈起	即将出版		
约当不等式——从一道希望杯竞赛试题谈起	即将出版		
拉比诺维奇定理	即将出版		
刘维尔定理——从一道《美国数学月刊》征解问题的解法谈起	即将出版		
卡塔兰恒等式与级数求和——从一道 IMO 试题的解法谈起	即将出版		
勒让德猜想与素数分布——从一道爱尔兰竞赛试题谈起	即将出版		
天平称重与信息论——从一道基辅市数学奥林匹克试题谈起	即将出版		
哈密尔顿一凯莱定理:从一道高中数学联赛试题的解法谈起	2014－09	18.00	376
艾思特曼定理——从一道 CMO 试题的解法谈起	即将出版		

刘培杰数学工作室
已出版(即将出版)图书目录——初等数学

书　名	出版时间	定　价	编号
阿贝尔恒等式与经典不等式及应用	2018—06	98.00	923
迪利克雷除数问题	2018—07	48.00	930
幻方、幻立方与拉丁方	2019—08	48.00	1092
帕斯卡三角形	2014—03	18.00	294
蒲丰投针问题——从 2009 年清华大学的一道自主招生试题谈起	2014—01	38.00	295
斯图姆定理——从一道"华约"自主招生试题的解法谈起	2014—01	18.00	296
许瓦兹引理——从一道加利福尼亚大学伯克利分校数学系博士生试题谈起	2014—08	18.00	297
拉姆塞定理——从王诗宬院士的一个问题谈起	2016—04	48.00	299
坐标法	2013—12	28.00	332
数论三角形	2014—04	38.00	341
毕克定理	2014—07	18.00	352
数林掠影	2014—09	48.00	389
我们周围的概率	2014—10	38.00	390
凸函数最值定理:从一道华约自主招生题的解法谈起	2014—10	28.00	391
易学与数学奥林匹克	2014—10	38.00	392
生物数学趣谈	2015—01	18.00	409
反演	2015—01	28.00	420
因式分解与圆锥曲线	2015—01	18.00	426
轨迹	2015—01	28.00	427
面积原理:从常庚哲命的一道 CMO 试题的积分解法谈起	2015—01	48.00	431
形形色色的不动点定理:从一道 28 届 IMO 试题谈起	2015—01	38.00	439
柯西函数方程:从一道上海交大自主招生的试题谈起	2015—02	28.00	440
三角恒等式	2015—02	28.00	442
无理性判定:从一道 2014 年"北约"自主招生试题谈起	2015—01	38.00	443
数学归纳法	2015—03	18.00	451
极端原理与解题	2015—04	28.00	464
法雷级数	2014—08	18.00	367
摆线族	2015—01	38.00	438
函数方程及其解法	2015—05	38.00	470
含参数的方程和不等式	2012—09	28.00	213
希尔伯特第十问题	2016—01	38.00	543
无穷小量的求和	2016—01	28.00	545
切比雪夫多项式:从一道清华大学金秋营试题谈起	2016—01	38.00	583
泽肯多夫定理	2016—03	38.00	599
代数等式证题法	2016—01	28.00	600
三角等式证题法	2016—01	28.00	601
吴大任教授藏书中的一个因式分解公式:从一道美国数学邀请赛试题的解法谈起	2016—06	28.00	656
易卦——类万物的数学模型	2017—08	68.00	838
"不可思议"的数与数系可持续发展	2018—01	38.00	878
最短线	2018—01	38.00	879

书　名	出版时间	定　价	编号
幻方和魔方(第一卷)	2012—05	68.00	173
尘封的经典——初等数学经典文献选读(第一卷)	2012—07	48.00	205
尘封的经典——初等数学经典文献选读(第二卷)	2012—07	38.00	206

书　名	出版时间	定　价	编号
初级方程式论	2011—03	28.00	106
初等数学研究(Ⅰ)	2008—09	68.00	37
初等数学研究(Ⅱ)(上、下)	2009—05	118.00	46,47

刘培杰数学工作室

已出版(即将出版)图书目录——初等数学

书　　名	出版时间	定　价	编号
趣味初等方程妙题集锦	2014－09	48.00	388
趣味初等数论选美与欣赏	2015－02	48.00	445
耕读笔记(上卷):一位农民数学爱好者的初数探索	2015－04	28.00	459
耕读笔记(中卷):一位农民数学爱好者的初数探索	2015－05	28.00	483
耕读笔记(下卷):一位农民数学爱好者的初数探索	2015－05	28.00	484
几何不等式研究与欣赏.上卷	2016－01	88.00	547
几何不等式研究与欣赏.下卷	2016－01	48.00	552
初等数列研究与欣赏·上	2016－01	48.00	570
初等数列研究与欣赏·下	2016－01	48.00	571
趣味初等函数研究与欣赏.上	2016－09	48.00	684
趣味初等函数研究与欣赏.下	2018－09	48.00	685
三角不等式研究与欣赏	2020－10	68.00	1197
火柴游戏	2016－05	38.00	612
智力解谜.第1卷	2017－07	38.00	613
智力解谜.第2卷	2017－07	38.00	614
故事智力	2016－07	48.00	615
名人们喜欢的智力问题	2020－01	48.00	616
数学大师的发现、创造与失误	2018－01	48.00	617
异曲同工	2018－09	48.00	618
数学的味道	2018－01	58.00	798
数学千字文	2018－10	68.00	977
数贝偶拾——高考数学题研究	2014－04	28.00	274
数贝偶拾——初等数学研究	2014－04	38.00	275
数贝偶拾——奥数题研究	2014－04	48.00	276
钱昌本教你快乐学数学(上)	2011－12	48.00	155
钱昌本教你快乐学数学(下)	2012－03	58.00	171
集合、函数与方程	2014－01	28.00	300
数列与不等式	2014－01	38.00	301
三角与平面向量	2014－01	28.00	302
平面解析几何	2014－01	38.00	303
立体几何与组合	2014－01	28.00	304
极限与导数、数学归纳法	2014－01	38.00	305
趣味数学	2014－03	28.00	306
教材教法	2014－04	68.00	307
自主招生	2014－05	58.00	308
高考压轴题(上)	2015－01	48.00	309
高考压轴题(下)	2014－10	68.00	310
从费马到怀尔斯——费马大定理的历史	2013－10	198.00	Ⅰ
从庞加莱到佩雷尔曼——庞加莱猜想的历史	2013－10	298.00	Ⅱ
从切比雪夫到爱尔特希(上)——素数定理的初等证明	2013－07	48.00	Ⅲ
从切比雪夫到爱尔特希(下)——素数定理100年	2012－12	98.00	Ⅲ
从高斯到盖尔方特——二次域的高斯猜想	2013－10	198.00	Ⅳ
从库默尔到朗兰兹——朗兰兹猜想的历史	2014－01	98.00	Ⅴ
从比勃巴赫到德布朗斯——比勃巴赫猜想的历史	2014－02	298.00	Ⅵ
从麦比乌斯到陈省身——麦比乌斯变换与麦比乌斯带	2014－02	298.00	Ⅶ
从布尔到豪斯道夫——布尔方程与格论漫谈	2013－10	198.00	Ⅷ
从开普勒到阿诺德——三体问题的历史	2014－05	298.00	Ⅸ
从华林到华罗庚——华林问题的历史	2013－10	298.00	Ⅹ

刘培杰数学工作室

已出版(即将出版)图书目录——初等数学

书　　名	出版时间	定　价	编号
美国高中数学竞赛五十讲.第1卷(英文)	2014—08	28.00	357
美国高中数学竞赛五十讲.第2卷(英文)	2014—08	28.00	358
美国高中数学竞赛五十讲.第3卷(英文)	2014—09	28.00	359
美国高中数学竞赛五十讲.第4卷(英文)	2014—09	28.00	360
美国高中数学竞赛五十讲.第5卷(英文)	2014—10	28.00	361
美国高中数学竞赛五十讲.第6卷(英文)	2014—11	28.00	362
美国高中数学竞赛五十讲.第7卷(英文)	2014—12	28.00	363
美国高中数学竞赛五十讲.第8卷(英文)	2015—01	28.00	364
美国高中数学竞赛五十讲.第9卷(英文)	2015—01	28.00	365
美国高中数学竞赛五十讲.第10卷(英文)	2015—02	38.00	366
三角函数(第2版)	2017—04	38.00	626
不等式	2014—01	38.00	312
数列	2014—01	38.00	313
方程(第2版)	2017—04	38.00	624
排列和组合	2014—01	28.00	315
极限与导数(第2版)	2016—04	38.00	635
向量(第2版)	2018—08	58.00	627
复数及其应用	2014—08	28.00	318
函数	2014—01	38.00	319
集合	2020—01	48.00	320
直线与平面	2014—01	28.00	321
立体几何(第2版)	2016—04	38.00	629
解三角形	即将出版		323
直线与圆(第2版)	2016—11	38.00	631
圆锥曲线(第2版)	2016—09	48.00	632
解题通法(一)	2014—07	38.00	326
解题通法(二)	2014—07	38.00	327
解题通法(三)	2014—05	38.00	328
概率与统计	2014—01	28.00	329
信息迁移与算法	即将出版		330
IMO 50年.第1卷(1959—1963)	2014—11	28.00	377
IMO 50年.第2卷(1964—1968)	2014—11	28.00	378
IMO 50年.第3卷(1969—1973)	2014—09	28.00	379
IMO 50年.第4卷(1974—1978)	2016—04	38.00	380
IMO 50年.第5卷(1979—1984)	2015—04	38.00	381
IMO 50年.第6卷(1985—1989)	2015—04	58.00	382
IMO 50年.第7卷(1990—1994)	2016—01	48.00	383
IMO 50年.第8卷(1995—1999)	2016—06	38.00	384
IMO 50年.第9卷(2000—2004)	2015—04	58.00	385
IMO 50年.第10卷(2005—2009)	2016—01	48.00	386
IMO 50年.第11卷(2010—2015)	2017—03	48.00	646

刘培杰数学工作室

已出版(即将出版)图书目录——初等数学 

书　　名	出版时间	定　价	编号
数学反思(2006—2007)	2020－09	88.00	915
数学反思(2008—2009)	2019－01	68.00	917
数学反思(2010—2011)	2018－05	58.00	916
数学反思(2012—2013)	2019－01	58.00	918
数学反思(2014—2015)	2019－03	78.00	919
数学反思(2016—2017)	2021－03	58.00	1286
历届美国大学生数学竞赛试题集.第一卷(1938—1949)	2015－01	28.00	397
历届美国大学生数学竞赛试题集.第二卷(1950—1959)	2015－01	28.00	398
历届美国大学生数学竞赛试题集.第三卷(1960—1969)	2015－01	28.00	399
历届美国大学生数学竞赛试题集.第四卷(1970—1979)	2015－01	18.00	400
历届美国大学生数学竞赛试题集.第五卷(1980—1989)	2015－01	28.00	401
历届美国大学生数学竞赛试题集.第六卷(1990—1999)	2015－01	28.00	402
历届美国大学生数学竞赛试题集.第七卷(2000—2009)	2015－08	18.00	403
历届美国大学生数学竞赛试题集.第八卷(2010—2012)	2015－01	18.00	404
新课标高考数学创新题解题诀窍:总论	2014－09	28.00	372
新课标高考数学创新题解题诀窍:必修1～5分册	2014－08	38.00	373
新课标高考数学创新题解题诀窍:选修2－1,2－2,1－1,1－2分册	2014－09	38.00	374
新课标高考数学创新题解题诀窍:选修2－3,4－4,4－5分册	2014－09	18.00	375
全国重点大学自主招生英文数学试题全攻略:词汇卷	2015－07	48.00	410
全国重点大学自主招生英文数学试题全攻略:概念卷	2015－01	28.00	411
全国重点大学自主招生英文数学试题全攻略:文章选读卷(上)	2016－09	38.00	412
全国重点大学自主招生英文数学试题全攻略:文章选读卷(下)	2017－01	58.00	413
全国重点大学自主招生英文数学试题全攻略:试题卷	2015－07	38.00	414
全国重点大学自主招生英文数学试题全攻略:名著欣赏卷	2017－03	48.00	415
劳埃德数学趣题大全.题目卷.1:英文	2016－01	18.00	516
劳埃德数学趣题大全.题目卷.2:英文	2016－01	18.00	517
劳埃德数学趣题大全.题目卷.3:英文	2016－01	18.00	518
劳埃德数学趣题大全.题目卷.4:英文	2016－01	18.00	519
劳埃德数学趣题大全.题目卷.5:英文	2016－01	18.00	520
劳埃德数学趣题大全.答案卷:英文	2016－01	18.00	521
李成章教练奥数笔记.第1卷	2016－01	48.00	522
李成章教练奥数笔记.第2卷	2016－01	48.00	523
李成章教练奥数笔记.第3卷	2016－01	38.00	524
李成章教练奥数笔记.第4卷	2016－01	38.00	525
李成章教练奥数笔记.第5卷	2016－01	38.00	526
李成章教练奥数笔记.第6卷	2016－01	38.00	527
李成章教练奥数笔记.第7卷	2016－01	38.00	528
李成章教练奥数笔记.第8卷	2016－01	48.00	529
李成章教练奥数笔记.第9卷	2016－01	28.00	530

刘培杰数学工作室

已出版(即将出版)图书目录——初等数学

书　　名	出版时间	定　价	编号
第19～23届"希望杯"全国数学邀请赛试题审题要津详细评注(初一版)	2014—03	28.00	333
第19～23届"希望杯"全国数学邀请赛试题审题要津详细评注(初二、初三版)	2014—03	38.00	334
第19～23届"希望杯"全国数学邀请赛试题审题要津详细评注(高一版)	2014—03	28.00	335
第19～23届"希望杯"全国数学邀请赛试题审题要津详细评注(高二版)	2014—03	38.00	336
第19～25届"希望杯"全国数学邀请赛试题审题要津详细评注(初一版)	2015—01	38.00	416
第19～25届"希望杯"全国数学邀请赛试题审题要津详细评注(初二、初三版)	2015—01	58.00	417
第19～25届"希望杯"全国数学邀请赛试题审题要津详细评注(高一版)	2015—01	48.00	418
第19～25届"希望杯"全国数学邀请赛试题审题要津详细评注(高二版)	2015—01	48.00	419
物理奥林匹克竞赛大题典——力学卷	2014—11	48.00	405
物理奥林匹克竞赛大题典——热学卷	2014—04	28.00	339
物理奥林匹克竞赛大题典——电磁学卷	2015—07	48.00	406
物理奥林匹克竞赛大题典——光学与近代物理卷	2014—06	28.00	345
历届中国东南地区数学奥林匹克试题集(2004～2012)	2014—06	18.00	346
历届中国西部地区数学奥林匹克试题集(2001～2012)	2014—07	18.00	347
历届中国女子数学奥林匹克试题集(2002～2012)	2014—08	18.00	348
数学奥林匹克在中国	2014—06	98.00	344
数学奥林匹克问题集	2014—01	38.00	267
数学奥林匹克不等式散论	2010—06	38.00	124
数学奥林匹克不等式欣赏	2011—09	38.00	138
数学奥林匹克超级题库(初中卷上)	2010—01	58.00	66
数学奥林匹克不等式证明方法和技巧(上、下)	2011—08	158.00	134,135
他们学什么:原民主德国中学数学课本	2016—09	38.00	658
他们学什么:英国中学数学课本	2016—09	38.00	659
他们学什么:法国中学数学课本.1	2016—09	38.00	660
他们学什么:法国中学数学课本.2	2016—09	28.00	661
他们学什么:法国中学数学课本.3	2016—09	38.00	662
他们学什么:苏联中学数学课本	2016—09	28.00	679
高中数学题典——集合与简易逻辑·函数	2016—07	48.00	647
高中数学题典——导数	2016—07	48.00	648
高中数学题典——三角函数·平面向量	2016—07	48.00	649
高中数学题典——数列	2016—07	58.00	650
高中数学题典——不等式·推理与证明	2016—07	38.00	651
高中数学题典——立体几何	2016—07	48.00	652
高中数学题典——平面解析几何	2016—07	78.00	653
高中数学题典——计数原理·统计·概率·复数	2016—07	48.00	654
高中数学题典——算法·平面几何·初等数论·组合数学·其他	2016—07	68.00	655

刘培杰数学工作室
已出版(即将出版)图书目录——初等数学

书　　名	出版时间	定　价	编号
台湾地区奥林匹克数学竞赛试题.小学一年级	2017－03	38.00	722
台湾地区奥林匹克数学竞赛试题.小学二年级	2017－03	38.00	723
台湾地区奥林匹克数学竞赛试题.小学三年级	2017－03	38.00	724
台湾地区奥林匹克数学竞赛试题.小学四年级	2017－03	38.00	725
台湾地区奥林匹克数学竞赛试题.小学五年级	2017－03	38.00	726
台湾地区奥林匹克数学竞赛试题.小学六年级	2017－03	38.00	727
台湾地区奥林匹克数学竞赛试题.初中一年级	2017－03	38.00	728
台湾地区奥林匹克数学竞赛试题.初中二年级	2017－03	38.00	729
台湾地区奥林匹克数学竞赛试题.初中三年级	2017－03	28.00	730
不等式证题法	2017－04	28.00	747
平面几何培优教程	2019－08	88.00	748
奥数鼎级培优教程.高一分册	2018－09	88.00	749
奥数鼎级培优教程.高二分册.上	2018－04	68.00	750
奥数鼎级培优教程.高二分册.下	2018－04	68.00	751
高中数学竞赛冲刺宝典	2019－04	68.00	883
初中尖子生数学超级题典.实数	2017－07	58.00	792
初中尖子生数学超级题典.式、方程与不等式	2017－08	58.00	793
初中尖子生数学超级题典.圆、面积	2017－08	38.00	794
初中尖子生数学超级题典.函数、逻辑推理	2017－08	48.00	795
初中尖子生数学超级题典.角、线段、三角形与多边形	2017－07	58.00	796
数学王子——高斯	2018－01	48.00	858
坎坷奇星——阿贝尔	2018－01	48.00	859
闪烁奇星——伽罗瓦	2018－01	58.00	860
无穷统帅——康托尔	2018－01	48.00	861
科学公主——柯瓦列夫斯卡娅	2018－01	48.00	862
抽象代数之母——埃米·诺特	2018－01	48.00	863
电脑先驱——图灵	2018－01	58.00	864
昔日神童——维纳	2018－01	48.00	865
数坛怪侠——爱尔特希	2018－01	68.00	866
传奇数学家徐利治	2019－09	88.00	1110
当代世界中的数学.数学思想与数学基础	2019－01	38.00	892
当代世界中的数学.数学问题	2019－01	38.00	893
当代世界中的数学.应用数学与数学应用	2019－01	38.00	894
当代世界中的数学.数学王国的新疆域(一)	2019－01	38.00	895
当代世界中的数学.数学王国的新疆域(二)	2019－01	38.00	896
当代世界中的数学.数林撷英(一)	2019－01	38.00	897
当代世界中的数学.数林撷英(二)	2019－01	48.00	898
当代世界中的数学.数学之路	2019－01	38.00	899

刘培杰数学工作室
已出版(即将出版)图书目录——初等数学

书　　名	出版时间	定　价	编号
105 个代数问题:来自 AwesomeMath 夏季课程	2019－02	58.00	956
106 个几何问题:来自 AwesomeMath 夏季课程	2020－07	58.00	957
107 个几何问题:来自 AwesomeMath 全年课程	2020－07	58.00	958
108 个代数问题:来自 AwesomeMath 全年课程	2019－01	68.00	959
109 个不等式:来自 AwesomeMath 夏季课程	2019－04	58.00	960
国际数学奥林匹克中的 110 个几何问题	即将出版		961
111 个代数和数论问题	2019－05	58.00	962
112 个组合问题:来自 AwesomeMath 夏季课程	2019－05	58.00	963
113 个几何不等式:来自 AwesomeMath 夏季课程	2020－08	58.00	964
114 个指数和对数问题:来自 AwesomeMath 夏季课程	2019－09	48.00	965
115 个三角问题:来自 AwesomeMath 夏季课程	2019－09	58.00	966
116 个代数不等式:来自 AwesomeMath 全年课程	2019－04	58.00	967
紫色彗星国际数学竞赛试题	2019－02	58.00	999
数学竞赛中的数学:为数学爱好者、父母、教师和教练准备的丰富资源.第一部	2020－04	58.00	1141
数学竞赛中的数学:为数学爱好者、父母、教师和教练准备的丰富资源.第二部	2020－07	48.00	1142
和与积	2020－10	38.00	1219
数论:概念和问题	2020－12	68.00	1257
初等数学问题研究	2021－03	48.00	1270
澳大利亚中学数学竞赛试题及解答(初级卷)1978～1984	2019－02	28.00	1002
澳大利亚中学数学竞赛试题及解答(初级卷)1985～1991	2019－02	28.00	1003
澳大利亚中学数学竞赛试题及解答(初级卷)1992～1998	2019－02	28.00	1004
澳大利亚中学数学竞赛试题及解答(初级卷)1999～2005	2019－02	28.00	1005
澳大利亚中学数学竞赛试题及解答(中级卷)1978～1984	2019－03	28.00	1006
澳大利亚中学数学竞赛试题及解答(中级卷)1985～1991	2019－03	28.00	1007
澳大利亚中学数学竞赛试题及解答(中级卷)1992～1998	2019－03	28.00	1008
澳大利亚中学数学竞赛试题及解答(中级卷)1999～2005	2019－03	28.00	1009
澳大利亚中学数学竞赛试题及解答(高级卷)1978～1984	2019－05	28.00	1010
澳大利亚中学数学竞赛试题及解答(高级卷)1985～1991	2019－05	28.00	1011
澳大利亚中学数学竞赛试题及解答(高级卷)1992～1998	2019－05	28.00	1012
澳大利亚中学数学竞赛试题及解答(高级卷)1999～2005	2019－05	28.00	1013
天才中小学生智力测验题.第一卷	2019－03	38.00	1026
天才中小学生智力测验题.第二卷	2019－03	38.00	1027
天才中小学生智力测验题.第三卷	2019－03	38.00	1028
天才中小学生智力测验题.第四卷	2019－03	38.00	1029
天才中小学生智力测验题.第五卷	2019－03	38.00	1030
天才中小学生智力测验题.第六卷	2019－03	38.00	1031
天才中小学生智力测验题.第七卷	2019－03	38.00	1032
天才中小学生智力测验题.第八卷	2019－03	38.00	1033
天才中小学生智力测验题.第九卷	2019－03	38.00	1034
天才中小学生智力测验题.第十卷	2019－03	38.00	1035
天才中小学生智力测验题.第十一卷	2019－03	38.00	1036
天才中小学生智力测验题.第十二卷	2019－03	38.00	1037
天才中小学生智力测验题.第十三卷	2019－03	38.00	1038

刘培杰数学工作室
已出版(即将出版)图书目录——初等数学

书　　名	出版时间	定　价	编号
重点大学自主招生数学备考全书:函数	2020—05	48.00	1047
重点大学自主招生数学备考全书:导数	2020—08	48.00	1048
重点大学自主招生数学备考全书:数列与不等式	2019—10	78.00	1049
重点大学自主招生数学备考全书:三角函数与平面向量	2020—08	68.00	1050
重点大学自主招生数学备考全书:平面解析几何	2020—07	58.00	1051
重点大学自主招生数学备考全书:立体几何与平面几何	2019—08	48.00	1052
重点大学自主招生数学备考全书:排列组合·概率统计·复数	2019—09	48.00	1053
重点大学自主招生数学备考全书:初等数论与组合数学	2019—08	48.00	1054
重点大学自主招生数学备考全书:重点大学自主招生真题.上	2019—04	68.00	1055
重点大学自主招生数学备考全书:重点大学自主招生真题.下	2019—04	58.00	1056
高中数学竞赛培训教程:平面几何问题的求解方法与策略.上	2018—05	68.00	906
高中数学竞赛培训教程:平面几何问题的求解方法与策略.下	2018—06	78.00	907
高中数学竞赛培训教程:整除与同余以及不定方程	2018—01	88.00	908
高中数学竞赛培训教程:组合计数与组合极值	2018—04	48.00	909
高中数学竞赛培训教程:初等代数	2019—04	78.00	1042
高中数学讲座:数学竞赛基础教程(第一册)	2019—06	48.00	1094
高中数学讲座:数学竞赛基础教程(第二册)	即将出版		1095
高中数学讲座:数学竞赛基础教程(第三册)	即将出版		1096
高中数学讲座:数学竞赛基础教程(第四册)	即将出版		1097
新编中学数学解题方法 1000 招丛书.实数(初中版)	即将出版		1291
新编中学数学解题方法 1000 招丛书.式(初中版)	即将出版		1292
新编中学数学解题方法 1000 招丛书.方程与不等式(初中版)	2021—04	58.00	1293
新编中学数学解题方法 1000 招丛书.函数(初中版)	即将出版		1294
新编中学数学解题方法 1000 招丛书.角(初中版)	即将出版		1295
新编中学数学解题方法 1000 招丛书.线段(初中版)	即将出版		1296
新编中学数学解题方法 1000 招丛书.三角形与多边形(初中版)	2021—04	48.00	1297
新编中学数学解题方法 1000 招丛书.圆(初中版)	即将出版		1298
新编中学数学解题方法 1000 招丛书.面积(初中版)	2021—07	28.00	1299

联系地址:哈尔滨市南岗区复华四道街 10 号　哈尔滨工业大学出版社刘培杰数学工作室

网　　址:http://lpj.hit.edu.cn/

邮　　编:150006

联系电话:0451—86281378　　13904613167

E-mail:lpj1378@163.com